高等职业教育"十四五"规划教材

# 观赏植物识别与养护

刘 敏 刘 丹 主编

中国农业大学出版社
·北京·

## 内 容 简 介

本书全面系统地介绍了观赏植物识别与养护的基本知识，从问题导向出发，精心构建了十六个学习情境，涵盖观赏植物的内涵与功能、分类及识别的基础知识、影响观赏植物生长的主要生态因子以及观赏植物养护技术。此外，本书还从应用角度出发，详细讲解了观花树木、观叶植物、观果植物、观姿观干植物、观赏针叶树、观赏藤本等不同类型植物的识别方法。同时，结合实际工作需求，本书也深入探讨了观赏植物的应用调查方法，具有很强的实用性。

本书内容丰富，图文并茂，具有较强的实用性和先进性，突出了知识应用和技能培养。本书可供高等职业院校园林、园艺、环境艺术设计、旅游等专业使用，也可供企业培训以及其他相关人员参考。

**图书在版编目(CIP)数据**

观赏植物识别与养护/刘敏，刘丹主编. --北京：中国农业大学出版社，2024.8
ISBN 978-7-5655-3005-0

Ⅰ.①观… Ⅱ.①刘…②刘… Ⅲ.①观赏植物-识别-教材②观赏植物-观赏园艺-教材 Ⅳ.①S68

中国国家版本馆 CIP 数据核字(2023)第 112612 号

**书　　名** 观赏植物识别与养护
Guanshang Zhiwu Shibie yu Yanghu
**作　　者** 刘　敏　刘　丹　主编

**策划编辑** 梁爱荣　　**责任编辑** 梁爱荣
**封面设计** 郑　川　李尘工作室
**出版发行** 中国农业大学出版社
**社　　址** 北京市海淀区圆明园西路 2 号　　**邮政编码** 100193
**电　　话** 发行部 010-62733489，1190　　读者服务部 010-62732336
编辑部 010-62732617，2618　　出　版　部 010-62733440
**网　　址** http://www.caupress.cn　　**E-mail** cbsszs@cau.edu.cn
**经　　销** 新华书店
**印　　刷** 运河(唐山)印务有限公司
**版　　次** 2024 年 8 月第 1 版　　2024 年 8 月第 1 次印刷
**规　　格** 185 mm×260 mm　　16 开本　　16 印张　　396 千字
**定　　价** 54.00 元

# 编审委员会


**主　　编**　刘　敏　扬州工业职业技术学院

刘　丹　扬州工业职业技术学院

**副 主 编**　宋晓梅　扬州工业职业技术学院

孟庆男　扬州意匠轩园林古建筑营造股份有限公司

王　艳　深圳技师学院

孙　惠　易兰(北京)规划设计股份有限公司

**编写人员**(按姓氏拼音排序)

曹孟晰　扬州工业职业技术学院

崔文军　常熟古建园林股份有限公司

郭　征　浙江天姿园林建设有限公司

贾　军　广西农业职业技术大学

林　杉　辽东学院

刘　丹　扬州工业职业技术学院

刘　敏　扬州工业职业技术学院

孟庆男　扬州意匠轩园林古建筑营造股份有限公司

宋晓梅　扬州工业职业技术学院

孙　惠　易兰(北京)规划设计股份有限公司

王　东　扬州工业职业技术学院

王连平　扬州工业职业技术学院

王伟湘　深圳技师学院
王　艳　深圳技师学院
吴燕生　朗迪景观建造(深圳)有限公司
武　玲　扬州意匠轩园林古建筑营造股份有限公司
袁　强　金庐生态建设有限公司
赵　丹　吉林农业大学

**主　审**　梁宝富　扬州意匠轩园林古建筑营造股份有限公司
赖尔聪　西南林业大学

# 前 言

2021年我国如期全面建成小康社会，实现了第一个百年奋斗目标。党的二十大报告提出，推动经济社会发展绿色化、低碳化是实现高质量发展的关键环节。这是我国进入全面建设社会主义现代化国家、实现第二个百年奋斗目标的新发展阶段的战略选择，我们必须牢固树立和践行绿水青山就是金山银山的理念，同时站在人与自然和谐共生的高度上，谋划我们的发展道路。随着我国城镇化进程的加快以及人民生活水平的提高，“生态重建”“城市双修”“降碳减排”等概念逐步深入，“生态环境”“生物多样性”“生态建设”等概念在实际实施中，基本都需通过植物景观的应用来实现。因此，观赏植物作为景观的主要构成要素，在保护植物、利用植物等方面也在践行着“绿水青山就是金山银山”生态文明建设核心理念。

观赏植物识别与养护是做好植物景观设计、生态环境保护的重要基础，作为一门综合性很强的专业课程，它与植物学、园林树木学、花卉学、园林植物景观设计、园林植物栽培养护等课程有着密切的联系，是园林、园艺、环境艺术、城乡规划、旅游、生态学、建筑学等多专业的基础理论课程。

本教材的编写从环境设计、园林设计岗位分析入手，紧密围绕《国家职业教育改革实施方案》要求，坚持“知行合一、工学结合”的原则，通过对工作岗位中观赏植物识别与养护管理能力进行分解，构建十六个学习情境。教材本着“强化学生专业基础知识，突出综合应用技能”的原则，融汇传统的普通植物学、树木学、花卉学、植物栽培养护管理四大课程知识内容，从中提取植物分类基础知识，强化植物分类基本概念，同时融入植物景观设计基本理念，突出区域特征及景观文化应用特征，旨在有效提高学生植物应用的专业能力。本教材具有以下特点。

一、重构内容，能力强化。本教材按照“问题提出与解答—知识储备与梳理—学习评价与反馈”顺序展开，按照植物应用中知识及能力要求分解知识点，所选观赏植物种类紧密贴合行业需求，同时配有相应的识别图片，图片识别特征典型、观赏性强、文字描述简练，通俗易懂，不仅有利于教师的授课和学生的自主学习，也可作为同行人员学习、工作的参考资料。

二、突出特色，功能多样。本教材为新型活页式教材，并配套相应的数字化资源。部分内容可随信息技术的发展和产业升级情况及时动态更新。本教材满足全国多个片区教学使用，弹性大，对不同地区、不同环境、不同气候的观赏植物景观应用具有一定的参考价值。

三、融入思政，职业培养。教材编写将课程思政融入教学各环节。打造以“家国情怀、文化自信、生态文明、职业道德、严谨科学、创新发展”为主的课程思政核心内容，通过讲述钱崇澍等老一辈植物分类学家在20世纪初克服千辛万难开展植物分类学研究等相关案例，培养学生不怕艰难困苦的精神品格、开放的国际合作与竞争视野；在中国古典园林植物文化内涵中传播中华优秀传统文化，培养学生的家国情怀，进一步树立文化自信；在案例分析、实际调研中注重培养学生合作精神和独立思考的能力，具有科学精神与创新思维，懂得遵守、履行职业道德规范，养成终身学习的意识；鼓励学生勇于探索、大胆尝试，最终引导学生适应社会需求，树立爱岗就业、精益求精的职业精神，培养能够积极动手实践和解决实际问题的能力。

本教材综合性强，文字描述简明，植物识别、植物养护管理方法直观，重点突出、可操作性强、插图绘制精美，能够帮助学生快速地认识植物种类，迅速掌握观赏植物的知识及应用技能。

本书由主编刘敏拟定编写大纲，并负责对各位编者的书稿进行全面修改，直至最后定稿。编写分工如下：学习情境1（刘敏，宋晓梅）；学习情境2（刘丹，贾军）；学习情境3（刘敏、王伟湘），学习情境4（刘敏，袁强），学习情境5（刘敏，郭征），学习情境6（刘敏，吴燕生），学习情境7（刘敏，赵丹），学习情境8（刘敏，林杉），学习情境9至学习情境12（刘敏，刘丹）；学习情境13（孙惠）；学习情境14（王连平，刘丹），学习情境15（刘丹），学习情境16（刘丹）；附录1至附录2（王艳，武玲）；附录3和附录4（孟庆男），曹孟陬负责课程思政凝练撰写；王东负责数字资料处理与编辑；崔文军提供了大量的图片资料。

在本书的编写过程中，衷心感谢梁宝富董事长和赖尔聪教授所提出的宝贵建议，他们的指导对本书的完善起到了至关重要的作用。同时，主编也深深感激各位编写老师所展现的严谨认真的工作态度，正是他们的辛勤付出，确保了教材的高质量。此外，杨智瑾、姚倩、徐蕾为本书绘制的精美图片，极大地增添了教材的可读性，对他们的辛勤工作和出色贡献，在此深表谢意。在编写过程中，编写组还得到了所在高校领导、教师的深切关心与大力支持，他们的鼓励与帮助让编写人员深感温暖，在此一并表示诚挚的谢意。

另外，在教材的编写过程中，编写人员参考了大量文献，并引用了相关资料，对于这些作者，我们也一并表示诚挚的敬意与感谢，他们的研究成果为本书提供了坚实的学术基础。

最后，编者要特别感谢中国农业大学出版社的梁爱荣女士，她为本书的顺利出版倾注了大量的心血，展现了极高的专业素养和敬业精神，使得本书得以更好地呈现给读者。

限于编者的学识与时间，教材难免有疏漏之处，尚须在教学实践中进一步完善，敬请各位专家和同行提出宝贵意见。

主编

2024年5月

# 目　录

## 学习情境 13 观赏植物应用调查



## 学习情境 14 观赏植物育苗技术



## 学习情景 15 观赏植物栽植技术



## 学习情景 16 观赏植物养护技术



## 附录

# 学习情境1

# 观赏植物识别方法

## 学习情境描述

随着我国城镇化进程的加快以及人民生活水平的提高，社会发展与变革对环境建设的发展不断提出挑战，也带来机遇。在国土规划、城市设计、自然保护地规划、景观和生态规划设计等方面，植物起着主导作用。本部分从认识植物的根、茎、叶、花、果实形态特征开始，使学生形成对个体植物的初步认知，为后续的识别和应用打下基础。

## 学习目标

◆ 掌握观赏植物识别的方法，为识别、应用各类观赏植物奠定基础。

◆ 通过对观赏植物生长性状的识别，掌握其基本分类方法。

◆ 通过对茎、叶、花、果等实物标本的形态观察，学会应用植物形态术语描述植物。

◆ 掌握拉丁名规范书写，能够拼读常见植物拉丁名。

## 任务书

◆ 选择校园里或本地区常见园林植物标本，用植物形态术语分别描述叶、花、果的形态特征。

◆ 选择几种园林植物，绘出叶、花、果实、枝条的形态简图，以加深记忆。

◆ 调查校园里或本地区主要园林植物的叶片、花和果实的类型。

## 学习准备

1. 学习材料

实物标本、腊叶标本，本地区主要园林植物30～50种。

2. 学习工具与用品

枝剪、解剖刀、解剖针、放大镜、记录本、工具书等。

3. 实训地点

实验室、实训基地。

4. 前期理论知识准备

1）观赏植物的概念

观赏植物通常是指人工栽培的，具有一定观赏价值和生态效应，用以点缀、美化、改善环境，增加景色以供观赏的装饰性植物。

观赏植物种类繁多，就其形态及习性而言，有高大的乔木，矮小的灌木，有草本、藤本等，其中木本常称为观赏树木或园林树木，草本常称为花卉。

二维码1-1
观赏植物的内涵

2)观赏植物资源情况

中国是世界上植物资源最为丰富的国家之一,有3万多种高等植物,仅次于植物最丰富的巴西和马来西亚,居世界第三位。其中苔藓植物106科,占世界科数的70%;蕨类植物52科,占世界科数的80%;木本植物8000种,其中乔木约2000种。

全世界裸子植物共12科71属750种,中国就有11科34属240多种;被子植物占世界总科的54%。中国还是世界上许多重要观赏植物的分布中心,如槭属、山茶属、百合属、石蒜属、含笑属、蔷薇属、木樨属、丁香属、报春属、竹类植物、兰科植物等。各地植物工作者经过近30年的调查和研究,统计出原产中国的观赏植物1万~2万种,常用的约2000种。

3)观赏植物的功能

城市的出现加速了全球生态系统的进化进程,极大地改变了自然世界的原有景观。城市景观以高度集中的建筑物、产业经济和人居社区为特点,分割甚至完全取代了以往覆盖的自然及半自然植被和水体景观。在全世界城市化进程的迅猛发展中,出现了很多城市特有的生态问题,如城市热岛、城市干岛、城市雨岛及城市暗岛效应等。大量研究表明,城市中的植物、水体和湿地对减缓城市环境压力、减轻城市各类岛效应(热岛、干岛、雨岛及暗岛)、修复环境污染具有明显的作用,它们是实现城市生态系统良性循环的重要部分。

在落实中央2030年碳达峰和2060年碳中和的重要举措中,植物将会发挥重要的作用。植物的生态功能主要体现在六个方面:①调节温度和空气湿度;②防风固沙,水土保持;③降尘滞埃,吸收有毒气体;④杀菌抑菌,清新空气;⑤固碳释氧;⑥环境修复功能。

**二维码 1-2**
**观赏植物的功能**

此外,植物还具有重要的观赏功能,观赏植物的美在于植物的色、香、姿、韵。由植物形成的优美景观可引申出绘画、摄影等艺术活动,人们能从中获得创作灵感。

观赏植物具有直接经济效益和间接经济效益。而植物的间接经济效益则远远大于其带来的直接经济效益,如保护环境、改善气候、释放氧气、提供动物栖息场地、防止水土流失等重要的经济作用。

植物具备诸多正向服务功能的同时兼具了一些负效应,如生物入侵的潜在危害,容易引起花粉过敏症、毒性植物的误用,植物中挥发物质的客观存在等。

总体在来说,观赏植物的应用需要扬长避短,最大化正效应且尽量避免或最小化负效应。比如生态安全上,需避免盲目引入入侵种;环境安全上,城市中的植物与城市居民存在许多接触机会,因此避免在闹市区或室内栽种过多易引起花粉致敏的植物,避免在中小学校园、庭院内及儿童密集区栽种有毒植物或有刺植物。明确并总结植物的负效应特征是有效避免安全问题发生的基础工作。

4)形态识别方法学习的必要性

随着现代植物学的发展,植物鉴定已在传统植物鉴定法——形态学识别法的基础上有了一些新技术,如细胞学标记技术、生化标记技术、蛋白质指纹标记等,这些新技术为进一步鉴定形态学差异越来越小的植物品种带来了积极的意义,而这些方法的取样基础仍然是以形态学特征为依据。形态识别法依旧是最简单直观、快捷的方法,这是其他方法不可比拟和取代的。

形态学识别法主要通过观察植物叶、花、果的基本形态来鉴定植物。描述植物的根、茎、叶、花、果实和种子的专用词语称为植物的形态术语。掌握植物这种通俗而简练的基本形态术语是识别和鉴定植物的关键。

## 任务实施

# 任务1-1　植物分类方法认识

**引导问题1-1:认识植物,为什么需要学习植物分类方法？通常植物分类方法有哪些?**

---

**小提示:**

地球上现存植物有50多万种,其种类多样,形态、结构、生活习性等繁杂,人们为了认识植物,就需对它们进行分类。植物分类学是在人类认识和利用植物的社会实践中发展起来的一门古老学科,目的是更方便、更准确地认识植物,以便更好地保护和利用植物。

植物分类的方法是人们对植物的形态、构造、生活史和生活习性进行观察、研究、比较,从而对植物进行分类的方法。依据不同的使用目的有两大分类方法,即自然分类法和人为分类法。

二维码1-3
植物分类
基础知识

**引导问题1-2:《本草纲目》将植物分为草部、谷部、菜部、果部和木部,这是按照什么分类方法分类的?**

---

**小提示:**

人为分类法是按人的意图进行分类,强调人的使用目的。清《花镜》把植物分为花木和藤蔓两大类;清《御定佩文斋广群芳谱》中将植物分为谷、桑麻、蔬、茶、花、果、木、竹、卉、药十谱九十四卷。在现代的使用中,人们会按照植物的生物学特性、生态学特性、观赏特性、园林绿化用途、经济用途等不同的使用目的进行分类。

1.按观赏特性分类

根据植物的观赏特性,可将观赏植物分为观叶、观花、观果、观枝(干)、观芽和观姿态等。

(1)观叶植物　这类植物有的是叶形奇特,有的是叶色美丽并具有明显的季相变化,有的终年具有鲜亮的颜色,如苏铁、散尾葵、黄栌、枫香、花叶垂榕等。

二维码1-4
观赏植物的分类

(2)观花植物　以花朵为主要观赏部位的植物。如牡丹、山茶、垂丝海棠等。

(3)观果植物　以果实为主要观赏部位的植物,且果实色泽艳丽、经久不落,或果形奇特,色形俱佳。如火棘、佛手、球花石楠等。

(4)观枝(干)植物　植物枝干具有独特的风格或干皮呈现不同的色彩,特别是在深秋树叶凋落后,干枝形态色彩更引人注目。如佛肚竹、红瑞木、白皮松、紫薇、梧桐、木棉、龙爪柳等。

(5)观芽植物　以肥大而美丽的叶芽或花芽作观赏部位的植物。如银芽柳的花芽、石楠的红色顶芽、玉兰的花芽。

(6)观姿态植物　树姿优美,或枝干虬曲似游龙,像伞盖的植物。如雪松、南洋杉、龙柏、金钱松、龙爪槐等。

2.按原产地气候类型分类

大自然中的植物资源非常丰富，却分布不均匀。我们所栽培的观赏植物，都是世界各地原生的植物种经人工培育而成。了解植物的原产地和生态习性对栽培有很大的帮助，在引种、栽培管理中可以采用与原产地相同或相似的栽培方法以及提供相应的环境管理，以帮助植物可以不受地域和季节的限制而广泛栽培。值得注意的是，植物原产地并不一定是该种的最适宜分布区，只有它是其原产地的优势种，其原产地才可能被称为适宜分布区。

根据 Miller 和日本塚本氏的分类，全球可分为 7 个气候区。每个气候区所属地区内形成了野生花卉的自然分布中心。

(1)大陆东岸气候型(中国气候型)　该区是喜欢温暖的球根花卉和不耐寒的宿根花卉分布中心，如中国石竹、石蒜、荷包牡丹、翠菊、荷兰菊、芍药、百合类等。

(2)大陆西岸气候型(欧洲气候型)　该区是一些喜凉爽二年生花卉和部分球根花卉的分布中心，如羽衣甘蓝、雏菊、铃兰等。

(3)地中海气候型　该区是世界上多种球根花卉的分布中心，如郁金香、风信子、仙客来等。

(4)墨西哥气候型(热带高原气候型)　该区是一些春植球根的分布中心，如大丽花、晚香玉等。

(5)热带气候型　该区是不耐寒一年生花卉及观赏花木的分布中心，如鸡冠花、长春花、猪笼草、竹芋、火鹤、文心兰等。

(6)寒带气候型　该区主要产高山植物，如绿绒蒿属、龙胆属、雪莲等植物。

(7)沙漠气候型　该区是仙人掌和多浆植物的分布中心。

3.按园林用途分类

按园林植物在园林景观中的应用可分为庭荫树、行道树、花灌木、绿篱植物、垂直绿化植物、地被植物、室内装饰植物等。

(1)庭荫树　可孤植或丛植于庭园和风景园林中，以增添绿荫为主要目的的树种，有的还兼有以赏树形和姿态，如梧桐、银杏、国槐、七叶树、橡皮榕、南洋杉、雪松等。

(2)行道树　植于道路两侧，给行人和车辆遮阳，并构成街景的树种。有落叶，也有常绿，但必须具备抗性强、耐修剪、主干直、分枝点高等特点，如悬铃木、银杏、香樟等。

(3)花灌木　以观花为主要目的的灌木，如榆叶梅、紫薇、木槿等。

(4)绿篱植物　主要作用是分隔空间，屏障视线，或作雕塑、喷泉的背景，能成行密植代替栏杆或有装饰作用。这类植物要求树种耐修剪，多分枝，生长缓慢，适于密植，多为常绿。绿篱植物的种类很多，有花篱、果篱、刺篱、绿篱等，按高度来分，有高篱、中篱和矮篱。

(5)垂直绿化植物　利用缠绕或攀缘植物来绿化建筑、篱笆、园门、亭廊、棚架等。常用植物有紫藤、葡萄、爬山虎、木香、叶子花、茑萝等。

(6)地被植物　包括覆盖在裸露地面上的各种草本植物，高度在 50 cm 以内，可防止尘土飞扬、水土流失，还可装点园林景观，如葱兰、三叶草、马蹄金、鸢尾类、石蒜类、玉簪类、麦冬类等。

(7)室内装饰植物　在室内栽植的，供室内装饰应用的盆栽观赏植物，如蕨类植物、凤梨类植物以及部分天南星科植物等。

**小知识：**

我国植物研究历史非常久远，存有大量的文化资源，早在大约2000年前，《诗经》中就记载了200多种植物。《国风·周南·桃夭》中提到"桃之夭夭，灼灼其华"，描述了桃果实累累绿叶茂盛的场景，以桃起兴，极富有层次感。《诗经》已确认130余种植物，其中确认拉丁名的达120余种。

**引导问题1-3：请说一说下图中的垂柳是按照什么方法进行分类的？**

被子植物门
　木兰纲
　　金虎尾目
　　　杨柳科
　　　　柳属
　　　　　垂柳

---

**小提示：**

达尔文认为物种起源于变异与自然选择，从而得知复杂的物种大致是同源的。依据物种表面上相似程度的差别，可显示它们血统上的亲缘关系。因而，以植物的亲缘关系作为分类标准建立的分类系统，称为自然分类系统。以植物的亲缘关系为依据进行分类的方法便是自然分类法（又称系统发育分类法）。

我国常用的分类系统主要有以下几种：蕨类植物多用秦仁昌系统、裸子植物多用郑万钧系统、被子植物多用恩格勒系统、哈钦松系统、克朗奎斯特系统等。今天，植物分类也吸收了解剖学、化学、生态学、细胞学、生物化学、遗传学以及分子生物学等学科的研究方法，与传统的分类方法相结合形成了新的化学分类学、染色体分类学、实验分类学、数值分类学等新领域，可有更多的论据进一步研究物种形成和种系发生。

近年来，随着分子生物学的发展，植物学家根据相关数据，提出APG系统。这是被子植物系统发育组综合多个大尺度的系统发育的结果，是基于DNA序列的新分类系统。该系统能够更自然地反映植物之间的演化关系，自1998年问世以来，至今APG系统已更新至第4版。

**引导问题1-4：在植物的自然分类法中，植物的分类等级是什么？有没有基本的分类单位？**

---

**小提示：**

在自然分类法中生物分类单位按照高低和从属关系顺序排列，具体可分为界、门、纲、目、科、属、种，有的还加设亚级，即亚门、亚纲、亚目、亚科、亚属、亚种等以资细分。种是最基本的分类单位，集相近的种成属，相近的属并为科，由科并为目，由目集成纲，由纲而成门，由门合为界。每种植物都可在各级分类单位中找到其位置和从属关系。

以桃为例：

界……植物界 Regnum plantae

门……种子植物门 Spermatophyta

亚门……被子植物亚门 Angiospermae
纲……双子叶植物纲 Dicotyledoneae
亚纲……离瓣花亚纲 Archichlarmydeae
目……蔷薇目 Rosales
科……蔷薇科 Rosaceae
亚科……李亚科 Prunoideae
属……梅(李)属 *Prunus*
种……桃 *Prunus persica*(L.)Batsch

种是分类的基本单位,是在自然界中具有一定的形态和生理特征,具有一定的自然分布范围,最主要的是具有"生殖隔离"现象的客观存在的一种类群。所谓"生殖隔离"现象,是指异种之间不能产生后代,即使产生后代亦不能具有正常的生殖能力。种内某些个体之间具有显著差异时,可视差异大小分为亚种 Subspecies(Sub sp. 或 ssp.)、变种 Varietas(var.)、品种 Cultivar(cv.)、亚变种 Subvarietas(suv.)、变型 forma(fom. 或 f.),杂种则在两个亲本种名之间加×表示。

亚种(ssp.)这个类型除了在形态构造上有显著的变化特点外,在地理分布上也有较大范围的地带性分布区域。

变种(var.)种内的变异类型,它与原种在形态特征上有较小的差异,多指自然变异,这些特征是种内个体在不同环境条件影响下所产生的可遗传变异。

变型(f.)是指在形态特征上与原种有差异的个体类型,但变异更小,不稳定,也不遗传,如花色不同,重瓣与单瓣,叶面上有无色斑等。

品种(cv.)是园艺栽培植物的种内变异类型,经过人工选育而出现的变异,常指色、香、味、植株大小、产量高低等的变异。如萱草的品种:"芝加哥之火"萱草('Chicargo Fire')、"圣诞岛"萱草('Chrismas Is')、"珊瑚红"萱草('Coral Mist')等。

**小知识:**

20 世纪初,面对我国近代植物学一穷二白的局面,留学国外的钱崇澍等老一辈植物分类学家毅然归国,克服千辛万难采集植物标本,开展植物分类学研究,建立标本馆和教学科研机构,培养分类学专业人才,改变了由西方人研究中国植物的历史,奠定了我国植物分类学的国际地位。"回顾历史,纪念先贤,开阔视野,启迪后人。"学习植物分类学家先辈的卓越功绩,培养不怕艰难困苦的精神品格,开放国际合作与竞争的视野,才能继往开来,不断创新,不断发展。

1930 年 8 月,英国剑桥举办了第五届国际植物学大会,中国首次参会。陈焕镛作为中国代表团的团长出席会议,并代表中国植物学家向大会致贺词。会上陈焕镛发表了题为《中国近十年来植物学科学发展情况》的讲话,引起与会者的莫大兴趣和重视,以致大会将中国植物研究列为重要议题之一。陈焕镛、胡先骕入选国际植物命名法规委员会,这是中国植物学家加入国际植物学会及其植物命名法规委员会之开端。

1981 年 8 月 21—28 日在澳大利亚悉尼大学举行了第十三届国际植物学大会(XIII International Botanical Congress)。我国植物学者参加过第四届至第六届大会,自 1935 年以来中断了 46 年之久。这次全国组成了以汤佩松教授为首的 33 人代表团前往参加会议,台湾地区植物学者也有 10 人参加。中国迎来"科学的春天"。中国科学院植物研究所徐仁当选为大会副主席。

2017 年 7 月 24 日，以“绿色创造未来”为主题的第十九届国际植物学大会在深圳开幕。本届大会规模空前，吸引了全球 6850 名专家、学者、青年学生和 117 家参展商参会，参与国家和地区遍布五大洲，参会人员和参展商数量均创历届之最。大会组织了一系列展现中国特色和深圳印记的活动，并取得丰硕成果。以大会决议的形式发布《植物科学深圳宣言》，成为指导植物科学发展的纲领性文件

主会期前一周（2017 年 7 月 17—21 日）在深圳大学城北京大学汇丰商学院举行了命名法分会，顺利完成了对《藻类、菌物及植物国际命名法规》的修订，大会通过了《植物科学深圳宣言》。宣言旨在确定一些重大行动和优先领域，以期在全球植物科学家群体与不断变化的社会之间建立更紧密的联系。宣言发出行动号召，提出了强化对植物科学的支持、加强国际合作等 7 个优先领域制定行动战略。

# 任务 1-2　植物拉丁名认识

**引导问题 1-5：瑞典植物学家林奈（Carl Linnaeus 1707—1778）曾在《植物学批判》中说：“一个初学的年轻人，在他能够胜任任何科学研究以前，为了要学好各种文字，就会变成老人。”同时，他指出，由于植物学研究的传统和习惯，拉丁文应成为植物学研究的国际性语言。我们该如何理解林奈关于学习、认识植物拉丁名必要性的观点呢？**

______________________________

______________________________

**小提示：**

人类自古以来便对所认识的世界进行命名和分类，这不仅可满足生活的基本要求，还可以获得更多交流，促进我们对世界有更好的认知。由于人类语言种类繁多，植物的同物异名，同名异物现象普遍存在，这极大地阻碍着人们对植物的认识及开发利用，给植物起个全世界公认的学名成了植物学工作者的迫切愿望，伟大的瑞典博物学家林奈于 1753 年创制的植物命名的双名法得到国际公认，随后国际生物命名法规（国际植物命名法规、国际动物命名法规、国际细菌命名法规、国际栽培植物命名法规等）相继建立、修改和完善。

**引导问题 1-6：植物拉丁名的命名方法是什么？**

______________________________

______________________________

**小提示：**

植物拉丁名采用双名法和三名法进行命名。

1. 双名法

用两个字（拉丁语、拉丁化的希腊语或外来语）来命名植物种名的方法。前一词为属名，第一个字母要大写；后一词为种名（又叫种加词），根据这个词可把它与本属其他的种相区分。属名和种名书写时应为斜体。完整的植物学名，在种名后还须附命名者的姓氏，用正体，第一个

字母大写(知名人士则缩写成1～2个字母),如Linne的缩写为L.。必要时还附发表日期,如柏木 *Cupressus funebris* Endl.(1847)。

双名法的基本公式:学名 = 属名 + 种名 + 命名人

银杏 *Ginkgo biloba* L.

2.三名法

就是用三个词来命名植物种以下分类单位名称的方法,是对双名法的补充。在本种名的后面附上一定的指示性缩写字之一[亚种(ssp.)、变种(var.)、栽培变种(cv.)、变型(f.)],其后再附上相应阶层的加词,如:

*Catalpa fargesii* f. *duclouxii* 滇楸(川楸的变型)

*Citrus aurantium* var. *sinensis* 中国柑橘(酸橙的变种)

*Sabina chinensis* cv. *kaizuca* 龙柏(圆柏的栽培变种)

二维码1-5
植物的命名

植物学名具有全球唯一性,在植物学名中绝对不允许属名、种名相同,一种植物仅有一个学名。同物异名、异物同名必须被废弃或被替代,被废弃的同名,不能再作其他种的名称。

**引导问题1-7:请判断以下五个拉丁名的书写方式是否正确?**

(1)*Araucaria cunninghamii* sweet 南洋杉

(2)*acer palmatum* ‘*Dissectum*’ 羽毛枫

(3)Ginkgo biloba L. 银杏

(4)*Magnolia delavayi var. rubra* 红花山玉兰

(5)*Syringa oblata Lindl.* 紫丁香

**小提示:**

**植物拉丁名国际书写规范**

(1)植物种的完整学名由属名、种加词及命名人三部分构成,属名第一个字母大写,种加词小写,属名和种加词书写时斜体;命名人姓名第一个字母大写,正体。

如山玉兰 *Magnolia delavayi* Franch.

(2)若命名人为知名人士,则用1～2个字母加缩写符号“·”表示。

如银杏 *Ginkgo biloba* L.

(3)若命名人为二人以上,人名中加连接词et或ex,连接词小写,正体。

如银杉 *Cathaya argyrophylla* Chun et Kuang

白皮松 *Pinus bungeana* Zucc. ex Endl.

(4)种以下分类单位的学名,是由种名加上一个指示性缩写词[var.(变种)、f.(变型)、cv.(品种)、ssp.(亚种)],再加上一个相应的加词构成,指示性缩写字小写正体,相应的加词仍用斜体。

如红花山玉兰 *Magnolia delavayi* var. *rubra*

(5)园艺品种的学名中,可不用加 cv.,品种加词用单引号,第一个字母大写,正体表示。

如白荷花 *Nelumbo bonucifera* 'Alba'

(6)品种群用 Group 表示,第一个字母大写,正体。

如牡丹品种群 *Paeonia suffruticosa* Group

(7)某属植物中一未知种,用 sp.(种的缩写字),正体。

如一种松树 *Pinus* sp.

(8)某属植物中多种植物,用 spp.(种的复数缩写字),正体。

如多种月季 *Rosa* spp.

(9)对于物种的属名,通常情况下,应将其写全,如欧洲赤松 *Pinus sylvestris* L.,如果在此处还有同属的多种物种连续出现,则其他种的属名可缩写,如

*Pinus sylvestris* L.(欧洲赤松)

*P. massoniana* Lamb.(马尾松)

*P. yunnanensis* Franch.(云南松)

物种的种加词,一定要写全,不能缩写。

(10)在书写种名时,若需移行,应按音节进行并加注移行符号"-"。如:

金缕梅科檵木属的落叶灌木中的红檵木(红花檵木)*Loropetalum chinense* var. *ru-*
*brum*

**知识拓展**

**二维码 1-6**
**植物拉丁学名发音规则**

**小知识:**

钱崇澍——将一生奉献给国家植物学研究的著名学者

钱崇澍(1883.11.11—1965.12.28),出生于浙江省海宁县,植物学家,教育家,中国科学院植物研究所研究员、原所长。钱崇澍为我国近代植物学做出了杰出贡献,是中国植物分类学、植物生理学、地植物学、植物区系学的创始人之一。

在"中华文化教育基金会"的资助下,钱崇澍与胡先骕于 1922 年在中国科学社生物研究所建立了植物部,胡先骕任主任,先后共同建起了实验室、标本室、图书馆,定期出版期刊和图谱,使中国植物学的研究很快与国际植物学界接轨。在钱崇澍等人呕心沥血的教导和积极提携之下,一批植物学人才迅速成长起来。此外,钱崇澍与胡先骕、邹秉文在 1923 年合作编写了中国第一部大学生物学教科书《高等植物学》,这本教材在中国高等教育界产生了很大的影响,被大学生物系选为教科书,从此我国彻底摆脱了完全依赖使用外国植物学教材的惯例。

新中国成立之后,钱崇澍先后被选为中国科学院植物分类研究所所长、中国科学院学

部委员等职位，在南京、庐山、昆明、武汉等地都设立了工作站，以便在这些地区开展植物研究工作，其间发表了《黄河流域植物分布概况》《中国植物区划草案》《中国植被类型》《中国森林植物志》等重要论著。

钱崇澍一生都在从事植物学研究的工作，他的实干精神是我们当代年轻一辈的宝贵财富，他实干肯干，勤劳务实，谦虚谨慎、严谨科学的工作态度赢得了中国植物学研究界的尊敬，也是植物学研究后辈的学习楷模！

## 任务 1-3　植物形态识别方法

**引导问题 1-8：请根据图示说出所属根系（图 1-1、图 1-2）。**

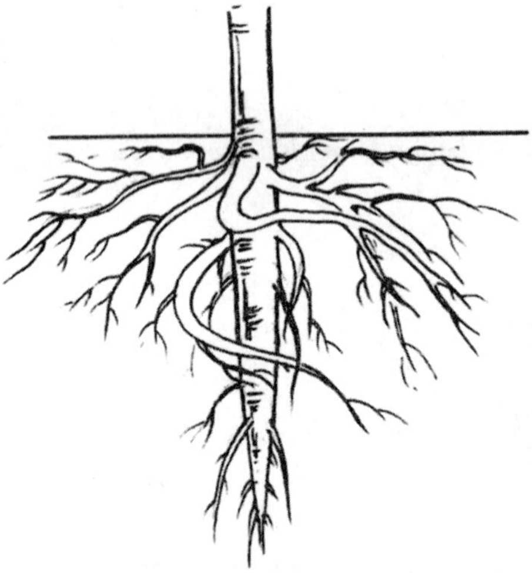

图 1-1 ________根系

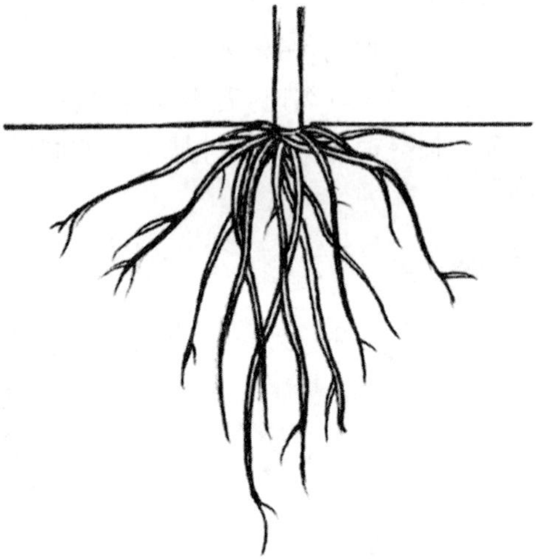

图 1-2 ________根系

二维码 1-7
植物的根

**小提示：**

**植物的根**

1. 根的基本形态

根所处的环境条件基本稳定，外形变化小，大多呈圆柱状。依据根的发生时间和部位，可分为定根和不定根。定根是指生于特定位置的主根和侧根。除定根外，植物还能从茎、叶、老根和胚轴上产生根，这些根的位置不固定，统称为不定根，不定根也能产生侧根。侧根、不定根的产生扩大了根的吸收面积，增强了根的固着能力。

2. 根系

一株植物根的总体称为根系，是植物的主根和侧根的总称，主要有直根系和须根系。

直根系　主根粗长，垂直向下，其旁分生侧根，如麻烁、马尾松。

须根系　主根不发达或早期死亡，而由茎的基部发生许多长短粗细相似的不定根，如棕榈、蒲葵等大多数单子叶植物的根系。

**引导问题 1-9：在景观中，哪些根的变态形式具有观赏价值？**

**引导问题 1-10：请观察校园中的木本植物茎和草本植物茎，并在图 1-3 适当位置写出相应的术语。**

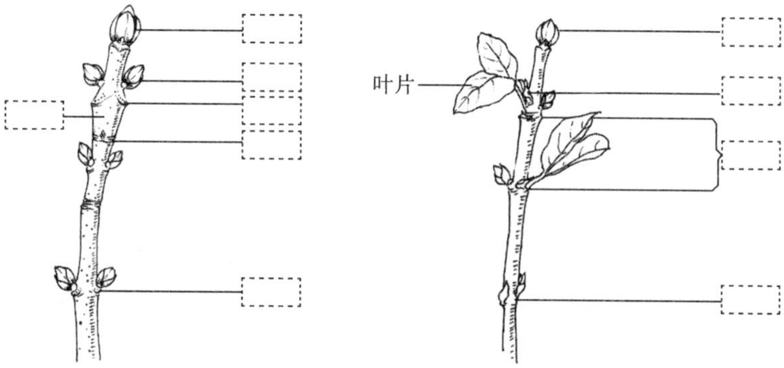


（a）木质茎　　（b）草质茎

**图 1-3　植物的茎**

**小提示：**

**植物的茎**

茎是介于根和叶之间起连接和支持作用的轴状结构营养器官，是着生叶、花、果等器官的轴，又称为枝。在茎或枝上着生叶的部位叫节，相邻两节之间的无叶部分称为节间。不同植物的节间有长有短，有的极度缩短使植物呈莲座状，如金盏菊、车前草。同一种植物上节间较长的称为长枝，节间较短的称为短枝，如银杏具有长短枝。叶与其着生的茎所成的夹角叫叶腋，叶腋生有芽，再由芽生出茎的分枝，即枝条和小枝条。叶片在枝条上脱落后留下的痕迹叫叶痕。

**二维码 1-8**
**植物的茎**

植物体上所有的枝条和花（花序）都是由芽发育而来，依据芽生长的位置，可分为定芽（顶芽和腋芽）、不定芽；依据芽发育后所形成的器官不同，可分为叶芽、花芽和混合芽；依据芽有无保护结构，可分为鳞芽和裸芽等。顶芽是生于枝条顶端的芽，通常由叶变态而成。腋芽是生于叶腋内的芽，形体一般较顶芽小，又叫侧芽。不定芽是从叶子发出的芽，如秋海棠、落地生根；或从根上发出，如刺槐、甘薯；或从树干发出，如柳树、桑树。

叶芽发育形成营养枝、发生叶子。花芽发育形成花或花序。混合芽同时发育为枝、叶和花（或花序）。鳞芽大多数生长在温带的多年生木本植物上，芽外的幼叶常形成鳞片（芽鳞），包被在芽的外面保护幼芽越冬。裸芽是没有芽鳞覆盖的芽，如草本植物和生长在热带潮湿气候的木本植物多为裸芽。

**引导问题 1-11：请说一说，在野外如何判断植物的生活型，即如何判断植物是乔木、灌木、草本？**

**小提示：**

依据植物茎木质化程度的高低，将茎分为木本茎和草本茎，具有木本茎的植物称为木本植物，其木质化程度高，一般比较坚硬，且寿命较长；具有草本茎的植物称为草本植物，其木质化程度低，质地较柔软。

根据植物茎的大小、生存期的长短和生长状态，木本植物分为：乔木、灌木、半灌木；草本植物分为一年生草本、二年生草本、多年生草本。

(1)木本植物

乔木　植株高大，主干粗大而明显，高达 5 m 以上且分枝部位距地面较高的植物，如广玉兰、雪松、毛白杨等。

灌木　植物比较矮小，主干不明显，常由基部分枝，如平枝栒子、六月雪等。

半灌木　又称为亚灌木，即在木本植物与草本植物之间没有明显的区别，较灌木矮小，高常不及 1 m，仅茎基部木质化，多年生，上部茎草质，于开花后枯死，如八仙花。

以上木本植物，叶在冬季或旱季脱落者叫落叶乔木、落叶灌木；反之，在冬季或旱季不落叶者叫常绿乔木、常绿灌木。

(2)草本植物

一年生草本　当年萌发，当年开花结实后，整个植株枯死，即生活周期在本年内完成。

二年生草本　当年萌发，次年开花结实后，整个植株枯死，即生活周期在两个年份内完成。

多年生草本　连续生存三年或更长的时间，开花结实后，地上部分枯死，地下部分继续生存，如果地上部分保存其绿叶越冬者，称为多年生常绿草本。

当然，环境常可改变植物的生活周期，如蓖麻在北方为一年生植物，在华南、西南地区则可为多年生植物。

**引导问题 1-12：请说出图 1-4 中植物茎的类型。**

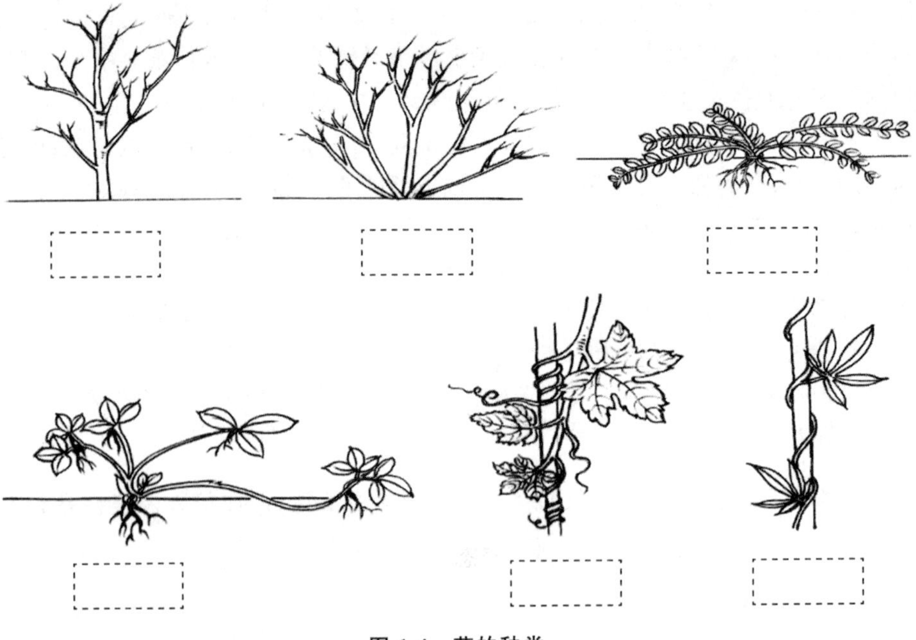

**图 1-4　茎的种类**

**引导问题 1-13:请说出图 1-5 中植物变态茎的类型。**

**图 1-5　茎的变态**

**小提示:**

植物的茎依其生长方向可分为:直立茎、平卧茎、匍匐茎、攀缘茎、缠绕茎。

植物的茎会发生变态,有地上部分发生变态,也有地下部分发生变态。地下部分发生变态的茎常常与根相混淆,主要有以下 4 种:

(1)根状茎　延长直立或匍匐的多年生地下茎,有的极细长,有节和节间,并有鳞片叶,如一些多年生禾草类和蕨类植物;根状茎也有粗肥而肉质的,如莲藕、姜。

(2)块茎　根状茎的顶部膨大而形成短而肥厚的块状或球状,如马铃薯(土豆)。某些兰科植物的假鳞茎,也是块茎的一种。

(3)球茎　短而肥厚、肉质的地下茎,下部有无数的根,外面有干膜质的鳞片,芽即藏于鳞片内,如荸荠、唐菖蒲等。

(4)鳞茎　由肥厚的鳞片构成一球形体或扁球形体,基部的中央有一小的底盘,即退化的茎。可分为无被鳞茎和有被鳞茎,前者的鳞片狭而呈覆瓦状排列,如百合;后者的鳞片宽阔,外面的鳞片完全包卷内面的鳞片(外面鳞片常成干膜质),如洋葱、蒜、水仙、郁金香等。

另外,有一些植物的地上部分的茎会完全变成另一种器官,主要有以下 3 种:

(1)叶状茎　又称为叶状枝,茎或枝扁化,绿色如叶状,行使叶的作用,如扁竹蓼,仙人掌,天门冬等。

(2)枝刺　茎转变为刺,有的又称为茎刺。枝刺像普通枝条,着生在叶腋中,有时枝刺上带有叶,而且可以有分枝,这些证明了枝刺是变态的茎,如火棘、皂荚。而蔷薇茎上的刺是皮刺,由表皮形成且与内部结构没有联系。

(3)卷须　是卷曲的纤长结构,卷须具有敏感的触觉和支持植物的攀附作用。形态学上有叶卷须和茎卷须。茎卷须存在于节上叶腋内，并且卷须是分叉的。如五叶地锦的卷须与它所附着的表面相接触时，会在卷须端变成扁平的吸盘。

**引导问题 1-14：请用简图绘制出你认识的茎横截面。**

小提示：

**植物茎的外形**

大部分植物的茎横截面为圆柱形，还有三角柱形（莎草科）、方形（唇形科、马鞭草科）、多角柱状（仙人掌科），偶有球形或扁平体（仙人掌）。茎常为实心，但有的茎是中空的（葫芦科、蓼科、连翘属的一些植物）。

**引导问题 1-15：请在图 1-6 框中填写一枚完全叶各部分名称。**

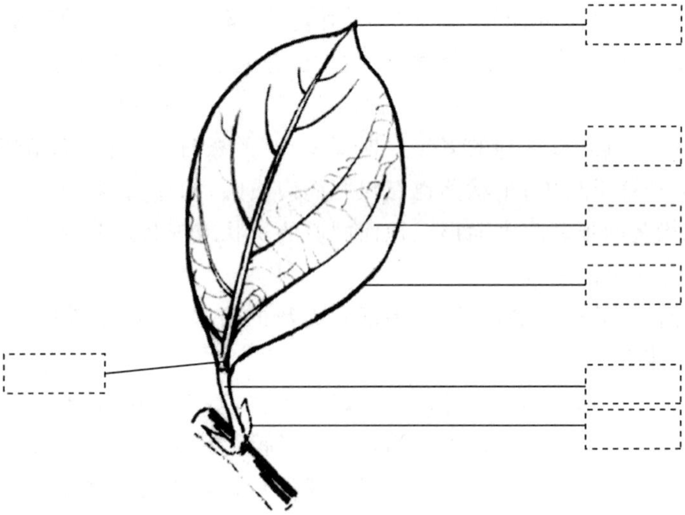

图 1-6　完全叶

二维码 1-9
植物的叶

小提示：

**植物的叶**

植物的叶根据其组成分为完全叶和不完全叶两类。一枚完全叶是由叶片、叶柄和一对托叶组成。

不具有这三部分中任何一部分或两部分的叶为不完全叶。叶缺乏叶柄的，称为叶无柄；缺乏托叶的，称为叶无托叶；缺乏叶片而其叶柄扁化成叶片状的，称为叶状柄，如相思树。判断一枚叶是不是完全叶，要通过观察幼叶的组成才能确定。因为许多植物的托叶容易脱落，只在幼叶时存在，而有的托叶较大且抱茎，当幼叶一展开时便脱落，同时在成熟的叶柄基部的节上留下环状托叶痕，如桑科榕属和木兰科的植物。

叶片是叶的扁阔部分。叶片有背面和腹面之分。每种叶片的叶形、叶尖、叶缘和叶基（叶的一端接近于茎或枝的方向）形态具有各种不同的特征。叶片上分布有粗细不同的叶脉，其分布方式叫作脉序。叶基部深凹入，其两侧裂片相合生而包围着茎部，好像茎贯穿在叶片中的，称为穿茎叶；叶片基部下延于茎上而成棱状或翼状的称为下延叶；叶片基部或叶柄形成圆筒状而包围茎的部分称为叶鞘。

叶柄是叶着生于茎（或枝）上的连接部分。叶柄不着生在叶片基底边缘而是生在叶片背面时，称为叶盾状；没有叶柄的叶，倘基部抱茎的，称为抱茎叶。植物的茎极度缩短后，茎极不明显，其叶恰如从根上生出，称为基生叶；基生叶集中生成一莲花状，则称为叶莲花状丛生，这个叶丛称为莲花状叶丛。

托叶是叶柄基部两侧的附属物，一般成对而生，通常细小、早落。托叶的有无，以及形状和大小，因种而异。如樱花的托叶为线形；贴根海棠托叶大，呈叶状，绿色，宿存；玉兰的托叶呈芽鳞状，大而早落，留下托叶痕；蓼科植物的托叶抱茎，形成宿存的筒状托叶鞘；刺槐托叶变成刺。

叶的形态是植物分类学上重要的参考依据之一，在种及种以下分类中占有重要的地位。

**引导问题1-16：请在图1-7框中填写相应的叶序。**

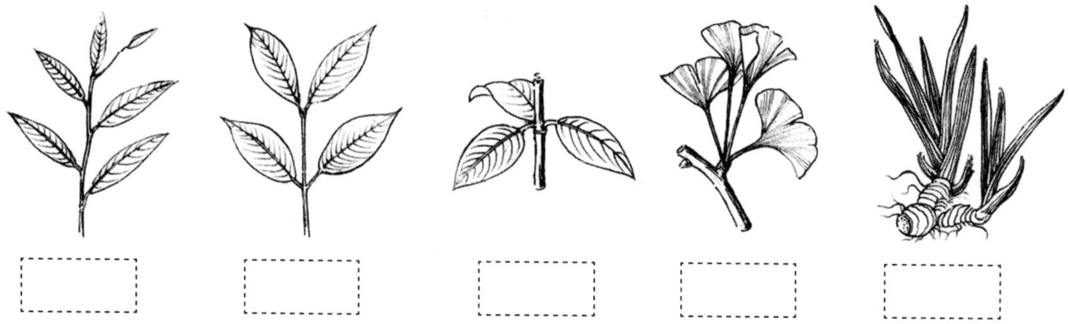

**图1-7 叶序**

**小提示：**

**植物的叶序**

叶在枝上着生的方式称为叶序。

（1）互生　每节着生一叶，节间有距离，如杨、柳。

（2）二列互生　互生叶在各节上各向左右展开成一个平面，如榆树。

（3）螺旋状着生　每节着生一叶，成螺旋状排列，如杉木、云杉、冷杉。

（4）对生　每节相对两面各生一叶，如桂花、女贞。

（5）交互对生　对生叶，并且上一节叶和下一节叶互相垂直，以便更好地获得阳光，如薄荷。

（6）轮生　每节有规则地着生三枚以上的叶片，如夹竹桃。

（7）簇生　多枚叶以互生叶序密集着生于枝条的顶端，如海桐；或着生于极度缩短的短枝上，如银杏、落叶松、雪松。

(8)基生　多枚叶以互生或对生叶序密集着生于茎基部或近地表的短茎上，如蒲公英、石蒜。

(9)套折　互生叶着生茎的各节间极不发达，而使叶集生在茎的基部且各叶基依次套抱，如鸢尾。

无论哪种叶序，植物为了获得更多的阳光资源，上下相邻的两节上的叶片不会完全重叠，总是错开一定的角度。植物通过选择叶柄的着生位置、控制叶柄长度、调整叶柄扭曲和叶片伸展方向，叶片之间能交互排列，实现最大限度利用阳光，植物的这种特性称为叶镶嵌。

**引导问题 1-17：请说一说如何区别植物的单叶与复叶。**

______________________________________________

______________________________________________

**小提示：**

**区分植物的单复叶**

根据叶柄的上端与叶片之间是否有关节存在，可将叶分为单叶和复叶两大类型。

(1)单叶　叶柄具一个叶片的叶，叶片与叶柄间不具关节，如桃、李、柳。

(2)复叶　总叶柄具两片以上分离的叶片，叶片与叶柄间具关节，如月季、南天竹。

(3)总叶柄　复叶的叶柄，或指着生小叶以下的部分。

(4)叶轴　总叶柄以上着生小叶的部分。

(5)小叶　复叶中的每个小叶。其各部分分别叫小叶片、小叶柄及小托叶等。小叶的叶腋不具腋芽。

有时，复叶与小枝会比较相似且难以区分，可根据表 1-1 加以识别。

**表 1-1　复叶和小枝的区分特征**

| 特征 | 复叶 | 小枝 |
|---|---|---|
| 顶芽 | 叶轴顶端无顶芽 | 枝条顶端有顶芽 |
| 腋芽 | 叶轴基部有腋芽；小叶基部无腋芽 | 枝条基部无腋芽；叶片基部有腋芽 |
| 叶片排列 | 所有小叶排列在同一平面上 | 叶片在枝条上呈多方位排列，相互嵌合 |
| 落叶方式 | 小叶先脱落，叶轴最后脱落 | 叶片脱落，枝条一般不脱落 |

**引导问题 1-18：请在图 1-8 框中填写相应的复叶类型。**

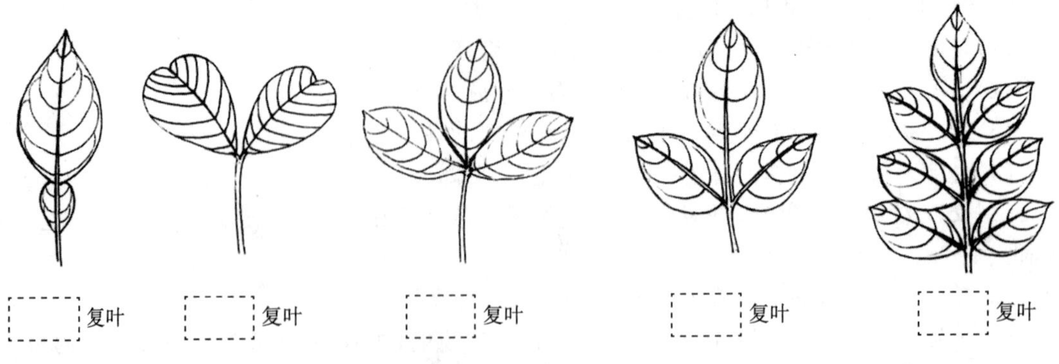

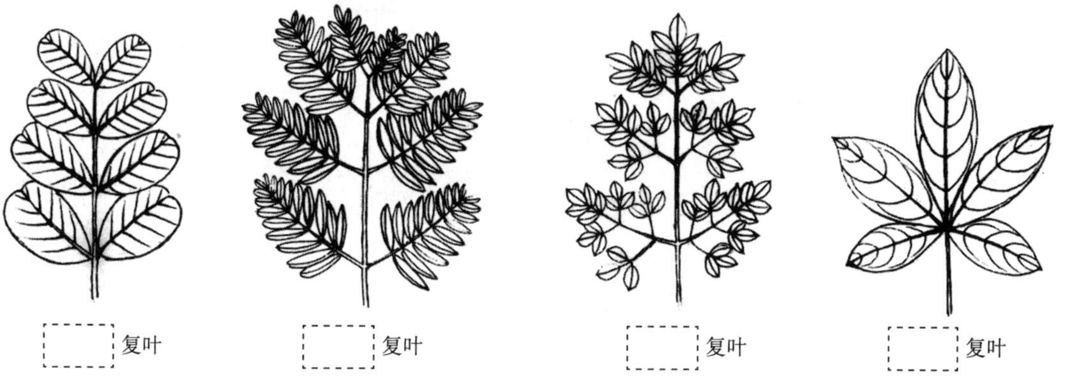


**图 1-8 复叶的种类**

**小提示：**

**复叶的种类**

(1)单身复叶　外形似单叶，但小叶片与叶柄间具关节，又叫单小叶复叶，如柑橘、柚子等。

(2)二出复叶　总叶柄上仅具 2 个小叶，又叫两小叶复叶。

(3)三出复叶　总叶柄上具 3 个小叶。

(4)掌状三出复叶　3 个小叶都着生在总叶柄顶端的一点上，小叶柄近等长，如橡胶树。

(5)羽状三出复叶　顶生小叶着生在总叶轴的顶端，其顶端小叶柄较 2 个侧生小叶的小叶柄长，如胡枝子、重阳木。

(6)羽状复叶　复叶的小叶排列成羽状，生于总叶轴的两侧。

(7)奇数羽状复叶　羽状复叶的顶端有一个小叶，小叶的总数为单数，如槐树。

(8)偶数羽状复叶　羽状复叶的顶端有两个小叶，小叶的总数为双数，如皂荚。

(9)二回羽状复叶　总叶柄有一次分枝，小叶长在分枝上，如合欢。

(10)三回羽状复叶　二回羽状复叶的叶柄再分枝长出小叶，如南天竹。

(11)掌状复叶　几个小叶着生在总叶柄顶端，如鹅掌柴、七叶树等。

**引导问题 1-19：请在图 1-9 框中填写相应的植物叶形名称。**

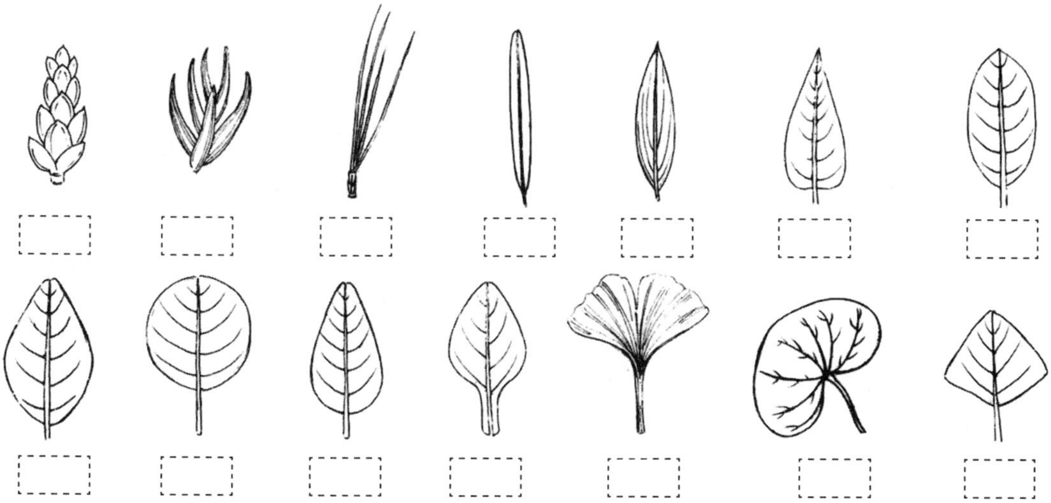

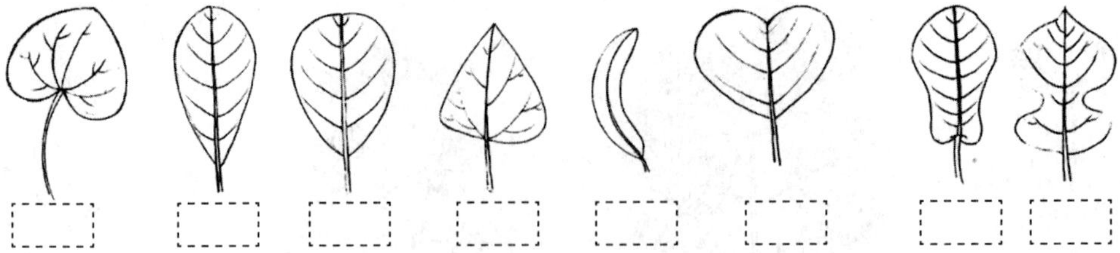

图 1-9 叶形

**小提示：**

**植物的叶形**

叶形是指叶片的形状，是区别植物种类的重要根据之一。下列术语也同样适用于萼片、花瓣等扁平器官。

(1)鳞形　叶细小呈鳞片状，如侧柏、柽柳。

(2)锥形　又称为钻形，叶短而先端尖，基部略宽，如柳杉。

(3)针形　细长而先端尖如针状，如马尾松、云南松。

(4)条形　又称为线形，叶扁平狭长，两侧边缘近平行，如冷杉，银杉。

(5)刺形　扁平狭长，先端锐尖或渐尖，如刺柏。

(6)披针形　叶窄长，最宽处在中部或中部以下，先端渐长尖，长为宽的 4～5 倍，如柳、桃。

(7)长圆形　又称为矩圆形，长方状椭圆形，长约为宽的 3 倍，两侧边缘近平行，如火棘。

(8)椭圆形　近于长圆形，但中部最宽，边缘自中部起向上下两端渐窄，长为宽的 1.5～2 倍，如杜仲。

(9)圆形　状如圆形，如黄栌。

(10)卵形　状如鸡蛋，中部以下最宽，长为宽的 1.5～2 倍，如女贞。

(11)匙形　状如汤匙，全形窄长，先端宽而圆，向下渐窄，如翠菊、紫叶小檗。

(12)扇形　顶端宽圆，向下渐狭，如银杏。

(13)镰形　狭长形并且弯曲如镰刀，如蓝桉的老叶。

(14)肾形　状如肾形，先端宽钝，基部凹陷，横径较长，如肾叶细辛。

(15)提琴形　叶子的半段显然较另一半段为宽阔，而从宽阔的部分转变到较狭的半段时，其“腰部”紧束，使叶片强烈地分成上下两部分，如琴叶榕。

(16)菱形　近斜方形，如小叶杨、乌桕。

(17)三角形　状如三角形，如加杨。

(18)心形　状如心脏，先端尖或渐尖，基部内凹具二圆形浅裂及一弯缺，如紫荆。

在上述这些基本形状前还可加上“广”“狭”“倒”“深”“浅”等字，以便更准确地进行描述，如倒披针形、倒卵形等。

**引导问题 1-20：请在图 1-10 框中填写相应的植物叶尖名称。**

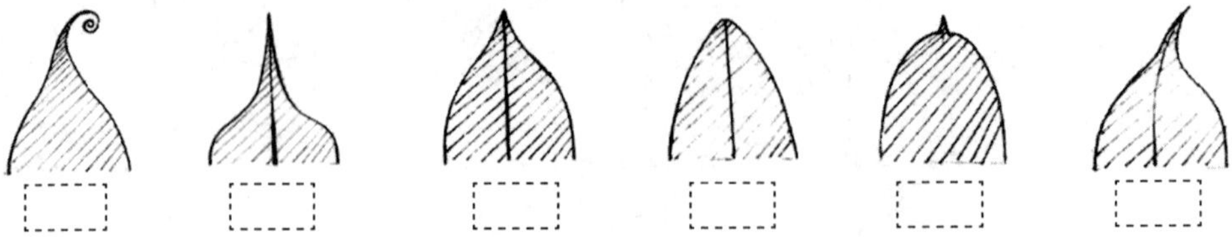

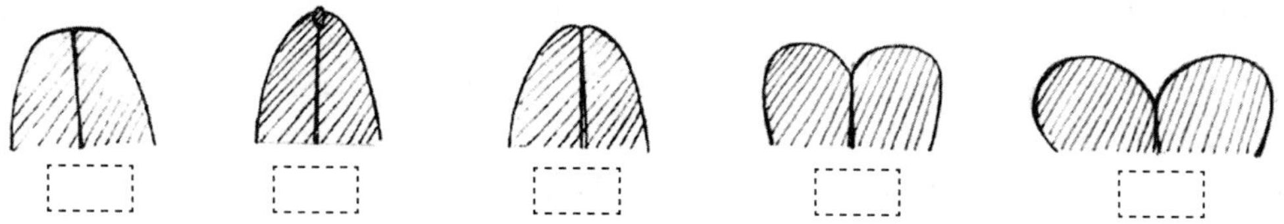

图 1-10　叶尖

**小提示:**

**植物的叶尖**

(1)卷须状　先端拳卷或弯曲成钩状,如黄精。
(2)尾尖　先端有尾状延长的附属物,如菩提树。
(3)渐尖　尖头延长,但有内弯的边,如夹竹桃。
(4)锐尖　尖头呈一锐角形而有直边,如女贞。
(5)凸尖　由中脉延伸于外而成一短锐尖。
(6)骤凸　先端有一利尖头。
(7)钝形　先端钝或近圆形,如厚朴。
(8)微凸　中脉的顶端略伸出于外面。
(9)微凹　先端圆,顶端中间稍凹,如黄檀。
(10)凹缺　先端凹缺稍深,又名微缺,如黄杨。
(11)倒心形　颠倒的心脏形,或一倒卵形而先端深凹入,如酢浆草。
(12)刺凸　先端有一刺。
(13)钩状凸　先端有一钩状刺。
(14)截形　先端如横切成平边状,如鹅掌楸。
(15)二裂　先端具二浅裂,如银杏。

**引导问题 1-21:请在图 1-11 框中填写相应的植物叶基名称。**

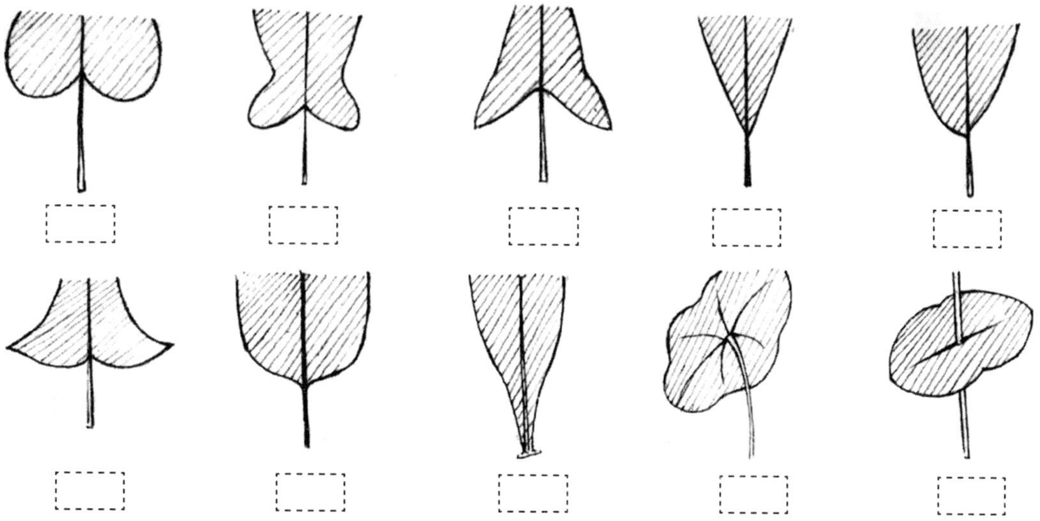

图 1-11　叶基

**小提示：**

**植物的叶基**

(1)心形　叶基心脏形，如紫荆、山桐子。

(2)耳形　叶基部两侧各有一耳形裂片，如辽东栎。

(3)箭形　叶基部两侧的小裂片向后并略向内，如慈姑。

(4)楔形　叶下部两侧渐狭呈楔子形，如八角、银合欢。

(5)偏斜　叶基部两侧不对称，如椴树、朴树。

(6)戟形　叶基部两侧的小裂片向两侧外指，如菠菜。

(7)截形　叶基部平截，如元宝枫。

(8)渐狭　叶基两侧向内渐缩形成具翅状叶柄的叶基。

(9)盾状　叶柄着生于叶背部的一点，如旱金莲、荷叶、芡实。

(10)合生穿茎　两个对生无柄叶的基部合生成一体，茎贯穿叶片中，如盘叶忍冬。

(11)下延　叶基自着生处起，贴生于枝上，如杉木、柳杉。

(12)鞘状　叶基部伸展形成鞘状，如沙拐枣。

(13)圆形　叶基部渐圆，如乌桕。

**引导问题1-22：请在图1-12框中填写相应的植物叶缘名称。**

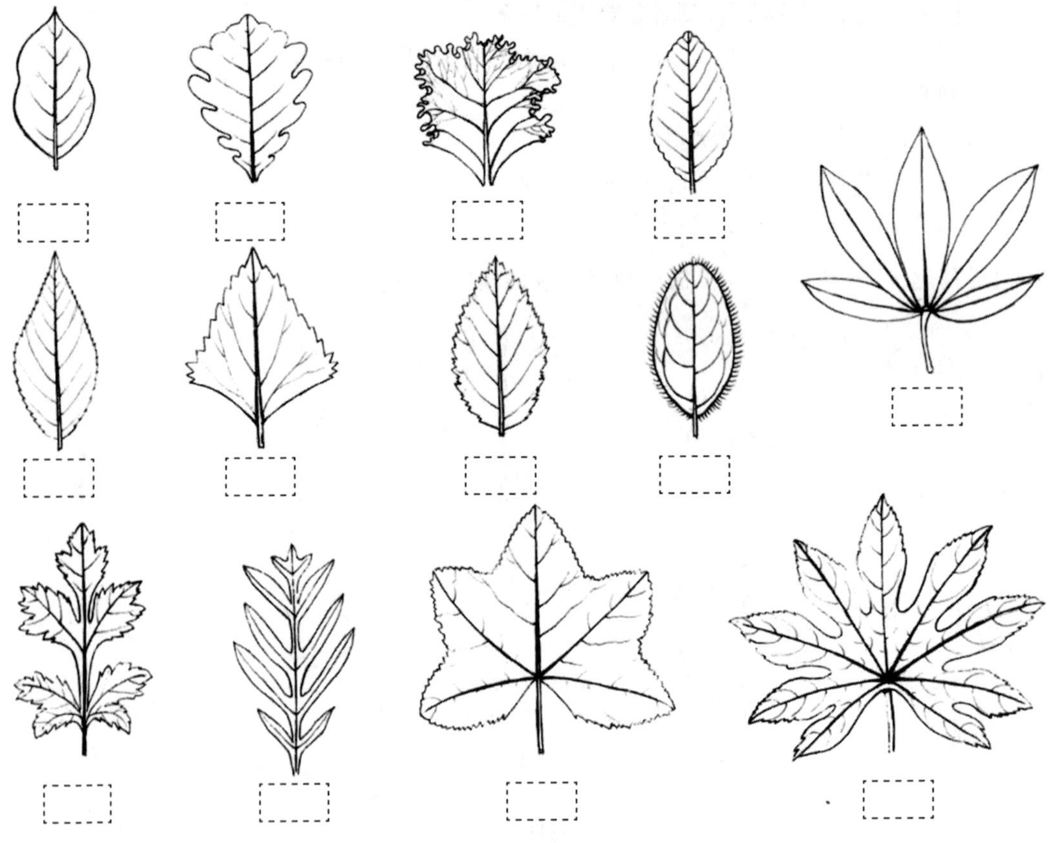

图1-12　叶缘

**小提示：**

**植物的叶缘**

(1)全缘　叶缘不具任何锯齿和缺裂，如丁香。

(2)波状　边缘波浪状起伏，如昆士兰伞木。

(3)浅波状　边缘波状较浅，如白栎。

(4)深波状　边缘波状较深，如蒙古栎。

(5)皱波状　边缘波状皱曲，如北京杨壮枝之叶。

(6)钝齿状　边缘具钝头的齿，如长寿花、朱砂根。

(7)锯齿状　边缘有尖锐的锯齿，齿端向前，如白榆、油茶。

(8)细锯齿状　边缘锯齿细密，如垂柳。

(9)重锯齿状　锯齿的边缘又具锯齿，如樱花。

(10)牙齿状　边缘具尖锐的齿，齿端外向，齿的两边近相等，如苎麻。

(11)小牙齿状　具较小的牙齿，如荚蒾。

(12)有睫毛　边缘有细毛，似眼睫毛，如木樨科蓝丁香。

(13)缺刻　边缘具不整齐较深的裂片，如荠菜。

(14)条裂　边缘分裂为狭条。

(15)浅裂　边缘浅裂至中脉约 1/3，如辽东栎。

(16)深裂　叶片深裂至离中脉或叶基部不远处，如鸡爪槭。

(17)全裂　叶片分裂深至中脉或叶柄顶端，裂片彼此完全分开，如银桦。

(18)羽状分裂　裂片排列成羽状，并具羽状脉。因分裂深浅程度不同，又可分为羽状浅裂、羽状深裂、羽状全裂等。

(19)掌状分裂　裂片排列成掌状，并具掌状脉，因分裂深浅程度不同，又可分为掌状浅裂、掌状深裂、掌状全裂等。

**引导问题 1-23：请在图 1-13 框中填写相应的叶脉类型。**

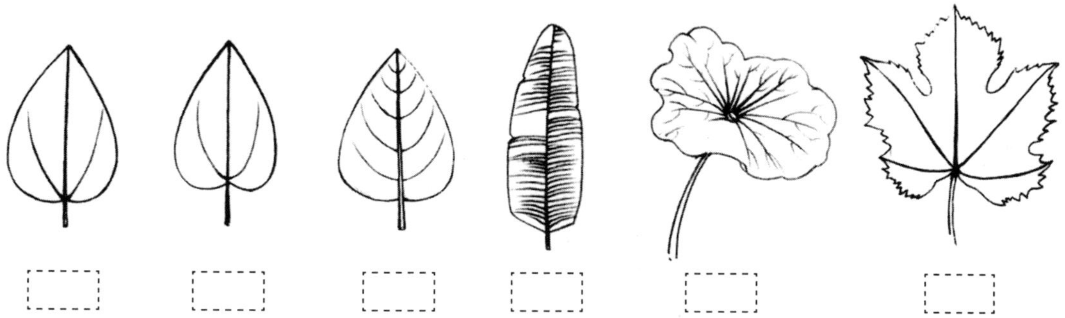

**图 1-13　叶脉**

**小提示：**

**植物的叶脉及脉序**

(1)叶脉　生长在叶片中的维管组织，具有疏导和支持叶肉的作用。

(2)脉序　叶脉在叶片上排列的方式。

(3)主脉　叶片中部较粗的叶脉，又叫中肋或中脉。

(4)侧脉　由主脉向两侧分出的次级脉。

(5)细脉　由侧脉分出,并连接各侧脉的细小脉,又名小脉。

(6)网状脉　指叶脉数回分枝变细,并互相连接为网状的脉序。

(7)羽状脉　具一条主脉,侧脉排列成羽状,如榆树。

(8)三出脉　由叶基伸出 3 条主脉,如肉桂、枣树。

(9)离基三出脉　羽状脉中最下一对较粗的侧脉出自离开叶基稍上之处,如檫木、香樟。

(10)掌状脉　几条近等粗的主脉由叶柄顶端生出,如葡萄。

(11)平行脉　为多数次脉紧密平行排列的叶脉,如竹类、百合。

(12)叉状脉　叶脉作二叉分枝,如银杏。叉状脉是比较原始的叶脉,在蕨类植物中较普遍。

**引导问题 1-24:请观察野外你看到的植物的变态叶,并绘制简图。**

**小提示:**

**植物的变态叶**

(1)鳞叶　鳞片或肉质肥厚的变态叶。分为 3 类:鳞芽外具保护作用的芽鳞片;变态器官如根状茎、球茎、块茎上退化的鳞叶或鳞片;百合上的肉质并具有储藏作用的鳞叶。

(2)叶卷须　由叶片或托叶变为纤弱细长的卷须,具有攀缘作用。如菝葜由托叶变成卷须;豌豆的卷须是由羽状复叶先端的两三对小叶变态而成。

(3)叶状柄　小叶退化,叶柄成扁平的叶状体,如相思树,这是对干旱环境的适应。

(4)叶鞘　由数枚芽鳞组成,包围针叶基部,如松属。

(5)托叶鞘　由托叶延伸而成,如木蓼。

(6)捕虫叶　食虫植物的叶变成了囊状、盘状、瓶状,这些叶在未获得动物食料时仍能正常生存,但当捕食后则能结出更多的果实和种子,如猪笼草、捕蝇草。

(7)叶刺与托叶刺　由叶或托叶变成的刺。前者如小檗,后者如刺槐、枣树。

**综合训练** 1-1 请选择你身边的 3～5 种木本植物，观察其叶的形态特征，完成表 1-2。

**表 1-2 植物叶形态特征描述**

调查地点：________________

| 序号 | 绘制标本简图或照片 | 叶的类型 | 叶形 | 叶脉及脉序 | 叶尖 | 叶基 | 叶缘 | 叶序 | 质地 | 叶的变态 | 附属物 |
|---|---|---|---|---|---|---|---|---|---|---|---|
| 1 |  | 单叶 | 卵形叶 | 三出脉 | 急尖 | 楔形 | 全缘 | 互生 | 软骨质 | 无 | 腺窝 |
| | | | | | | | | | | | |
| | | | | | | | | | | | |
| | | | | | | | | | | | |
| | | | | | | | | | | | |
| | | | | | | | | | | | |
| | | | | | | | | | | | |
| | | | | | | | | | | | |
| | | | | | | | | | | | |

注：表格内容根据调查植物物种具体情况填写。

**引导问题 1-25:请在图 1-14 的框中填写一朵典型花的各部分结构。**

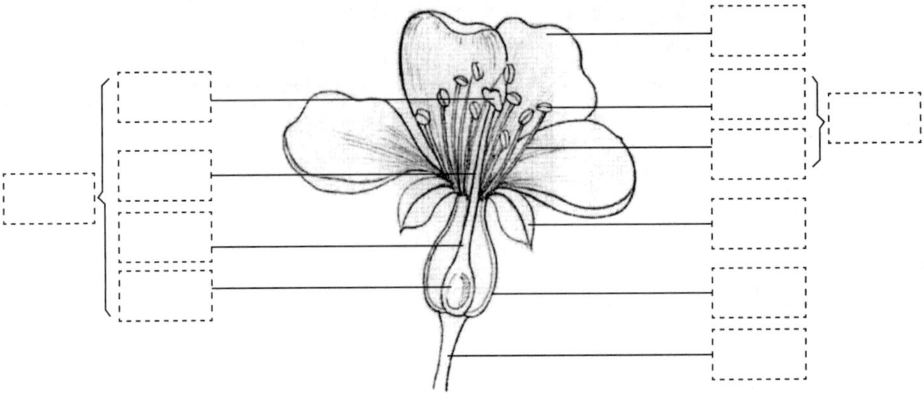

**图 1-14　完全花**

二维码 1-10
植物的花(1)

小提示:

**植物的花**

一朵典型的花包括花梗、花托、花萼、花冠、雄蕊(群)和雌蕊(群)等部分,由外至内依次着生于花柄顶端的花托(花梗顶端膨大的部分,花的各部着生处)上。

(1)完全花　指一朵花中花萼、花冠、雄蕊和雌蕊 4 部分均有的花,如桃、山茶。

(2)不完全花　指一朵花中花萼、花冠、雄蕊和雌蕊 4 部分缺少 1~3 部分的,如杨、柳、桑。

(3)整齐花　通过花的中心,可做出任何对称面的为整齐花,又名辐射对称花,如桃、李。

(4)不整齐花　通过花的中心,只能做出一个对称面的为不整齐花,又叫左右对称花,如泡桐、刺槐;通过花的中心,不能做出任何对称面的,也是不整齐花,又叫不对称花,如美人蕉。

**引导问题 1-26:请说出以下植物花的性别:**

玉兰__________　杜鹃__________　垂柳__________　板栗__________

拟单性木兰__________　八仙花__________　构骨__________

毛白杨__________　银杏__________　罗汉松__________

小提示:

**植物的性别**

(1)两性花　兼有雄蕊和雌蕊的花。

(2)单性花　仅有雄蕊或雌蕊的花。

(3)雄花　只有雄蕊没有雌蕊或雌蕊退化的花。

(4)雌花　只有雌蕊没有雄蕊或雄蕊退化的花。

(5)雌雄同株　雄花和雌花生于同一植株上。

(6)雌雄异株　雄花和雌花不生于同一植株上。

(7)杂性花　一株树上兼有单性花和两性花。单性和两性花生于同一植株的,叫杂性同株;分别生于同种不同植株上的,叫杂性异株。

(8)无性花　又称为中性花,指雌、雄蕊均缺的为无性花,如绣球花周围的花。

**引导问题 1-27:请在野外观察或网上查阅承托叶子花、马蹄莲肉穗花序的器官是什么,并绘制简图。**

**小提示:**

**承托花和花序的植物器官**

(1)苞片　生于花序或花序每一分枝下,以及花梗下的变态叶,如叶子花。

(2)总苞　紧托花序或一花,而聚集成轮的数枚或多数苞片,花后发育为果苞,如桦木、壳斗科。

(3)佛焰苞　为肉穗花序中包围一花束的一枚大苞片,如花烛红色佛焰苞、马蹄莲白色佛焰苞。

**引导问题 1-28:请用线连接以下植物对应的花被。**

| | |
|---|---|
| 双被花 | 牵牛花 |
| 单被花 | 月季花 |
| 无被花 | 垂柳花 |
| 重瓣花 | 重瓣紫罗兰 |
| 离瓣花 | 板栗花 |
| 合瓣花 | 鼠尾草 |

**小提示:**

**植物的花被**

(1)花被　花萼与花冠的总称。

(2)双被花　花萼和花冠都具备的花。若花萼和花冠相似,叫同被花,如一串红。花被的各片叫花被片,如玉兰、樟。

(3)单被花　仅有花萼而无花冠的花,如白榆、板栗。

(4)无被花　不具花萼和花冠的花为无被花,如白蜡、青冈。

(5)重瓣花　一些栽培植物中花瓣的层数有多层的花称为重瓣花。

另外,依据花被的离合状况,可分为:

(1)离瓣花　花萼、花冠俱全,花瓣分离开,甚至于一一分离的为离瓣花,如蔷薇。

(2)合瓣花　双被花的花瓣在边缘上彼此连和形成管状或漏斗状的称为合瓣花,如杜鹃、牵牛。其管状部分称为花冠筒,顶端分离部分称为花冠裂片。

**引导问题 1-29:请在图 1-15 框中填写所属花冠的形状。**

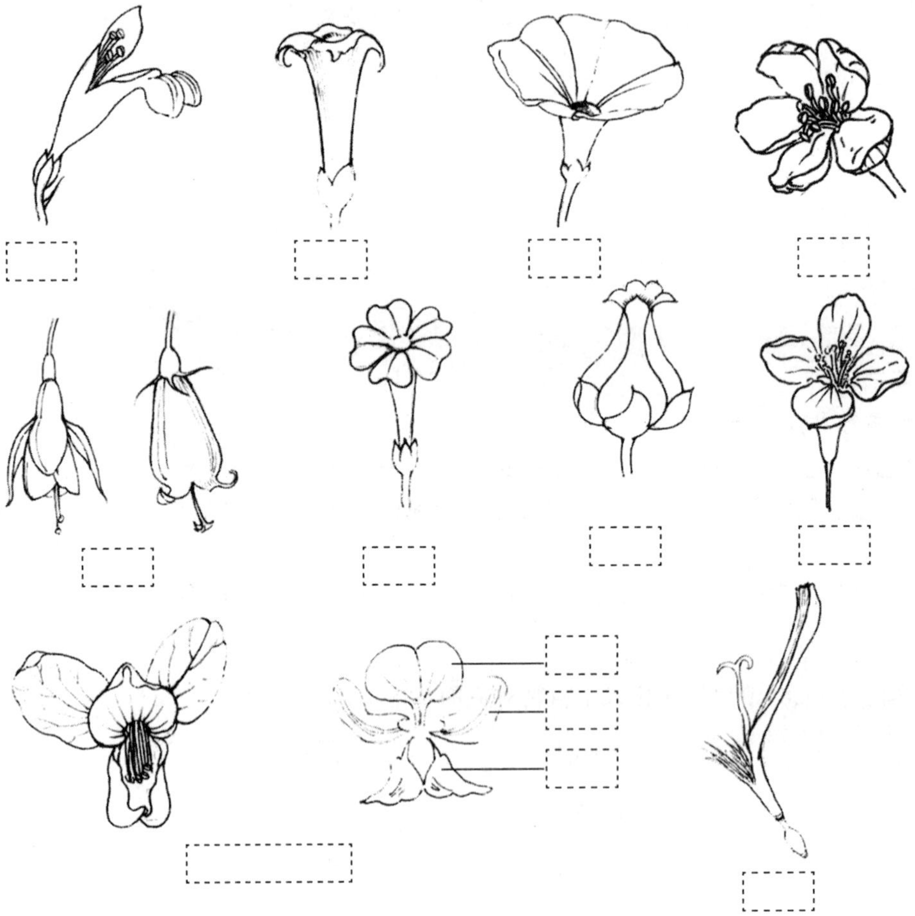

**图 1-15　花冠**

二维码 1-11
植物的花(2)

**小提示:**

**植物的花冠**

花冠是由生在花托上花萼内侧的叶状物组成,因内部含有不同的色彩而通常具有不同的颜色。花冠的每个叶状物叫花瓣。花萼是花最外或最下的一轮花被,通常绿色,也有不为绿色的。

(1)蔷薇形　花冠由 5 个分离的花瓣排成五星辐射状,如梅、樱花。

(2)十字形　花冠由 4 个分离的花瓣排成十字形,这是十字花科的特征之一,如油菜、萝卜。

(3)唇形　花冠稍呈二唇形,上面两裂片合生为上唇,下面三裂片为下唇,如唇形科植物。

(4)漏斗状 花冠下部筒状，向上渐渐扩大成漏斗状，如鸡蛋花、黄蝉等。

(5)钟状 花冠筒宽而稍短，上部扩大成一钟形，如吊钟花。

(6)高脚碟状 花冠下部窄筒形，上部花冠裂片突成水平状开展，如迎春花、蝴蝶藤。

(7)舌状 花冠基部成一短筒，上面向一边张开而呈扁平舌状，如菊科秋菊、万寿菊等的头状花序的边缘花。

(8)筒状 花冠大部分合成一管状或圆筒状，又名管状，这是菊科植物所特有的形状，如醉鱼草、丁香、向日葵花序中央的花。

(9)坛状 花冠筒膨大为卵形或球形，上部收缩成短颈，花冠裂片微外曲，如柿树的花。

(10)蝶形 花瓣五片离生，排列成蝶形。中间一瓣最大，为旗瓣，排列在最外面。其内方两侧各有一瓣，较小，为翼瓣。翼瓣内方为两瓣合生的龙骨瓣，如花生、槐树。旗瓣、翼瓣非常缩小，而旗瓣在最内方，龙骨瓣在最外方的为假蝶形花冠，如紫荆。

**引导问题 1-30：请在图 1-16 框中填写下列所属花序类型。**

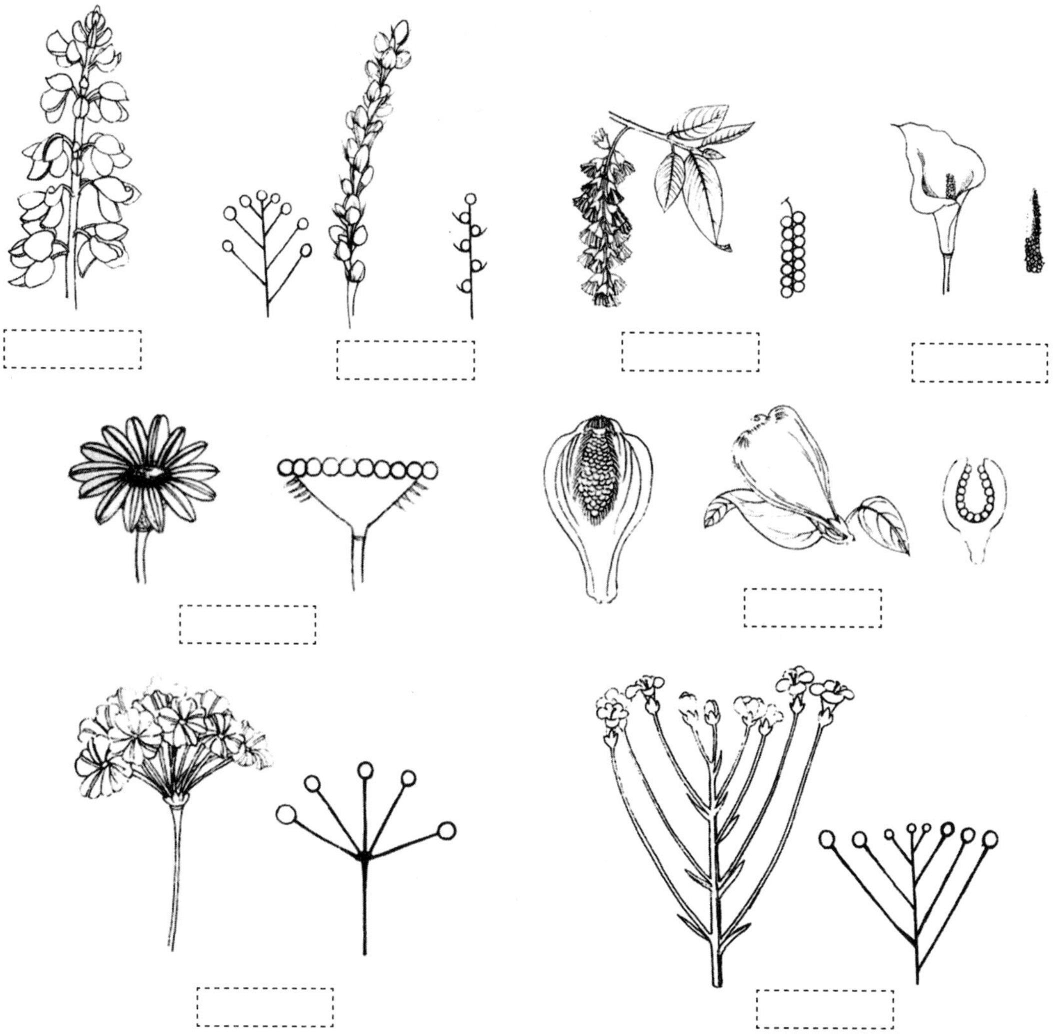

图 1-16 花序

**小提示：**

**植物的花序**

许多单个的花按照一定的规律群集在花轴上，成为花序。

依据花轴上花开放顺序、花轴的分枝形式和生长状况的不同，可将花序分为三大类：无限花序、有限花序和混合花序。无限花序是花序下部的花先开，依次向上开放，或由花序外围向中心依次开放。花轴顶端可以保持生长一段时间，即顶端不断增长陆续形成花。有限花序又称聚伞花序，是指花序最顶点或最中心的花先开，外侧或下部的花后开，花轴很快停止生长。混合花序是指有限花序和无限花序混生的花，即主轴可无限延长，而侧枝为有限花序时或相反。以下主要描述无限花序形式。

（1）总状花序　花互生排列在不分枝的花轴上，花柄近等长，如刺槐、银桦以及十字花科植物的花序。

（2）穗状花序　花的排列与总状花序相似，但无花柄或近无柄，如马鞭草。

（3）葇荑花序　由单性花组成的穗状花序，通常花轴细软下垂，如杨柳科植物的花序。

（4）肉穗花序　与穗状花序相似，总轴肉质肥厚，分枝或不分枝，且为一佛焰苞所包被，天南星科植物通常属该类花序。

（5）头状花序　花轴短缩顶端膨大成头状或扁平状，下簇生苞片，轴上面着生许多无梗花，如菊花、悬铃木。

（6）隐头花序　花轴顶端膨大，中间凹下，花着生在囊状体的内壁上，如无花果、榕树。

（7）伞房花序　与总状花序相似，但花梗不等长，最下的花梗最长，渐上递短，使整个花序顶呈一平头状，如梨、苹果。

（8）伞形花序　花集生于花轴的顶端，花梗近等长，如八角金盘、葱、绣线菊。

以上是无限花序中不分枝的简单花序，还有可以分枝的花序，每一分枝相当于上述的一种花序，称为复花序，如复总状花序、复伞形花序。

（1）圆锥花序　花轴上每一个分枝是一个总状花序，又叫复总状花序；有时花轴分枝，分枝上着生二花以上，外形呈圆锥状的花丛，如荔枝、槐树也属该类花序。

（2）复穗状花序　主轴上重复排列着无轴的单穗状花序，如小麦。

（3）复伞形花序　多个伞形花序集生于主轴顶端，如茴香。

（4）复伞房花序　花轴分枝成为伞房花序的排列，同时每一个分枝即为一伞房花序，如粉花绣线菊。

**拓展知识**

**二维码 1-12**
**植物的雄蕊群和雌蕊群**

**综合训练** 1-2　请选择你身边的有花植物，观察其花的形态特征，完成表 1-3。

**表 1-3　植物花的形态特征描述**

调查地点：______________________

| 序号 | 种名 | 花的性别 | 花冠形状 | 花被的排列 | 雄蕊类型 | 雌蕊类型 | 花序类型 | 备注 |
|---|---|---|---|---|---|---|---|---|
| 1 | 重瓣紫罗兰 | 雌雄同株 | 十字花冠 | 离瓣花 | | | 总状花序 | |
| | | | | | | | | |
| | | | | | | | | |
| | | | | | | | | |
| | | | | | | | | |
| | | | | | | | | |
| | | | | | | | | |
| | | | | | | | | |
| | | | | | | | | |
| | | | | | | | | |
| | | | | | | | | |
| | | | | | | | | |
| | | | | | | | | |
| | | | | | | | | |
| | | | | | | | | |

注：表格内容根据植物物种情况，不要求填满。

**引导问题 1-31：请在图 1-17 框中填写下列果实类型。**

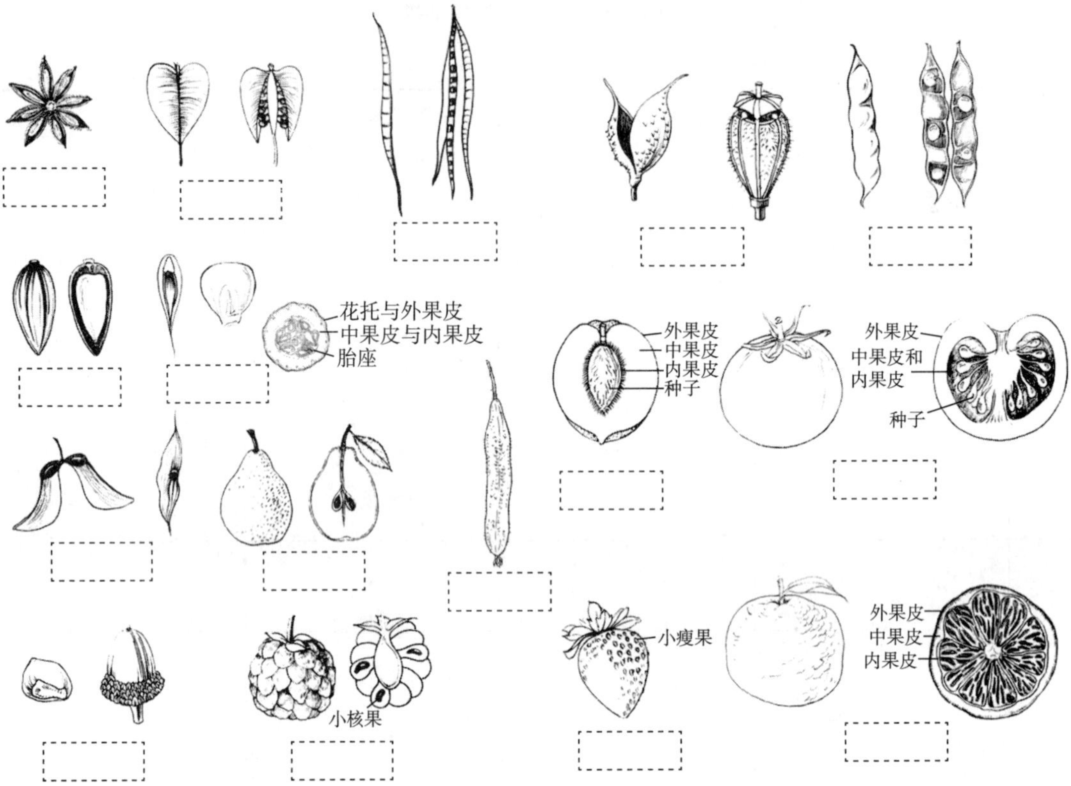


**图 1-17　果实类型**

二维码 1-13
植物的果

**小提示：**

**植物的果**

植物开花受精后，子房壁发生细胞分裂和分化，形成果皮，果皮内包被着的胚珠发育成种子，由此合称果实。依据子房的变化可将果实分为真果、假果、聚合果和聚花果。由子房膨大而形成的果实，称为真果，果实中真果最多；除子房壁外，还杂有花托或花的其他部分参与果皮的形成，称为假果。

根据果实的形态结构，还可分为三大类，即单果、聚合果和聚花果。

1)单果

单果是由一朵花中的单雌蕊或复雌蕊参与形成的果实。根据果熟时，果皮的性质不同，分为干果和肉果两大类。

(1)干果　果实成熟时果皮干燥，根据果皮开裂与否可分为裂果和闭果。

①裂果类

A.蓇葖果　由单雌蕊(一心皮)的子房发育而成，即单室多子，成熟时心皮沿背缝线或腹缝线开裂，如牡丹、飞燕草等。

B.荚果　由单雌蕊的子房发育而成，即一心皮一室，成熟时通常沿背、腹两缝线开裂，如蝶形花科，含羞草科中的大部分植物。少数的植物不裂，如槐树、黄檀。

C.蒴果　由复雌蕊构成的果实，即多心皮而又多子。成熟时以多种方式开裂(如背裂、腹裂、孔裂、瓣裂、齿裂等)，如木槿、罂粟、曼陀罗、鸢尾、七叶树。

D.角果　由两个心皮的复雌蕊子房发育而成，具有假隔膜，成熟后果皮由上而下两边开裂，即2心皮、假2室、多子、果皮假膜开裂为2瓣，如十字花科植物的果实。

②闭果类

A.瘦果　由单雌蕊或2～3个心皮合生的复雌蕊构成一室，果皮革质，贴近种子，只含有一粒种子，果皮种皮分开，如向日葵。

B.颖果　与瘦果相似，但果皮和种皮愈合，不易分离，如玉米。

C.翅果　坚果的一种，果皮沿一侧、两侧或周围延伸成翅状，如榆树、三角枫。

D.坚果　具有一颗种子的干果，果皮坚硬，果皮与种皮分离，如板栗、榛子，并常有总苞包围。

(2)肉果　果实成熟时，果皮或其他组成果实的部分，肉质肥厚多汁。

①浆果　由复雌蕊发育而成，外果皮薄，中果皮和内果皮肉质，含浆汁，如葡萄、柿子、番茄。

②柑果　由多心皮复雌蕊发育而成，外果皮和中果皮无明显分界，或中果皮较疏软，并有很多维管束，中间隔成瓣的是内果皮，向内生有许多肉质多浆的肉囊，是食用的主要部分，如柑橘类。

③核果　由单雌蕊或复雌蕊子房发育而成。外果皮薄，中果皮肉质或纤维质，内果皮坚硬，称为果核，包在种子的外面，如桃、李、杏、梅。

④瓠果　由下位子房的复雌蕊形成，花托与果皮愈合，无明显的外、中、内果皮之分，果皮和胎座肉质化，如西瓜、黄瓜等。

⑤梨果　由下位子房的复雌蕊形成，是花托强烈膨大和肉质化并与果皮愈合，内有数室，外果皮、中果皮肉质化而无明显界线，内果皮软骨质，如梨、苹果。

2)聚合果

聚合果是由一朵花中的许多单雌蕊聚集在花托上，并与花托共同发育成果实。由于小果类型不同，可分为聚合蓇葖，如八角属及木兰属；聚合核果，如悬钩子；聚合浆果，如五味子；聚合瘦果，如铁线莲。

3)聚花果

也称“复果”，由许多花的子房及其他花器官连合形成的果实，如桑葚、无花果等的果实。

**知识拓展**

二维码 1-14
植物的质地

# 学习情境 2

# 影响植物生长发育的生态因子认知

## 学习情境描述

观赏植物是构成城市景观的重要材料。然而，在城市中想要欣赏这些功能繁多、绚丽多姿、异彩纷呈的植物却没有那么简单！它们的生长发育一方面取决于自身的遗传特性，另一方面也受环境因子的影响，如光照、温度、水分等，掌握生态因子对观赏植物生长发育的作用，以及观赏植物对其作用的适应，是观赏植物生产和应用的关键，因此我们不仅要了解观赏植物本身的各种特性，还要掌握它们同生态因子之间的相互关系，这对植物应用设计、栽培养护等都具有重要的指导意义。

## 学习目标

◆ 掌握各种生态因子对观赏植物生长发育的影响。

◆ 能使用工具仪器、书籍检索、观察观测等方式分析立地环境条件。

◆ 能根据环境条件准确选择应用的观赏植物。

## 任务书

◆ 使用思维导图总结各生态因子对观赏植物的影响。

◆ 调查你所在地区城市生态环境的特点并能分析其对观赏植物生长的影响。

## 学习准备

1. 学习材料

实物标本或本地区常见观赏植物 30 种。

2. 学习工具与用品

温度计、湿度计、照度计、土壤检测仪、放大镜、记录本、工具书等。

3. 实训地点

实验室、实训基地。

4. 前期理论知识准备

1）生态因子的分类

生态因子可分为气候因子、土壤因子、地形因子、生物因子和人为因子五大类。其中气候因子包括光照、温度、水分、空气、雷电、风等；土壤因子包括成土母质、土壤结构、土壤理化性质、土壤微生物等；地形因子包括地形类型、坡度、坡向、海拔等；生物因子包括动物、植物、微生物。人为因子从根本上讲可以归属于生物因子，但是其作用具有明显的特殊性，因此可以独立出来加以区别和强调。

2)生态因子对观赏植物生长发育的影响性

(1)综合性　环境中的各种生态因子彼此联系、相互促进、相互制约，综合作用于观赏植物。任何一个单因子的变化，都可能引起其他因子不同程度的变化。例如，光照强度的变化会引起温度和湿度的变化。

(2)主导因子　各种生态因子对观赏植物所起的作用并非是等价的，其中必有1～2个起着主导作用，这样的生态因子称为主导因子。例如，光周期现象中的日照时间和植物春化阶段的低温因子就是主导因子。在植物的生长发育过程中主导因子不是固定不变的。

(3)阶段性　在观赏植物生长发育的不同阶段，其对生态因子的要求是不同的，一种生态因子在某个阶段很重要，可能在另一个阶段就几乎起不到作用，使得生态因子的作用呈现阶段性特征。例如，光照长短在观赏植物的光周期阶段十分重要，但在春化阶段则不起作用。

(4)不可替代性和补偿性　生态因子对观赏植物生长发育的作用各不相同，因此缺一不可，一个因子的缺失并不能由另一个因子来代替。在一定情况下，某一因子在量上有所不足可以由其他因子来补偿。例如，光照不足所引起的光合作用下降可由$CO_2$浓度的增加得到补偿。

(5)直接性和间接性　在各种生态因子中，有些因子对观赏植物生长发育的影响是直接的，如光照、温度、水分、空气、土壤等，而有些因子则是通过对这些直接起作用的生态因子进行再分配后间接地影响观赏植物的生长发育，如地形因子影响光照、温度、水分等因子的分布，而对观赏植物的生长发育起着间接作用。

掌握生态因子对观赏植物生长发育的作用，以及观赏植物对其作用的适应，是观赏植物生产和应用的关键，因此我们不仅要了解观赏植物本身的各种特性，还要掌握它们同生态因子之间的相互关系。

任务实施

# 任务2-1　气候因子对植物生长发育的影响

**引导问题2-1：中华民族素来爱花、养花，在悠久的栽培劳动中积累了大量宝贵的经验，总结形成的农谚数不胜数。例如“晒不死的茉莉，阴不死的兰花”“向阳石榴红似火，背阴杏子酸透心”，请解释这两则农谚中所包含的气候因子对植物的影响。**

______________________________________________________________

______________________________________________________________

______________________________________________________________

小提示：

光照是观赏植物生存的必要条件，是重要的生存因子。在营养生长阶段，光照主要是以能量的方式影响光合作用；在生殖生长阶段则主要是以信号的方式影响成花诱导。光照对观赏植物生长发育的影响主要体现在光质、光照强度和光照时间3个方面。

**引导问题2-2：多肉植物小巧可爱、多姿多彩，近些年受到大家的欢迎和喜爱，很多人都喜**

**欢种植。为了使它颜色多彩不徒长，有时需要采购补光灯，你观察过植物补光灯的灯光都是什么颜色？其中有什么道理？**

______________________________________________________________

______________________________________________________________

**小提示：**

光质是指光的波长，人眼可见光的波长范围在380～780 nm，对观赏植物的生长发育起重要作用；而波长小于380 nm的紫外光和波长大于780 nm的红外光，对观赏植物的生长发育也有一定的影响（图2-1）。光质一方面作为一种能源控制观赏植物的光合作用，另一方面作为一种触发信号对观赏植物的生长发育发挥作用。观赏植物体内具有不同的光受体（光敏素、蓝光/近紫外光受体、紫外光受体），不同光质触发不同光受体，进而影响观赏植物的光合作用、生长发育、抗逆和衰老等。

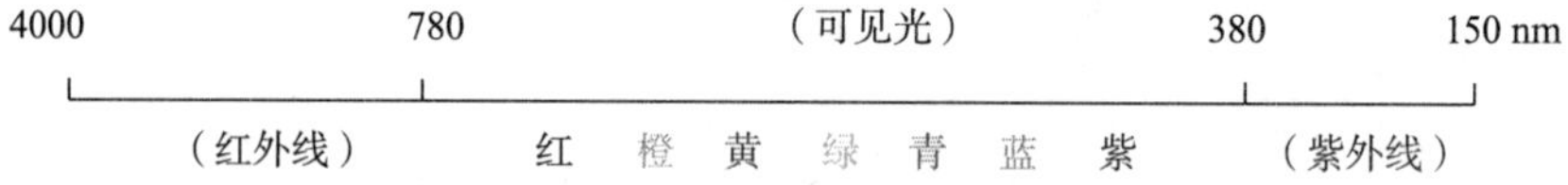


**图2-1　光的波长范围分布**

红外线和可见光中的红光能促进茎的加长生长，以及种子、孢子的萌发；加速长日照观赏植物的发育，延缓短日照观赏植物的发育。红橙光的光合作用活性最大，红光有助于叶绿素的形成，促进$CO_2$的分解与碳水化合物的合成。黄绿光大多被叶子反射或透过，很少被利用。蓝紫光能促进蛋白质和有机酸的合成，其与紫外线都能抑制加长生长，使节间缩短，促发侧枝和芽的分化；有助于花青素和维生素的合成，使花朵色彩艳丽。因此，高山上的观赏植物通常节间较短，植物低矮，花色艳丽。

另外，实验表明，蓝光较红光具有延缓植物衰老的功能，且对愈伤组织的诱导更加有效。

**引导问题2-3：某广场绿化施工时将八角金盘栽植在光照良好、没有遮挡的广场中央位置。然而，施工结束后的养护工作中发现八角金盘一直生长较差，这是为什么呢？**

______________________________________________________________

______________________________________________________________

**小提示：**

光照强度是指单位面积上所接受可见光的能量。叶片接受的光强不同，将直接影响观赏植物的生长发育和结构特征。在一定的光照下，光合作用吸收$CO_2$和呼吸作用释放$CO_2$的量达到平衡状态时的光照强度称为光补偿点。植物在光补偿点时，有机物的形成与消耗相等，不能积累干物质。光照强度超过光补偿点后，随着光照强度的上升，植物的光合速率也逐渐提高，这时光合强度超过呼吸强度，植物体内积累干物质。但当光照强度达到一定数值后，光合速率就不再提高，此时的光照强度即为光饱和点。不同种类的观赏植物对光照强度的要求有所不同，民谚有："阴茶花，阳牡丹，半阴半阳四季兰""晒不死的茉莉，阴不死的兰花"等。根据观赏植物对光照强度的不同要求，可将其分为以下3类：

（1）阳性植物　又称喜光植物。这类观赏植物的光补偿点较高，不耐荫蔽，须在阳光充足的条件下才能生长良好，如银杏、落叶松、水杉、白皮松、悬铃木、柳、玉兰、牡丹、石榴、紫薇、海棠等木本植物，一串红、万寿菊、虞美人、鸡冠花、福禄考、大丽花、美人蕉等草本植物，芦荟、大花马齿苋、金琥、光棍树等多浆植物，结缕草、狗牙根等草坪草。阳性植物的细胞壁较厚，细胞体积较小，木质部和机械组织发达。一般枝叶稀疏透光，自然整枝良好，生长较快，寿命较短。光照不足时，则容易徒长，且组织柔软细弱，叶片变淡、发黄，导致开花不良，甚至不开花，易染病虫害。

(2)阴性植物　具有较强的耐阴能力，光补偿点较低，在适度庇荫的条件下才能生长良好，如红豆杉、云杉、金银木、八角金盘等木本植物，兰科、凤梨科、天南星科等草本植物以及蕨类植物等。阴性植物在自然界中多分布于林下或阴坡，枝叶浓密、透光度小，自然整枝不良，生长较慢，寿命较长。若强光直射，则会导致叶片焦黄枯萎，甚至死亡。

(3)中性植物　又称耐阴植物。这类观赏植物对光照强度的需求介于上述二者之间，既喜光向阳，也能在一定的荫蔽条件下保持正常生长，如元宝枫、桧柏、榕树、白兰花、栀子、珍珠梅、丁香、山茶、杜鹃花等木本植物，萱草、桔梗、耧斗菜等草本植物。

光照强度还对一些观赏植物的种子萌发和开花有影响。如非洲凤仙、毛地黄的种子需要在光照刺激下才能萌发；大花马齿苋、郁金香、酢浆草在强光下才能开花，月见草、紫茉莉、晚香玉在傍晚弱光时才能开花，昙花在夜晚开花，亚麻、牵牛花在晨曦开放等。

观赏植物对光照强度的需求不是一成不变的，随着年龄、环境的不同会发生相应改变。一般幼苗期的耐阴能力高于成株；在土壤湿润肥沃的环境中植物的耐阴能力相应较强。

**引导问题 2-4：为了打造绿色家庭生活，家人想在家中的南、北阳台各种植一些观花植物，你会怎么推荐呢？**

______________________________________________

______________________________________________

**小提示：**

在自然界中，昼夜交替的长短总是随着季节的变迁而有规律的变化，我们把在昼夜周期中明暗交替的时数或日照长度称为光周期。光周期与植物的生命活动紧密相关，不仅可以控制某些植物的花芽分化，还可以影响植物的分枝习性，块根、块茎等地下器官的形成，以及其他器官的衰老、脱落和休眠。观赏植物的开花受光周期影响，呈现不同的反应类型，也就是说不同的观赏植物只有在相应的光周期条件下才能正常地开花结果。根据观赏植物开花对日照长度(光照时间)的不同要求，可将其分为以下 3 类：

(1)长日照植物　这类观赏植物要求较长的光照时间才能成花，一般需要每天 14～16 h 的日照时间，若在昼夜不间断的光照条件下，则能起到更好的促进作用，而在较短的日照条件下，则不能开花，只进行营养生长，或者开花延迟。这类观赏植物有凤仙花、唐菖蒲、荷花、瓜叶菊、紫罗兰、山茶、杜鹃花、桂花等。二年生花卉通常属于这类观赏植物，它们秋播后，在冷凉的气候条件下进行营养生长，到次年春天长日照条件下迅速开花。

(2)短日照植物　这类观赏植物要求较短的光照时间才能成花，一般需要每天 8～12 h 的日照时间，若在较长的光照条件下，则不能开花或延迟开花。这类观赏植物有一品红、秋菊、波斯菊、蜡梅、紫苏等。一年生花卉通常属于这类观赏植物，它们春播后，在温暖的气候条件下进行营养生长，到秋天短日照条件下迅速开花。

(3)日中性植物　这类观赏植物的成花对日照长度要求不严，对光照时间的长短变化不敏感，只要温度、营养条件满足就能够开花。这类观赏植物有天竺葵、月季、扶桑、马蹄莲、君子兰、蒲公英等，一年四季均可开花。

除了以上3种主要类型外，还有一些观赏植物的成花对光照长短要求较为复杂或特殊。如翠菊在长日照条件下形成花芽，而在短日照条件下开花，属于长短日照植物；风铃草在短日照条件下形成花芽，而在长日照条件下开花，属于短长日照植物；甘蔗在中等长度的日照条件下才能开花，而在较长或较短日照下则都保持营养生长状态，属于中日照植物；狗尾草在中等日照条件下保持营养生长状态，而在较长或较短日照下才能开花，属于两极光周期植物。

**二维码 2-1 光对观赏植物生长发育的影响**

研究表明，光周期还影响一些观赏植物的营养繁殖，如落地生根属在长日照条件下其叶缘容易产生小植株，大丽花、球根秋海棠等在短日照条件下容易形成块茎。

**引导问题 2-5：下列哪些是耐寒植物、半耐寒植物、不耐寒植物，请连线。**

耐寒植物、半耐寒植物、不耐寒植物

白皮松　郁金香　南洋杉　龙柏　橡皮树　紫藤　黄刺玫　广玉兰　茉莉花　芍药

**小提示：**

观赏植物对温度的要求有很大差别，只有在适宜的温度条件下，观赏植物才能正常地生长发育，表现出良好的观赏特性。在观赏植物的生命过程中，存在保障其生存的最高温度和最低温度，以及生长良好的最适温度，这3项温度指标合称为温度三基点。在最适温度下，观赏植物生长发育迅速而良好；在最高和最低温度下，观赏植物停止生长发育，但仍能维持生命；当温度高于最高温度或低于最低温度时，就会对观赏植物产生不同程度的危害，甚至致死。

观赏植物的温度三基点同其原产地的温度条件紧密相关。一般来说，原产热带地区的观赏植物具有较高的温度三基点，如仙人掌类植物在15～18 ℃才开始生长，并可以忍耐50～60 ℃；原产寒带地区的观赏植物具有较低的温度三基点，如雪莲在4 ℃开始生长，并能忍耐－30～－20 ℃；原产于温带地区的观赏植物的温度三基点介于上述二者之间。根据观赏植物对温度的不同要求和耐寒能力，可将其分为3类：

（1）耐寒植物　这类观赏植物多原产于寒带或高海拔地区，抗寒力强，可以忍耐－20 ℃的低温，在我国北方大部分地区能够露地越冬。这类观赏植物有白皮松、云杉、龙柏、紫藤、黄刺玫、锦带花、丁香、迎春、海棠、榆叶梅、玉簪、萱草、蜀葵、三色堇、石竹等。

（2）半耐寒植物　这类观赏植物多原产于温带偏暖地区，稍耐寒，但不耐严寒，能忍耐－5 ℃的低温，在我国长江流域能露地越冬，在华北、东北、西北等地则需采取埋土或包草等防寒措施才能安全越冬，盆栽植株则要移入室内。这类观赏植物有广玉兰、石榴、夹竹桃、桂花、栀子花、杜鹃花、菊花、芍药、郁金香、三色堇、朱顶红、薄荷、月季、荷包牡丹、金鱼草等。

（3）不耐寒植物　这类观赏植物多原产于热带和亚热带地区，喜高温，不耐寒，不能忍受0 ℃以下的低温，一般在5 ℃以上才能安全越冬，在我国华南和西南地区可露地越冬，其他地区须温室越冬。这类观赏植物有南洋杉、橡皮树、变叶木、白兰花、扶桑、茉莉花、一品红、文竹、马蹄莲、一叶兰、鹤望兰，以及仙人掌科植物等。

观赏植物的耐寒性与耐热性表现出较强的相关性，一般耐寒性强的种类耐热性就弱，而耐寒性弱的种类耐热性就强。

**引导问题 2-6:唐代白居易的《大林寺桃花》中有著名的诗句"人间四月芳菲尽,山寺桃花始盛开",诗中所描写的景物有可能发生吗?请说出你的依据。**

______________________________________________

______________________________________________

**小提示:**

温度影响着观赏植物的地理分布,制约着观赏植物生长发育的速度及其体内生化代谢等一系列的生理机制。温度对观赏植物的作用主要反映在对其休眠与萌发、营养生长、生殖生长等多个方面的影响。

1.温度影响观赏植物的休眠与萌发

观赏植物种子休眠与发芽,以及植株上芽的休眠与萌发均需要适宜的温度,存在一个适温范围,有些种类要求的适温范围较宽,有些种类要求的适温范围较窄。多数种子在变温条件下发芽良好,而在恒温条件下发芽较差,有的种子还需要经低温处理打破休眠才能发芽。郁金香、水仙、百合等种球需要在低温条件下种芽才萌动,大丽花、唐菖蒲等种球则需要在高温条件下种芽才萌发。实际生产中,播种以后通常土温要偏高一些,以利于种子吸收、萌发。枝条萌芽则与气温关系密切,通常春天随气温逐渐升高而萌芽。

观赏植物根系的萌动与休眠同地温的关系极为密切,通常当地温升高到一定温度时,根系就会萌动,生出新根,而当地温降低到一定温度时,根系就会停止活动,进入休眠。不同观赏植物根系的休眠与萌发对地温的要求也有所不同。

2.温度影响观赏植物的营养生长

观赏植物的营养生长包括地上部分的生长和地下部分的生长两部分,地下部分生长所需的适宜温度一般低于地上部分生长所需的适宜温度。观赏植物地上部分的生长受温度影响比较明显,通常其适宜的生长温度为10~25 ℃,在此范围内,温度越高,植物的光合作用越强,积累的有机物就越多,因此生长速度越快。在实际生产中,幼苗出土后温度宜略低一些,以防徒长,而当植株进入迅速生长期后则需要较高温度,以保持旺盛的新陈代谢,保证生命活力。

自然条件下的温度总是变化的,这种变温现象包括季节交替、昼夜变温的周期性变温和非周期性变温。观赏植物对周期性变温具有一定的适应性,并且昼夜的温差变化在某种程度上有利于植物体内营养物质的积累,能够促进营养生长,但其对于非周期性变温的适应能力则相对较弱,严重时会死亡。

非周期性变温会打乱观赏植物的生理进程而不利于营养生长,其中最为有害的是突然低温和突然高温。突然低温的不良影响有寒害、霜冻、冻害、冻裂等。寒害是指气温在0 ℃以上时观赏植物受害,甚至死亡的现象,多发生于热带喜温的观赏植物,如椰子在气温降至0 ℃以前叶片颜色变黄脱落。霜害是指气温降至0 ℃时,空气中过饱和的水汽在植株表面凝结成霜而使其受害,一般来讲,若受害时间短,气温缓慢回升后,受害植株可复原,但若受害时间较长且气温回升迅速,则受害植株不易恢复。冻害是指气温降至0 ℃以下,造成植株组织的细胞内外结冰而受害,严重时会产生质壁分离,细胞膜或细胞壁破裂而死亡。冻裂多发生于寒冷地区木本观赏植物向阳的树干,因树干内部与表皮的温差超过10 ℃而形成裂缝,当树液流动后出现大量伤流,易染病菌,而影响树木长势。

突然高温是指短期的温度升高，超过了观赏植物能够维持正常生长的最高温度，破坏了植株体内的水分平衡，导致其萎蔫。若是土温过高，则根系木栓化加快，有效吸收面积降低，导致生理干旱而使植株萎蔫。

3. 温度影响观赏植物的生殖生长

温度对观赏植物的花芽分化、开花以及果实发育和成熟等生殖过程具有重要的作用。植物许多的发育过程都需要一定的温度诱导才能发生，尤其是花芽分化。观赏植物的花芽分化所需的温度条件有高温和低温 2 类。

（1）高温类　杜鹃花、山茶、梅花、碧桃、樱花、紫藤等花木大多在 6—8 月，气温升高至 25 ℃以上时进行花芽分化；唐菖蒲、晚香玉、美人蕉等春植球根类于夏季生长期内进行花芽分化；郁金香、风信子、水仙等秋植球根类在夏季休眠期进行花芽分化；凤仙花、鸡冠花、紫茉莉、一串红、百日草等一年生草本也是在高温条件下进行花芽分化。

（2）低温类　有些观赏植物要求经过一定时期的低温刺激才能引起花芽分化，否则不能开花，这种低温刺激被称为春化作用。依据观赏植物对春化作用所要求的低温值的不同，可将其分为 3 类：

①冬性观赏植物　这类植物春化作用要求的低温值为 0～10 ℃，在此温度下 30～70 d 完成春化阶段，在近于 0 ℃的温度下进行得最快。有人称这类植物为春化要求性植物。月见草、毛地黄、毛蕊花等二年生草本多为冬性植物，它们在秋季播种后，以幼苗状态越冬，满足其对低温的要求而通过春化阶段，若春季回暖时播种则不能正常开花，即便在播种前采用人工春化处理使其当年开花，但其观赏性也会受到影响，通常植株矮小，花梗过短。鸢尾、芍药等在早春开花的多年生草本也属于冬性植物。

②春性观赏植物　这类植物春化作用要求的低温值为 5～12 ℃，在此温度下 5～15 d 完成春化阶段。一年生和秋季开花的多年生草本属于这类植物。

③半冬性观赏植物　在上述 2 种类型之间还有许多植物，在通过春化阶段时对温度的要求不敏感，在 15 ℃下也可完成春化作用，但其最低温度不能低于 3 ℃，通常 15～20 d 可通过春化阶段。

二维码 2-2
温度对观赏植物生长发育的影响

温度还影响花芽或花序的伸长、花色、花期和花香等。如郁金香花芽分化的适温为 20 ℃，而花芽伸长的适温为 9 ℃。一般来讲，花青素类色素对温度要求较高，因此以花青素类色素为主的花色易受温度影响，如蓝白复色的矮牵牛，在 30～35 ℃高温下，花呈蓝色或紫色；在 15 ℃以下呈白色；在 15～30 ℃时，呈蓝白相间的复色花。对于花期而言，在适宜的温度范围内，温度较高时能够促进观赏植物的生命活动，加速其生命进程，开花时间会相对缩短，反之，温度较低时则会相对延长花期。另外高温会使花香变淡，并缩短花香持续的时间。

**引导问题 2-7：近年来，高温、干旱等极端天气发生频繁，对城市绿化的灌溉养护等工作形成较大挑战。在你所居住的城市，哪些观赏植物的抗旱节水能力强？**

**小提示：**

水分是观赏植物生命活动的必要成分，细胞的分裂与伸长必须在水分充足的条件下才能进行，植物体对矿物质元素的吸收和各种物质的运输，也必须以水为介质来转运。影响观赏植物生长发育的水分因子主要是空气湿度和土壤水分。

1. 空气湿度

空气湿度主要通过影响观赏植物的蒸腾作用，而影响其对土壤水分的吸收，进而影响植物体的含水量，最终使观赏植物的生长发育受到一定的影响。一般而言，空气湿度在65%～70%才能满足观赏植物正常生长发育的需要。空气湿度过大或过小都不利于植物的生长发育。空气湿度过大，往往会使枝叶徒长，植株柔弱，落花落果，抗性降低，容易感染病害；空气湿度过小，往往会使枝叶先端干枯，光合速率降低，引发虫害。观赏植物不同的生长发育阶段对空气湿度的要求不同，通常营养生长阶段所需的空气湿度相对较高，开花期所需的空气湿度相对较低，结实和种子发育期所需的空气湿度最低。不同种类的观赏植物对空气湿度的要求也不同，原产干旱、沙漠地区的仙人掌类植物要求较低的空气湿度，而原产热带雨林的观叶植物则要求较高的空气湿度。在原生境中附生于树干、石缝等处，对水分的吸收以云雾中的水分为主的附生植物、苔藓等观赏植物，对空气湿度的要求更高。

2. 土壤水分

土壤水分直接影响观赏植物的生存、分布和生长发育。如果土壤水分供应不足，则种子不能萌发、插条不能生根，光合作用、呼吸作用和蒸腾作用就不能正常进行，更不能开花结果，严重缺水时还会造成植株凋萎，以致枯死。反之，如果土壤水分过多，则会造成植株徒长、烂根，严重时也会导致植株死亡。观赏植物的不同生长发育阶段对土壤水分的要求不同，通常种子萌发期需要较多水分，幼苗期需水量减少，花芽分化期需水量更少（在栽培管理中，此时如控制土壤水分的供应，可以促进花芽分化），休眠期最少。不同种类的观赏植物对土壤水分的要求也不同，一般而言，宿根观赏植物较一二年生观赏植物耐旱，球根观赏植物又次之。由于花朵在适当的细胞水分含量下才能呈现正常的色彩，因此土壤水分对于花色也具有一定的影响，通常缺水时花色变浓，而水分充足时花色才正常。

3. 水分适应类型

根据观赏植物对水分的不同要求，可将观赏植物分为以下几个类型：

（1）旱生观赏植物　这类植物对水分的需求相对较少或具有较强的耐受力和适应性，大多原产于沙漠和干燥的草原上，如金琥、翁柱、光棍树、大叶落地生根等仙人掌科、大戟科和景天科的多浆植物，以及柽柳、榆叶梅、沙棘、野牛草、狗牙根等。这类观赏植物为了适应干旱环境，其外部形态和内部构造都产生了一些适应性的变化，如叶片变小，退化成鳞片状、针状或刺毛状，叶片表面具有较厚的蜡质层、角质层或茸毛，以减少水分蒸腾；茎叶具有发达的储水组织，能够储存大量水分，并具有极低的蒸腾率；根系极为发达，能够从较深的土层内和较广的范围内吸收水分等。研究表明，这类植物的解剖构造中具有特化的含晶异细胞（crystal idioblast，主要存在于栅栏组织、储水组织和维管束中），这些细胞具有较高的渗透势和较强的吸水能力，能起到提高抗旱性的作用。

（2）湿生观赏植物　这类植物对水分的需求相对较高，需要在潮湿的环境中才能正常生长，否则便生长不良或死亡。根据实际的生态环境，这类观赏植物又可分为阳性湿生观赏植物和阴性湿生观赏植物。前者生长在阳光充足，土壤水分经常饱和的环境中，多为原产温带或高寒地区的沼生植物，以草本居多，如芦苇、香蒲、石菖蒲、泽泻、燕子花等，也有池杉、水松等木本。这类观赏植物皆着根于泥中，在根、茎和叶内多有气腔与外界相通，可吸收氧气供给根系需要。后者生长在光线不足，空气湿度较高，土壤潮湿的环境中，多为原产热带雨林的藤本和附生植物，如蕨类和苔藓类植物，以及兰科、凤梨科、天南星科、胡椒科等的许多种类。这类观赏植物在形态结构和生理机制上没有防止蒸腾和扩大吸水的构造，其细胞液的渗透压较低。

(3)水生观赏植物　这类植物的共性是植株的部分或全部必须生活在水中，遇干旱则枯死，根据水分适应性可进一步分为漂浮、浮水、挺水和沉水 4 种类型。挺水类观赏植物的根生于泥中，茎、叶挺出水面，如荷花、千屈菜、水葱等；漂浮类观赏植物的根悬浮于水中，植株漂浮于水面，可随水漂泊，如凤眼莲、荇菜、大薸、浮萍等；浮水类观赏植物的根生于泥中，叶片浮于水面或略高出水面，如睡莲、王莲、萍蓬草等；沉水类观赏植物整株沉于水中，无根或根系不发达，是净化水质或布置水下景观的主要素材，如金鱼藻、黑藻、苦草等。这类观赏植物的根或茎都具有较发达的通气组织，一般在水面以上的叶片较大，在水中的叶片较小，呈带状或丝状，可减少和避免水流引起的机械阻力和损伤。

二维码 2-3
水对观赏植物生长发育的影响

(4)中生观赏植物　这类植物对水分的需求介于旱生观赏植物和湿生观赏植物之间，在干湿度适中的环境中生长最佳，而不能忍受过干或过湿的环境。大多数观赏植物属于此类，但由于种类众多，在对干湿的忍耐程度方面差异较大，如油松、侧柏、酸枣等耐旱性较强，而旱柳、紫穗槐、桑、乌桕等耐水湿能力较强。

**综合训练** 2-1　请使用温度计、湿度计、照度计测试记录 3 个不同位置的温度、湿度和光照强度等数值，调查该位置生长良好的植物，完成表 2-1。

**表 2-1　气候因子调查表**

| 调查人： | | 调查时间： | |
|---|---|---|---|
| 地点 | 1.______ | 2.______ | 3.______ |
| 温度 | | | |
| 湿度 | | | |
| 光照强度 | | | |
| 推荐种植植物<br>(2 种以上) | | | |
| 调查反思 | | | |

## 知识拓展

合理选择观赏植物种类和配置方式，是节水型园林绿化发展的关键。请学习了解“适宜北京地区节水耐旱植物名录”中的 161 种植物。

二维码 2-4
适宜北京地区节水耐旱植物名录

# 任务 2-2　土壤因子对植物生长发育的影响

**引导问题 2-8：适宜观赏植物生长的土壤是什么质地？**

小提示：

土壤中大小不同的矿物质颗粒所占的比例不同，从而形成了不同的土壤质地，主要包括沙土、黏土和壤土 3 种类型。

（1）沙土　沙土含沙粒较多，土质疏松，土粒间的孔隙大，通气透水性好，蓄水保肥能力差。土温高，昼夜温差大，有机质分解迅速，不易累积，腐殖质含量低，适宜球根类和旱柳、沙枣、沙冬青、木麻黄、仙人掌类等耐旱性强的观赏植物生长。

（2）黏土　黏土含黏粒较多，土质黏重，土粒间的孔隙小，通气透水性差，蓄水保肥能力强。土温低，昼夜温差小，有机质分解缓慢，除水生观赏植物喜偏黏质土外，一般不适于观赏植物的栽培。

（3）壤土　壤土土粒大小适中，性状介于沙土和黏土之间，既能通气透水，又能蓄水保肥，土温较为稳定，水、肥、气、热状况比较协调，是较为理想的栽培土质，适宜大多数观赏植物的生长发育。

**引导问题 2-9：家里购买的八仙花开花后花色一直是粉红色，并不是大家期待的梦幻蓝，这是什么原因？**

小提示：

土壤酸碱度是指土壤溶液的酸碱程度，用 pH 表示。土壤酸碱度与土壤理化性质和微生物活动有关，因此也影响土壤中有机质和矿物质元素的分解与利用。土壤酸碱度可分为 5 级，pH＜5.0 为强酸性土，pH 5.0～6.5 为酸性土，pH 6.5～7.5 为中性土，pH 7.5～8.5 为碱性土，pH＞8.5 为强碱性土。不同原产地的观赏植物对土壤酸碱度的要求不同，在中国，气候干旱的黄河流域主要是中性土或碱性土，而潮湿寒冷的山区和暖热多雨的长江流域及以南地区主要为酸性土，因此通常原产于北方的观赏植物耐碱性强，而原产于南方的观赏植物耐酸性强。根据观赏植物对土壤酸碱度的适应能力，还可将其分为酸性土观赏植物、中性土观赏植物和碱性土观赏植物 3 类。

（1）酸性土观赏植物　这类植物适宜的土壤 pH 在 6.5 以下，如山茶、杜鹃花、茉莉、马尾松、蒲包花、蕨类植物等。

（2）中性土观赏植物　这类植物适宜的土壤 pH 在 6.5～7.5，大多数观赏植物属于此类，如杨树、梧桐、金盏菊、风信子等。

（3）碱性土观赏植物　这类植物适宜的土壤 pH 在 7.5 以上，如石竹、天竺葵、玫瑰、沙棘、柽柳、紫穗槐、文冠果等。

土壤酸碱度还对某些观赏植物的花色变化有重要影响，如八仙花的花色变化就是由土壤

pH 的变化而引起的(表 2-2)。

表 2-2　土壤酸碱度与绣球花花色的关系

| 土壤 pH | 花色 |
|---|---|
| 4.56 | 深蓝色 |
| 5.13 | 蓝色 |
| 5.50 | 紫色 |
| 6.51 | 红黄色 |
| 6.89 | 粉红色 |
| 7.36 | 深粉红色 |

**引导问题 2-10:植物缺乏某些营养元素后就会生长不良,请在图 2-2 恰当位置填写与症状对应缺少的营养元素。**

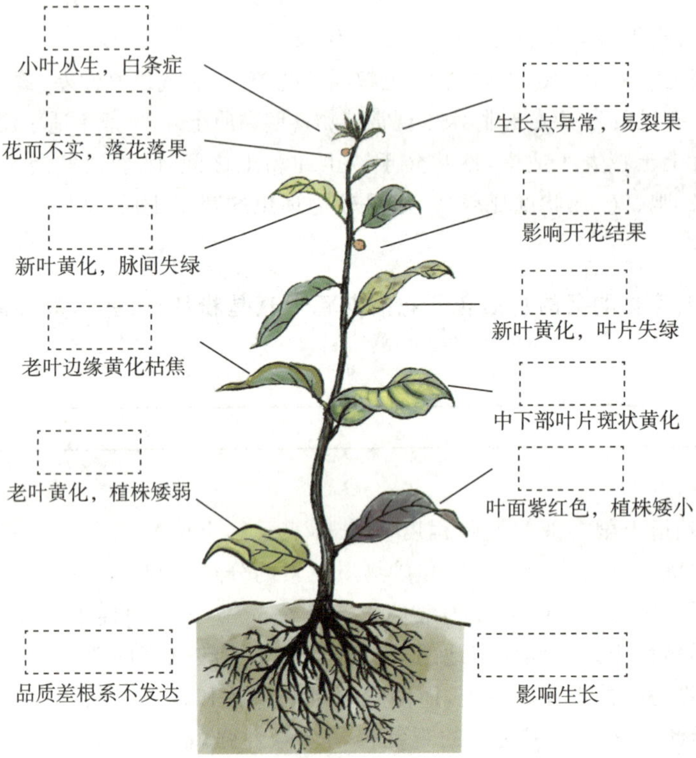


图 2-2　植物缺素症练习

小提示:

土壤养分指土壤中的养分贮量、强度因素和容量因素,主要取决于土壤矿物质及有机质的数量和组成,是影响土壤肥力的重要因素。目前已确定 16 种元素为观赏植物生长发育所必需,称为必要元素,其中需求量较大的 9 种元素称为大量元素,包括碳(C)、氢(H)、氧(O)、氮(N)、磷(P)、钾(K)、硫(S)、钙(Ca)、镁(Mg);需求量微小的 7 种元素称为微量元素,包括铁(Fe)、硼(B)、铜(Cu)、锌(Zn)、锰(Mn)、氯(Cl)、钼(Mo)。这些元素中除 C、H、O 外,皆以根系吸收为主,对于栽培植物而言,可通过人工施肥的形式进行补充。不同的营养元素对观赏植物生长发育起着不同的作用。

(1)氮(N) 可促进观赏植物的营养生长，有利于叶绿素的合成，可使叶色浓绿，花、叶肥大。过量时会阻碍花芽形成，延迟开花，使茎枝徒长，抗病虫能力降低。一年生观赏植物在幼苗期对氮的需求较少，随生长要求逐渐增多；二年生和宿根观赏植物在春季旺盛生长期对氮的需求较多。观叶类在整个生长过程中均需较多氮肥才能枝繁叶茂；观花类在营养生长阶段需氮较多，进入生殖阶段后应控制氮肥施用，否则将延迟开花。

(2)磷(P) 可促进观赏植物成熟，提早开花结实，有利于花芽分化，保障开花良好。还可促进种子萌发、根系发育，提高抗病能力。过量时会阻碍营养生长，使植株矮小，节间变短。观花类在幼苗生长阶段需要适量磷肥，进入开花期后，需求量增加。球根类对磷肥的需求较其他观赏植物多。

(3)钾(K) 可增强观赏植物的抗寒、抗旱和抗病能力，使植株生长健壮，茎枝坚韧，不易倒伏。还可促进叶绿素形成，有利于光合作用。过量时会使节间缩短，叶子变黄，造成镁、钙吸收受阻，引发缺素症。

(4)硫(S) 可促进根系生长，与叶绿素合成有关。

(5)钙(Ca) 可促进根的发育，增加植株坚韧度，改善土壤理化性状，降低土壤酸碱度。

(6)镁(Mg) 有助于叶绿素合成，影响磷的利用。

(7)铁(Fe) 有助于叶绿素合成。

(8)硼(B) 改善氧的供应，促进根系发育。

(9)锰(Mn) 有助于种子萌发和幼苗生长。

二维码 2-5
土壤对观赏植物生长发育的影响

**综合训练** 2-2 请使用土壤检测仪测试记录 3 处不同土壤的温度、湿度和酸碱度等数值，并列举该处适合种植的观赏植物种类，完成表 2-3。

**表 2-3 土壤因子调查表**

| 调查人： | | 调查时间： | |
|---|---|---|---|
| 地点 | 1. ______ | 2. ______ | 3. ______ |
| 土壤温度 | | | |
| 土壤湿度 | | | |
| 土壤酸碱度 | | | |
| 推荐种植植物 | | | |

# 任务 2-3 空气因子对植物生长发育的影响

**引导问题 2-11：正常的空气是十分适合植物生长的，但是化工厂附近的空气可能含有一些特殊的空气污染物，哪些观赏植物可以抵抗空气污染呢？请列举。**

______________________________

______________________________

**小提示：**

空气对于观赏植物而言也是必不可少的生态因子。在观赏植物的生长发育过程中氧气（$O_2$）和二氧化碳（$CO_2$）是必不可少的，因此正常的空气环境对于植物生长是有利的。人为因素造成的空气污染，使得空气中有害气体的种类和浓度不断增加，不仅威胁人类健康，也危害植物的生存。不同气体对观赏植物的生长发育具有不同的作用。

（1）氧气（$O_2$） 氧气直接影响观赏植物的呼吸和光合作用，在植物的呼吸过程中，需要吸收氧气释放二氧化碳，从而产生能量，成为生命活动的动力。空气中氧气的含量降到20%以下，观赏植物地上部分呼吸速率开始下降，降到15%以下时，呼吸速率迅速下降。由于大气中氧气的含量基本稳定，一般不会成为观赏植物生长发育的限制因子。但若土壤通透性差，氧气含量不足时，就会抑制根系呼吸，阻碍根系对水分和养分的吸收和利用，并且影响种子萌发。

（2）二氧化碳（$CO_2$） 二氧化碳是观赏植物光合作用必需的成分之一，是观赏植物形体建成的物质基础。正常的空气成分，二氧化碳浓度不会影响观赏植物的生长发育。在温度、光照等条件适宜的情况下，增加空气中二氧化碳的浓度，可以提高观赏植物光合作用的强度，但当增加到2%以上时，则起抑制作用。

（3）二氧化硫（$SO_2$） 二氧化硫是当前最主要的大气污染物，主要来源于火力发电、金属冶炼、合成纤维等工业燃煤。二氧化硫对观赏植物有毒害作用，造成细胞收缩、死亡，叶绿体降解。不同观赏植物对二氧化硫的抗性不同，龟背竹、月桂、散尾葵、令箭荷花、肾蕨、唐菖蒲、美人蕉、金盏菊等对其抗性强，杜鹃花、叶子花、南天竺、一品红、一串红、荷兰菊、桔梗等对其抗性较强，金鱼草、月见草、美女樱、蜀葵、麦秆菊、瓜叶菊等对其抗性较弱。向日葵、紫花苜蓿等为二氧化硫监测植物。

（4）氟化氢（HF） 氟化氢是氟化物中毒性最强，排放量最大的有害气体，主要来源于铝、玻璃、水泥、搪瓷等工业。氟化氢对观赏植物的危害首先发生在幼芽幼叶的叶缘与叶尖，然后向内扩散，逐渐出现萎蔫现象。氟化氢还能导致植株矮化、早期落叶、落花与不结实。不同观赏植物对氟化氢的抗性也不同，海桐、柑橘、秋海棠、大丽花、一品红、紫茉莉等对其抗性强；美人蕉、半枝莲、蜀葵、金鱼草、水仙等对其抗性较强；杜鹃花、玉簪、毛地黄、郁金香等对其抗性较弱。地衣类、唐菖蒲等为氟化氢监测植物。

# 任务 2-4 生物因子对植物生长发育的影响

**引导问题 2-12：清代程岱葊记载："于五月间觅螳螂窠数枚，置菊左右，立秋前螳螂子出跳跃菊上，不食菊叶，能驱蝴蝶、兼食诸虫。"（《西吴菊略·除害》）这是有意识利用螳螂除虫的最早记载。植物周围还有哪些生物因子会对它的生长发育有影响，这些因子对观赏植物是有益还是有害的呢？请列举。**

________________________________________

________________________________________

小提示：

观赏植物的生活环境中总会有其他生物的存在，包括动物、植物以及微生物。这些生物与观赏植物的关系可分为有益和有害 2 种。动物中的昆虫、鸟类可帮助观赏植物传播花粉、种子，有利于观赏植物的发育和繁衍，植物害虫会啃食枝叶、花果、根系，不仅影响观赏植物正常的观赏特性，也不利于观赏植物的生长和生存。微生物中有的可以分解有机物，增加土壤肥力，有的还能形成根瘤、菌根，固定空气中的游离氮，有利于观赏植物的生长，也有的作为病源危害观赏植物的生存。

观赏植物与生活在一起的其他植物间也存在相互促进和相互抑制的关系。植物间共同组成稳定的植被群落，能够改善彼此的生存环境，也可以增强对病虫害等其他自然灾害的抵抗能力，属于良好的促进关系。例如高大喜光的乔木黑松与耐阴性地被植物阔叶麦冬组合，一方面黑松能给麦冬遮阳，提供适宜其生存的光照环境；另一方面麦冬的地面覆盖，保持了土壤水分，能给黑松的根部生长创造理想的条件。但植物间互相竞争，以获得更有利于自身生长发育的光照、养分，或者藤本与树木之间的缠绕、绞杀等则是彼此抑制的关系，一方的发展繁荣将以另一方的势弱衰微为代价。例如，散生竹类地下茎与须根布满所在地域的土壤，与大多数灌木类根系争夺养分，相互抑制。

观赏植物还可以通过化感作用对其他植物的生长产生促进或抑制的作用。所谓的化感作用就是指植物通过分泌代谢产物，对其他植物产生直接或间接的影响。毛竹和苦槠都是杉木常见的伴生树种，据报道毛竹和苦槠在与杉木混交时都能在不同程度上促进杉木的生长，所分泌的某些化感物质经淋洗进入土壤中，对杉木种子产生正面的作用，从而促进杉木种子的发芽和芽的生长。山茶科植物与山毛榉科植物有较强的相互抑制作用。黑藻、菱、鸡矢藤、酸模、打碗花、豚草、落羽杉、池杉、枫杨、乌桕等都能分泌出一些化感物质，对某些植物具有化感作用。

**综合训练** 2-3　在城市化进程加快的今天，生态文明建设尤为重要。人作为生物因子中重要的组成因素，对观赏植物的影响也是不容忽视，主要体现在城市热岛效应、土壤条件、污染物、水文环境、市政建设等多个方面。请调研城市环境对观赏植物生长发育的影响及其改进措施或案例。

**综合训练** 2-4　请在以下区域使用思维导图总结各生态因子对植物生长发育的影响。

# 学习情境3

# 观花树木识别

## 学习情境描述

我国作为幅员辽阔、历史悠久的四大文明古国之一，千百年来观花树木资源丰富，在众多花卉资源中所占的比例和地位较高，自古受文人雅士所颂扬和喜爱，如我国传统十大名花中的梅、牡丹、月季、杜鹃、山茶 、桂花等。因此，调查、识别、整理本地区观花植物资源，建立观花树木资源数据库对后续植物应用具有重要意义。

## 学习目标

- ◆ 掌握当地观花树木识别，包括常见观花树木的生长习性、基本形态特征。
- ◆ 掌握当地常见观花树木的主要观赏特性、观赏期及园林用途。
- ◆ 学会用相应的工具和书籍检索、鉴定观花树木，并用形态术语准确描述其形态特征。

## 任务书

- ◆ 形态特征观察与树种识别

  在校园、道路、居住区、公园等不同环境中，观察绿地中观花树木的观赏特点，并用植物形态术语分别描述本地区常见的观花树木叶、花的形态特征。
- ◆ 选择几种观花树木，绘出叶、花、果实、枝条的形态简图，以加深记忆。
- ◆ 持续观察并记录不同季节下，所在城市观花木本植物物候信息。

## 学习准备

1. 学习材料

实物标本、腊叶标本，选择本地区常见观花木本植物30～50种。

2. 学习工具与用品

枝剪、解剖刀、解剖针、放大镜、记录本、工具书等。

3. 实训地点

实验室、实训基地。

4. 前期理论知识准备

观花植物是以花的姿态、香气、色彩为主要欣赏对象的植物，有乔木、灌木、藤本及草花植物，种类繁多，均以其花丰富的色彩与情趣在景观建设中占有特别重要的地位。

观花树木主要指乔木和灌木。

从观花的角度来看，可将观赏性分为单花、群花和香花三类型。

①单花类型：花朵大，品种多，主要欣赏单朵花的美，如牡丹、芍药、菊花、月季、睡莲、木芙

蓉等。

②群花类型：主要欣赏花的群体美及其形成的气氛，如桃、梨、杏、梅、海棠、樱花、杜鹃等。

③香花类型：观赏的花木主要是让人感觉花香馥郁，令人愉悦，如桂花、玉兰、蜡梅、茉莉、米兰、玉簪、兰花等。

当然，也有不少植物是姿、色、香兼而有之。

**任务实施**

# 任务 3-1　春季观花树木识别

**引导问题 3-1：请说出五个有关春天与植物相关的成语。**

______________________________

______________________________

**引导问题 3-2：请说出木兰科四个常见属（鹅掌楸属、木兰属、木莲属、含笑属）的识别要点。**

______________________________

______________________________

______________________________

**小提示：**

**木兰科四个常见属分属识别**

木兰科植物具有较强观赏价值，除木兰属以外，还有三个属的植物在园林中应用较多。我们可以通过分属检索表来认识这四个属。

木本；小枝具有环状托叶痕；花被片通常花瓣状，花托伸长，雄蕊多数，聚合蓇葖果或具翅的聚合小坚果。全世界 18 属、335 种；中国 14 属、165 种；云南 12 属、65 种，因而云南是世界木兰科植物的分布中心。木兰也是云南八大名花之一。

1. 叶常 4～6 裂，聚合小坚果，具翅 ………………………… 1. 鹅掌楸属 *Liriodendron*
1. 叶全缘，不分裂；聚合蓇葖果。
  2. 花腋生 ……………………………………………………… 2. 含笑属 *Michelia*
  2. 花顶生。
    3. 每心皮具 2 枚胚珠；聚合果常为长圆柱形 ……………… 3. 木兰属 *Magnolia*
    3. 每心皮具 4～14 枚胚珠；聚合果常球形 ……………… 4. 木莲属 *Manglietia*

**引导问题 3-3：请说一说玉兰、紫玉兰与二乔玉兰的区别。**

______________________________

______________________________

______________________________

**小提示：**

1. 玉兰(白玉兰、望春花、木花树) *Magnolia denudata*

【科属】木兰科　木兰属

【产地与分布】中国特产，产于中国中部山野中，现国内外庭园常见栽培。

【识别特征】落叶乔木，高达 15 m。树冠为卵形或近球形，小枝具环状托叶痕。单叶互生，全缘，呈倒卵状长椭圆形，长 10～15 cm，纸质，端突尖而短钝。花两性，单生枝顶，径 12～15 cm，纯白色，芳香；花萼瓣状，共 9 片；雄蕊、雌蕊均多数。聚合蓇葖果圆柱形，木质。花期 1—3 月，叶前开放；果期 9—10 月。

【生态习性】喜光，稍耐阴，颇耐寒；喜肥沃湿润、排水良好的酸性土壤，也能生长于碱性土中；忌水涝，生长速度较慢。

【景观应用】玉兰满树繁花，晶莹剔透，香气似兰，蔚然壮观，其色香和体态无与伦比，是中国著名的早春花木，先叶开放，有"木花树"之称，是中国历史传统名花之一。人们喜爱将玉兰、海棠、迎春、牡丹、桂花等配植在一起，体现"玉堂春富贵"的意境；"莹洁清丽，恍凝冰雪"就是赞赏玉兰盛花的景观；若植于纪念性建筑之前则有"玉洁冰清"，象征品格高尚和具崇高理想脱却世俗之意；若丛植于草坪或针叶树丛之前，则能形成春光明媚的景象，给人以青春、喜悦和充满生气的感染力；玉兰也是插花的优良材料。

玉兰是上海市市花。

【其他用途】花瓣可食用，树皮可入药，种子可榨油，木材可供雕刻用。

2. 二乔玉兰(朱砂玉兰、红玉兰) *Magnolia soulangeana*

【科属】木兰科　木兰属

【产地与分布】二乔玉兰是玉兰和紫玉兰的杂交种，有天然杂交，也有人工杂交，类型极多。

【识别特征】落叶小乔木，高 7～9 m。小枝具环状托叶痕。单叶互生，全缘，呈倒卵形至卵状长椭圆形，纸质。花两性，大，单生枝顶，钟状，花瓣 6，内面白色，外面为淡紫，基部色较深，芳香；花萼 3，常花瓣状，长仅达其半或与之等长(有时花萼为绿色)，先叶开放。花期 2—4 月；果期 8—9 月。

【生态习性】二乔玉兰较二亲本更为耐寒、耐旱，移植难。

【栽培资源】常见品种：

①大花二乔玉兰'Eennei'　落叶灌木，高 2.5 m。花外侧为紫色或鲜红，内侧为淡红色，比原种开花早。

②美丽二乔玉兰'Speciosa'　花瓣外面为白色，但有紫色条纹，花形较小。

③红运玉兰'Hong Yun'　二乔玉兰的芽变种，花瓣外为红色，内白色。

【景观应用】花大，芳香色丽，为著名的早春观花树木，其应用同玉兰。

【其他用途】树皮、花蕾均入药，根、叶、花可提制芳香浸膏。

3. 紫玉兰(辛夷、木笔) *Magnolia liliflora*

【科属】木兰科　木兰属

【产地与分布】中国特产，原产于云南、四川、湖北、福建等地；现除严寒地区外都有栽培。

【识别特征】落叶大灌木。小枝具环状托叶痕。单叶互生，全缘，呈椭圆形或倒卵状长椭圆形。花两性，单生枝顶，花被片 9～12，内两轮肉质，花瓣状，外面呈紫色或紫红色，内面近白色，外轮 3 片萼片状，为黄绿色，披针形。聚合蓇葖果圆柱形，间有不育的小果。花期 2—3 月，叶前或与叶同放;果期 8—9 月。

【生态习性】喜光,不耐严寒;喜肥沃湿润排水良好的土壤,在过于干燥及碱土、黏土上生长不良;忌积水。

【景观应用】紫玉兰在中国栽培历史较久,是庭园中应用较广泛的早春花木之一,其花蕾形如笔头,故有"木笔"之称,色艳形美。白居易有诗曰:"紫粉笔含尖火焰,红胭脂染小莲花",描写的就是紫玉兰盛开时的情景,无论丛植、列植、群植均极优美。

【其他用途】紫玉兰花蕾入药称"辛夷",花可提制香膏。

我们习惯于把所有玉兰统称为"玉兰",但实际上在植物学中,只有白玉兰的学名才是"玉兰","白玉兰"是人们根据花的色彩而取的俗名。

**引导问题 3-4:木兰科中有许多重要的春季观花树种,在园林中已广泛应用。此外,你还知道哪些树种在春季开花繁盛?**

______________________________________________

______________________________________________

______________________________________________

小提示:

1. 日本晚樱 *Prunus serrulata* var. *lannesiana*

【别名】里樱、大山樱

【科属】蔷薇科　李属

【产地与分布】原产于日本,我国有栽培。

【识别特征】落叶乔木,高达 10 m。干皮为浅灰色。叶先端渐尖,呈长尾状,叶缘有重锯齿具长芒。花形大而芳香,单瓣或重瓣,常下垂,呈粉红色或白色,有香气,2～5 朵簇生,具叶状苞片。花期 4 月中下旬,花期长。

【生态习性】喜光;喜温暖,生育适温 10～22 ℃,耐寒;耐旱。

【栽培资源】日本晚樱的原始种是单瓣花,但变种及品种的花多为重瓣,且栽培种的花期较长,在园林中广为应用。常见变种:

①白花晚樱 var. *albida*　花单瓣,呈白色。

②绯红晚樱 var. *hatazakura*　花半重瓣,呈白色而染有绯红色。

③大岛晚樱 var. *speciosa*　产于日本伊豆诸岛。花白色,单瓣,端 2 裂,有香气;三四月间与叶同放。

日本晚樱栽培广泛,有上百个园艺品种,在品种分类上一般是先按花色分为白花、红花(包括粉红及浓红色)、绿花(包括带浅黄绿色的种类);再按幼叶的颜色分为绿芽、黄芽、褐芽、红芽等,分为四群,作为第二级;又依花型分为单瓣、复瓣、重瓣,以及小花种、大花种等分成系或种,作为第三级;此外,参照各品种的特征还可分为直生性、菊花型、有毛类等作为其他类别来描述。

【景观应用】日本晚樱花期较其他樱花花期长,宜植于庭院建筑物旁或成丛种植,是优良的春季观花树种。其中,大岛晚樱生长迅速、健壮,具有极强的耐煤烟能力,是海滨城市及矿山城市绿化用的好材料,值得大力发展运用。

2. 山樱花 *Prunus serrulata*（*Cerasus serrulata*）

【别名】山樱桃

【科属】蔷薇科　李属

【产地与分布】产于长江流域，东北南部有分布。朝鲜、日本有分布。

【识别特征】落叶乔木，高 15～25 m。树皮为暗栗色，光滑。单叶互生，卵状呈椭圆形，先端有尾状，缘具尖锐重或单锯齿，齿端短刺芒状，叶表面呈浓绿色，有光泽，背面稍淡，两面无毛。花两性，为白色或淡红色，少为黄绿色，无香味，花型小；常 3～5 朵花排成短伞房总状花序。核果呈球形，先红而后变紫褐色，稍有涩味，但可食。花期 4 月叶前同放；果期 5—7 月。

【生态习性】喜光，有一定耐寒能力；喜深厚肥沃而排水良好的土壤；对烟尘、有害气体及海潮风的抵抗力均较弱。

【栽培资源】常见变型、品种：

①重瓣白樱花 f. *albo-plena*　在华南有悠久的栽培历史，100 多年前即被引种于欧、美。花白色、重瓣。

②红白樱花 f. *albo-rosea*　花重瓣，花蕾为淡红色，开后变白色，有 2 叶状心皮。

③垂枝樱花 f. *pendula*　枝开展而下垂，花为粉红色，瓣数多达 50 以上，花萼有时为 10 片。

④玫丽樱花 f. *superba*　花甚大，淡红色，重瓣，有长梗。

⑤重瓣红樱花 f. *roseo-plean*　花为粉红色，极重瓣。

⑥毛樱花'Pubescens'　与山樱花相似，但叶两面、叶柄、花梗及萼均多少有毛。

【景观应用】樱花，春季满树繁花，夏季绿叶荫浓，既有梅之幽香，又有桃之艳丽。我国自古便栽植樱花，白居易诗云："小园新种红樱树，闲绕花枝便当游"；王安石有诗曰："山樱抱石荫松枝，比并余花发更迟，赖有春风嫌寂寞，吹香度水报人知。"在园林中，樱花较适宜于丛植、群植于各类景观中，配植时应注意与常绿背景树衬托，以充分发挥其观赏效果；最适宜的地形是有缓坡而低处有湖池水体之处；作花境背景尤为壮观；在庭院中点景时，可与背景树相结合成组配植。

3. 映山红 *Rhododendron simsii*

【别名】杜鹃花、照山红、山踯躅

【科属】杜鹃花科　杜鹃花属

【产地与分布】产于中国中部及南部，在长江流域多生于丘陵山坡上，现各地广泛栽培。

【识别特征】常绿或半常绿灌木。多分枝，枝细而直，枝叶及花梗密被有亮棕色或褐色扁平糙伏毛。单叶互生，全缘，纸质，呈卵状椭圆形或椭圆状披针形，表面糙伏毛较稀，背面较密。花两性，辐射对称；花冠阔漏斗状，裂片 5，2～6 朵簇生枝端，为玫瑰红、鲜红或暗红色，有紫红色斑点；雄蕊 10，长约与花冠相等；萼片小而 5 深裂，被糙伏毛，边缘具睫毛。蒴果卵形密被糙伏毛。花期 4—6 月。

【生态习性】喜光，稍耐阴；全光照被遮蔽 1/3 以上时，即生长不良；喜温暖气候，耐干旱；喜肥沃排水良好的酸性壤土，忌黏土和石灰质土，较耐热，畏烈日暴晒，不耐寒，在华北地区多盆栽。映山红为我国中南及西南地区典型的酸性土指示植物。

【栽培资源】

我国杜鹃花资源丰富，有着悠久的栽培历史。自唐代便已开始了杜鹃花品种选育，但没有形成流行的品种系列。

我国现行的杜鹃花品种分类体系主要依据杜鹃花的形态、花期、产地(来源)和亲本等进行分类,大致分为4类:一是春鹃,即春季开花的品种,同时又根据叶片和花的大小,将其分为大叶大花种(俗称毛鹃)和小叶小花种(俗称东鹃);二是夏鹃,为初夏季开花的品种,主要指皋月品种类群;三是春夏鹃,这是春鹃与夏鹃杂交而得的品种,花期比较长,从春末全初夏;四是西鹃,泛指来自欧洲的杂交品种,通常株型低矮,花大,也称为比利时杜鹃。

【景观应用】映山红是中国十大历史传统名花之一,其花繁叶茂,绮丽多姿,花开一片红,热烈、优美、花期长,装饰效果佳,园林中最宜在林缘、溪边、池畔及岩石旁成丛成片栽植,也可于疏林下散植。映山红也是作花篱的好材料,开花时给人热闹而喧腾的感觉,花谢后,深绿色的叶片在庭园中可作为矮墙或屏障。映山红根桩奇特,是优良的盆景材料。

映山红是印度杜鹃杂种的亲本,也是比利时杜鹃培育的新种质。我国长沙、台北、丹东、九江、三明、韶关、余姚、井冈山、巢湖、新竹、荣成、嘉兴、无锡、大理等城市均以杜鹃花为市花(杜鹃花属的不同种或品种)。

【其他用途】全株可供药用。

二维码 3-1
观花树木——春花(1)

二维码 3-2
观花树木——春花(2)

**知识拓展**

请查阅其他常见春季观花植物名录。

二维码 3-3
其他常见春季观花植物名录

**作业:**

1.调查所在地春季常见观花植物相关信息,根据植物形态学识别知识描述植物的主要形态识别特征并记录。可查阅相关资料辅助学习,同时收集重要植物的品种信息,并完成表3-1、表3-2 。

[1]中国植物图像库 http://ppbc.iplant.cn

[2]植物智 http://www.iplant.cn

2.记录所在地常见春季观花植物物候信息,并完成表3-3。

**表 3-1　春季观花树木调查**

地点：______________________

| 编号 | 种名 | 科 | 属 | 拉丁名 | 生活型 | 花形 | 花序 | 大小 | 花色 |
|---|---|---|---|---|---|---|---|---|---|
| 1 | 紫荆 | 苏木科 | 紫荆属 | *Cercis chinensis* | 灌木 | 蝶形花冠 | / | 小 | 紫红色 |
| | | | | | | | | | |
| | | | | | | | | | |
| | | | | | | | | | |
| | | | | | | | | | |
| | | | | | | | | | |
| | | | | | | | | | |
| | | | | | | | | | |
| | | | | | | | | | |
| | | | | | | | | | |
| | | | | | | | | | |
| | | | | | | | | | |
| | | | | | | | | | |
| | | | | | | | | | |
| | | | | | | | | | |
| | | | | | | | | | |
| | | | | | | | | | |
| | | | | | | | | | |
| | | | | | | | | | |
| | | | | | | | | | |
| | | | | | | | | | |
| | | | | | | | | | |
| | | | | | | | | | |
| | | | | | | | | | |

表 3-2 春季观花树木识别记录

| 种名 | 重要识别特征 | 相关变种、变型、品种 |
| --- | --- | --- |
| 紫荆 | 单叶互生，叶心形；蝶形花冠，紫红色，簇生于老枝或主干上。 | 埃文代尔 *Cercis chinensis* 'Avondale'<br>埃戈夫 *C. chinensis* 'Don Egolf'<br>西罗巴纳 *C. chinensis* 'Shirobana' |
| | | |
| | | |
| | | |
| | | |
| | | |
| | | |
| | | |
| | | |
| | | |
| | | |
| | | |

**表 3-3 春季观花树木物候调查汇总表**

地点：________________________

| 编号 | 种名 | 月份 | | | | | | | | | | | | 最佳观赏期 |
|---|---|---|---|---|---|---|---|---|---|---|---|---|---|---|
| | | 1 | 2 | 3 | 4 | 5 | 6 | 7 | 8 | 9 | 10 | 11 | 12 | |
| 1 | 垂丝海棠 | | — | — | | | | | | | | | | 21 天 |
| | | | | | | | | | | | | | | |
| | | | | | | | | | | | | | | |
| | | | | | | | | | | | | | | |
| | | | | | | | | | | | | | | |
| | | | | | | | | | | | | | | |
| | | | | | | | | | | | | | | |
| | | | | | | | | | | | | | | |
| | | | | | | | | | | | | | | |
| | | | | | | | | | | | | | | |
| | | | | | | | | | | | | | | |
| | | | | | | | | | | | | | | |
| | | | | | | | | | | | | | | |
| | | | | | | | | | | | | | | |
| | | | | | | | | | | | | | | |
| | | | | | | | | | | | | | | |
| | | | | | | | | | | | | | | |
| | | | | | | | | | | | | | | |
| | | | | | | | | | | | | | | |
| | | | | | | | | | | | | | | |
| | | | | | | | | | | | | | | |
| | | | | | | | | | | | | | | |

备注：请观察并记录下所在地春季观花树木物候情况，月份部分可用彩色线条表示观察的情况。

# 任务3-2 夏季观花树木识别

**引导问题3-5：请列举五种园林中常见的夏季观花树木，并说一说其在园林中的观赏价值。**

__________________________________________________________

__________________________________________________________

__________________________________________________________

__________________________________________________________

__________________________________________________________

**小提示：**

1.广玉兰（荷花玉兰、洋玉兰）*Magnolia grandiflora*

【科属】木兰科　木兰属

【产地与分布】原产于北美东南部，约1913年首次引入我国广州栽培，故名广玉兰。

【识别特征】常绿乔木，原产地高达30 m。叶为长椭圆形，厚革质，叶背面有锈色绒毛。花大，白色，芳香，雄蕊多数。聚合蓇葖果；每心皮2粒种子，红色。花期6—7月；果期10月。

【生态习性】喜光颇耐阴；喜温暖湿润，不耐寒，生育适温18～28 ℃；喜酸性或中性土壤。

【景观应用】广玉兰树姿雄壮，叶光亮，花大而香，是长江流域以南城市重要的园林树种，可孤植、丛植于开阔的环境中；其抗性强，在城市中多见以行道树栽植。

2.合欢（绒花树、夜合树）*Albizia julibrissin*

【科属】含羞草科　合欢属

【产地与分布】产于亚洲及非洲，中国分布于黄河流域至珠江流域之广大地区。

【识别特征】落叶乔木，高达16 m。树冠开展呈伞状，分枝较低，小枝无毛。叶为二回偶数羽状复叶，羽片4～12对，各有小叶10～30对；小叶中脉明显偏于一边，昼展夜合。花有柄，头状花序排成伞房状，雄蕊多数，花丝为粉红色，如绒缨状。荚果扁条形。花期6—7月；果期9—12月。

【生态习性】喜光，但树干皮薄畏暴晒，否则宜开裂；耐寒性略差，对土壤要求不严，能耐干旱、瘠薄，但不耐水涝；生长迅速。

【景观应用】合欢树姿优美，叶形雅致，盛夏满树绒花，有色有香，能形成轻柔舒畅的气氛，是中国常见传统名花之一，宜作庭荫树、行道树，构成各类优美景观。

【其他用途】合欢木材细致，可做家具、车船等。树皮及花可入药；嫩叶可食，老叶浸水可洗衣。

3.珙桐（鸽子树）*Davidia involucrata*

【科属】蓝果树科　珙桐属（有的学者将其独立为珙桐科珙桐属）

【产地与分布】中国特有，产于湖北西部、四川、贵州及云南北部，生于海拔1300～2500 m山地林中。

【识别特征】落叶乔木，高 20 m。树冠圆锥形。单叶互生，宽为卵形，端渐长尖，基部心形，缘具粗尖锯齿，背面密生丝状绒毛。花杂性同株，由多数雄花和 1 朵两性花组成顶生头状花序，花序下有 2 片白色大苞片，苞片为卵状椭圆形，中上部有疏浅齿，花后脱落。核果为椭圆球形。花期 4—5 月；果期 10 月。

【生态习性】喜半阴和温凉湿润气候，以空气湿度较高处为佳；略耐寒，喜深厚、肥沃、湿润而排水良好的酸性或中性土壤，忌碱性和干燥土壤；不耐炎热和阳光暴晒。

【栽培资源】常见变种：

光叶珙桐 var. *vilmorimiana*　叶仅背面脉上及脉腋有毛，其余无毛。

【景观应用】珙桐为世界著名的珍贵观赏树，其树形高大端庄，开花时下垂的白色苞片似白鸽群栖树端，蔚为奇观，是中国一级重点保护树种，也是中国近代栽培名花之一；宜植于温暖湿润的环境中作庭荫树、观赏树，并有象征和平的寓意。

4. 灯台树 *Cornus controversa*

【科属】山茱萸科　梾木属

【产地与分布】产于中国辽宁、华北、西北至华南、西南地区；朝鲜、日本、印度、尼泊尔有分布。

【识别特征】落叶乔木，高达 20 m。树冠呈圆锥状；侧枝轮状着生，层次明显。叶互生，呈卵形至卵状椭圆形，背面为灰绿色，疏生贴伏短柔毛。花白色，伞房状聚伞花序顶生。核果球形，熟时由紫红色变蓝黑色。花期 5—6 月；果期 9—10 月。

【生态习性】喜光，稍耐阴；喜温暖湿润气候，稍耐寒；喜肥沃湿润而排水良好土壤；生长快。

【景观应用】灯台树树形整齐美观，大侧枝呈层状生长似灯台，宜孤植于庭院观赏，也可作庭荫树及行道树。

【其他用途】灯台树木材可供建筑、雕刻等用；种子可榨油制肥皂、润滑油等；树皮含鞣质。

5. 紫薇（痒痒树、百日红）*Lagerstroemia indica*

【科属】千屈菜科　紫薇属

【产地与分布】原产于亚洲至大洋洲，中国是其自然分布与栽培分布的中心，广布于中国长江流域各地，多达十余个省（自治区、直辖市）；河北、江西、湖南、四川、浙江等地低海拔山地及林缘地带仍有野生种。

【识别特征】落叶灌木至小乔木，高可达 7 m。枝干多扭曲；树皮剥落后，树干特别光滑洁亮；小枝四棱，无毛。单叶对生或近对生，为椭圆形至倒卵状椭圆形，全缘。花两性，鲜浅红色，花瓣 6，皱缩；顶生圆锥花序。蒴果呈近球形，6 瓣裂，基部有宿存花萼。花期 6—9 月；果期 10—11 月。

【生态习性】喜光、稍耐阴、喜温暖气候，耐寒性不强；喜肥沃、湿润且排水良好的石灰性土壤，耐旱，怕涝。萌蘖性强，生长较慢，寿命长。

【栽培资源】常见变种：

①银薇 var. *alba*　花白色或微带淡堇色；叶淡绿色。

②翠薇 var. *rubra*　花紫堇色；叶暗绿色。

【景观应用】紫薇在中国有 1500 多年的栽培历史，昆明、苏州、成都等地仍保存有 500～700 年的古紫薇。紫薇树姿优美，树皮光滑，枝干扭曲，花朵繁密，花色艳丽，且花期极长，适应性强，是极具观赏价值的夏季观花树种，为中国历史传统名花之一，早在唐代就已作为重要的奇花异木栽植于皇宫、宫邸，并被认为是天上的花木落入人间。紫薇可孤植、群植、列植或林植于各类景观中，营造热烈、生动的景观效果。

紫薇萌蘖性强，耐修剪，靠接愈合能力强，造型应用极普遍，是优良的盆景、桩景材料。紫薇对多种有毒气体具有较强的抗性，对城市中的光化学烟雾及不良的生态环境有较强的适应能力，宜作行道绿化和工矿区绿化树种。

6. 木槿 *Hibscus syriacus*

【别名】朝开暮落花

【科属】锦葵科　木槿属

【产地与分布】原产于中国，自东北南部至华南各地均有栽培，尤以长江流域为多。

【识别特征】落叶灌木至小乔木。单叶互生，菱状卵形，端部常3裂，缘有钝齿，仅背面脉上稍有毛。花两性，单生叶腋，钟形，单瓣，有淡紫、粉红、白色等，雄蕊多数并连合成一管，即单体雄蕊。蒴果卵圆形，密生星状绒毛。花期5—9月；果期9—11月。

【生态习性】暖地树种，适应性强，喜光稍耐阴，喜水湿又耐干旱；喜温暖湿润气候，也耐寒；喜湿润肥沃的中性土，也耐瘠薄土壤；对二氧化硫、氯气等抗性较强。

【栽培资源】木槿变型、栽培品种很多，有单瓣、重瓣和半重瓣，如：

①白花单瓣木槿'Totus Albus'　花纯白，单瓣。

②紫蓝'Coelestis'　花紫蓝色，单瓣。

③白重瓣木槿 f. *albus-plenus*　花白色，重瓣。

④紫花重瓣木槿 f. *violaceus*　花青紫色，重瓣。

⑤重瓣木槿'Lady Stanley'　花瓣多数。

【景观应用】木槿枝叶繁茂，夏秋开花，仲夏盛花不绝，花期长达4个多月，花色多，是夏秋优良的观花材料，为中国常见传统名花之一。木槿开花时节，满树繁花，鲜艳夺目，常篱植、群植、片植于各类景观中，是围篱、背景及基础种植的优选材料；木槿对二氧化硫、氯气等有害气体抗性强，又有滞尘功能，是工矿区和街道绿化的优良树种。

木槿为韩国国花。

7. 琼花 *Viburnum keteleeri*（*V. macrocephalum* f. *keteleeri*）

【别名】八仙聚会、聚八仙花、蝴蝶木

【科属】忍冬科　荚蒾属

【产地与分布】分布于江苏南部、安徽西部、浙江、江西西北部、湖北西部及湖南南部。

【识别特征】落叶或半常绿灌木。芽、幼枝、叶柄及花序密被黄白色簇状短毛，后渐变无毛。单叶对生，纸质，为卵形至椭圆形或卵状矩圆形，边缘有小齿，上面初时密被簇状短毛，后仅中脉有毛，下面被簇状短毛，叶脉略凹。聚伞花序，仅周围有大型白色不孕花，花序中央为两性的可育花。果实为核果，先红色而后变黑色，椭圆形。花期4—5月；果熟期9—10月。

二维码3-4
观花树木——夏花

【生态习性】喜光，稍耐阴，喜温暖湿润气候，宜在肥沃、湿润、排水良好的土壤中生长。长势旺盛，萌芽力、萌蘖力强。

【景观应用】琼花是中国近代栽培名花，其琼花叶绿、花白、果红，花朵形如群蝶飞舞，别有情趣，是春季观花、秋季观果的优良树种，宜孤植或丛植于建筑物前、墙下窗前、山石旁、草坪边或树林下形成优美景观。

琼花为扬州市的市花。

**知识拓展：**

二维码 3-5
其他常见夏季观花树木名录

**作业：**

1.调查所在地夏季常见观花植物相关信息，根据植物形态学识别知识描述植物的主要形态识别特征并记录。可查阅相关资料辅助学习，同时收集重要植物的品种信息，完成表 3-4、表 3-5。

[1]中国植物图像库 http://ppbc.iplant.cn

[2]植物智 http://www.iplant.cn

2.记录所在地常见夏季观花植物物候信息，并完成表 3-6。

**表 3-4 夏季观花树木调查表**

地点：________________

| 编号 | 种名 | 科 | 属 | 拉丁名 | 生活型 | 花色 | 备注(可补充花形花序大小) |
|---|---|---|---|---|---|---|---|
| | | | | | | | |
| | | | | | | | |
| | | | | | | | |
| | | | | | | | |
| | | | | | | | |
| | | | | | | | |
| | | | | | | | |
| | | | | | | | |
| | | | | | | | |
| | | | | | | | |
| | | | | | | | |
| | | | | | | | |
| | | | | | | | |
| | | | | | | | |
| | | | | | | | |

**表 3-5　夏季观花树木识别记录**

| 种名 | 重要识别特征 | 相关变种、变型、品种 |
|---|---|---|
| | | |
| | | |
| | | |
| | | |
| | | |
| | | |
| | | |
| | | |
| | | |
| | | |
| | | |

**表 3-6 夏季观花树木物候调查汇总表**

| 编号 | 种名 | 月份 | | | | | | | | | | | | 最佳观赏期 |
|---|---|---|---|---|---|---|---|---|---|---|---|---|---|---|
| | | 1 | 2 | 3 | 4 | 5 | 6 | 7 | 8 | 9 | 10 | 11 | 12 | |
| | | | | | | | | | | | | | | |
| | | | | | | | | | | | | | | |
| | | | | | | | | | | | | | | |
| | | | | | | | | | | | | | | |
| | | | | | | | | | | | | | | |
| | | | | | | | | | | | | | | |
| | | | | | | | | | | | | | | |
| | | | | | | | | | | | | | | |
| | | | | | | | | | | | | | | |
| | | | | | | | | | | | | | | |
| | | | | | | | | | | | | | | |
| | | | | | | | | | | | | | | |
| | | | | | | | | | | | | | | |
| | | | | | | | | | | | | | | |
| | | | | | | | | | | | | | | |
| | | | | | | | | | | | | | | |
| | | | | | | | | | | | | | | |
| | | | | | | | | | | | | | | |
| | | | | | | | | | | | | | | |
| | | | | | | | | | | | | | | |
| | | | | | | | | | | | | | | |
| | | | | | | | | | | | | | | |

备注：请观察并记录下所在地夏季观花植物物候情况，月份部分可用彩色线条表示观察的情况。

# 任务 3-3　秋冬季观花树木识别

**引导问题 3-6：秋冬季观花树木的观赏特点是什么？请列举 3～5 种，并说明其科属及识别要点。**

______________________________________________

______________________________________________

______________________________________________

______________________________________________

______________________________________________

**小提示：**

1. 桂花 *Osmanthus fragrans*

【科属】木樨科　木樨属

【产地与分布】原产于我国西南部，现各地广泛栽培。

【识别特征】常绿小乔木至大灌木，树高达 12 m。树皮为灰色，不裂。单叶对生，长椭圆形，缘具有疏齿或近全缘，硬革质。花小，淡黄色，浓香。核果呈卵球形，蓝紫色。花期 9—10 月，昆明地区 8 月始花。

【生态习性】喜光，稍耐半阴；喜温暖气候，不耐寒，淮河以南可露地栽培；生育适温 15～26 ℃；对土壤要求不严，但以排水良好、富含腐殖质的沙质壤土为最好。

【栽培资源】因花色、花期不同，可分为以下几个栽培品种(群)：

①丹桂 'Aurantiacus'　花为橘红色或橙黄色，香味差，发芽较迟。有早花、晚花、圆叶、狭叶、硬叶等品种。

②金桂 'Thunbergii'　花为黄色至深黄色，香气最浓，经济价值高。有早花、晚花、圆瓣、大花、卷叶、亮叶、齿叶等品种。

③银桂 'Latifolius'　花为近白色或黄白色，香味较金桂淡；叶较宽大。有早花、晚花、柳叶等品种。

④四季桂 'Semperflorus'　花为黄白色，四季开放，但仍以秋季开花较盛。其中有子房发育正常能结实的'月月桂'等品种。

【景观应用】桂花花期正值中秋，是中国十大传统名花之一，在园林中可作园景树、庭荫树、行道树，华北地区常作盆栽观赏。此外，还可将桂花成片种植形成"桂花山""桂花岭"，每逢中秋时节，香飘十里，若与秋色叶植物相配，可形成色香俱全的美丽秋景。

2. 木芙蓉 *Hibiscus mutabilis*

【别名】芙蓉花、拒霜花

【科属】锦葵科　木槿属

【产地与分布】原产于中国西南部，分布区广，自黄河流域至华南均有栽培，尤以四川成都一带为盛。

【识别特征】落叶灌木至小乔木。茎具星状毛及短柔毛。单叶互生，叶广卵形，先端 3～5(7)裂，基部心形，缘有浅钝齿，两面均有星状毛。两性花，大型，径 8～12 cm，集生枝顶或单生叶腋，花冠白色或粉红色，开放后逐渐加深，最后成深红色，花瓣基部的色更深，花单瓣。蒴果扁球形，有黄色刚毛及绵毛，果瓣5。花期9—11月。

【生态习性】喜光、稍耐阴；喜温暖、湿润气候，不耐寒，耐水湿；对土壤要求不严，喜肥沃、湿润而排水良好的中性或微酸性沙质壤土。

【栽培资源】常见变型：

重瓣木芙蓉 f. *ptena* 花重瓣。

【景观应用】木芙蓉晚秋开花，花大而美丽，其花色、花型变化丰富，是南方地区重要的秋季观花植物，为中国常见传统名花之一；木芙蓉耐水湿，性喜近水，宜植于池旁水畔，花开时水影花光，有"照水芙蓉"之称；苏东坡有"溪边野芙蓉，花水相媚好"的诗句，点明木芙蓉适宜种植的环境。木芙蓉花繁叶茂，花色深浅变化，树形端庄，也宜丛植、群植于庭院、坡地、路边、林缘及建筑前观赏或作花篱、背景及基础种植；木芙蓉栽植容易，抗性强，还是重要的水土保持植物，也可以作盆栽观赏。成都有"蓉城"之称，现木芙蓉为成都市市花。

【其他用途】木芙蓉花、叶及根皮可入药。

3. 蜡梅 *Chimonanthus praecox*

【别名】腊梅、黄梅花、干枝梅

【科属】蜡梅科 蜡梅属

【产地与分布】中国特产，自然分布广，各地广泛栽培。

【识别特征】落叶丛生灌木，在暖地为半常绿。单叶对生，坚纸质，椭圆状卵形至卵状披针形，全缘，叶面粗糙，有硬毛，叶背光滑。花单生，鲜黄色，花被片有蜡质光泽；花浓香，冬春先叶开放。果托坛状。花期11月至翌年3月；果期8月。

【生态习性】喜光，稍耐阴，较耐寒，耐旱，忌水湿；喜深厚而排水良好的土壤，在黏性土及盐碱地生长不良；耐修剪，发枝力强。

【栽培资源】常见变种：

①磬口蜡梅 var. *grandiflora* 叶较宽大，长达20 cm；花较大，径3～3.6 cm；花被片淡黄色，端圆，内轮花被片有紫红边缘和条纹，盛开时花被片内抱，花期早而长。

②素心蜡梅 var. *concolor* 花较大，径为3.5 cm左右，内外轮花被片均为黄色，香味浓。

③小花蜡梅 var. *parviflorus* 花小，径仅0.9 cm，外轮花被片为淡黄色，内轮具深紫色斑纹。

【景观应用】蜡梅是中国历史传统名花之一，也是具有民族特色的冬季观赏花木佳品，在中国园林中应用频率极高，多自然种植于庭院中、山石旁、建筑物两侧或道路、草坪、房屋前后等；中国传统园林中喜用蜡梅与梅花、南天竹、沿阶草、迎春花等相配，以显其色彩协调、相得益彰；蜡梅也可与自然山水结合，如扬州瘦西湖公园内蜡梅在寒冬来临之际竞相吐蕾，沁人心脾；蜡梅还可盆栽或作盆景观赏，也是很好的切花花材。

古代"蜡"与"腊"均是指年终大祭，是古时的祭名，在《玉竹宝典》中记载："腊，祭先祖；蜡，祭百神，取禽兽以祭；故字从腊省；蜡，享农工之毕，故字从蜡省。腊，于庙；蜡，于郊。"因而，从"蜡"与"腊"不同的祭祀内涵来看，《中国植物志》以"蜡梅"为该植物的正名。

蜡梅是镇江市的市花。

【其他用途】蜡梅的花可提取香精，烘制后的花为名贵药材，根、茎、叶均可入药。

4. 结香 *Edgeworhia chrysantha*

【别名】打结花、黄瑞香、梦花、三桠皮

【科属】瑞香科　结香属

【产地与分布】原产于我国长江流域以南各省及海南、陕西和西南等地区；生于海拔 500～1800 m 阴湿肥沃的灌丛中。

【识别特征】落叶灌木，高 0.7～1.5 m。韧皮纤维发达，枝通常三叉状，棕红色。单叶，常簇生于枝顶，呈披针形至倒披针形，两面均被银灰色绢状毛，下面较多。小花黄色，浓香，花被筒长瓶状，外被银白色绢状长柔毛；头状花序顶生或侧生，具花 30～50 朵成下垂的绒球状，着生小枝顶端。核果为长卵形。花期为冬末春初，先叶开放；果期为春夏。

【生态习性】喜半阴，喜温暖、湿润环境及肥沃、排水良好的沙质壤土；耐寒性不强，不宜过干和积水。

【景观应用】结香姿态清雅，花芳香浓郁，观赏性高，加之枝条柔软，弯曲打结而不断，深受人们喜爱，是中国近代栽培名花之一，常整修呈各种形状，孤植、丛植或片植于各类景观中观赏，最宜在水边、石间、路旁栽植以满足游人“打结”之情趣；北方多盆栽编扎造型。

【其他用途】韧皮纤维可作造纸材料；根、茎、花可入药。

5. 山茶 *Camellia japonica*

【别名】华东山茶

【科属】山茶科　山茶属

【产地与分布】产于中国和日本，中国中部及南方各省露地栽培，北方多温室盆栽。

【识别特征】常绿灌木至小乔木。嫩枝及嫩芽均无毛。单叶互生，革质，叶色亮绿，卵形至椭圆形，背面叶脉不明显，叶缘具细齿。花大，两性，通常大红色，径 6～12 cm，无梗，花瓣 5～7，也有重瓣；萼密被短毛，花丝与子房均无毛。蒴果呈近球形，无宿存花萼。花期 1—4 月；果在秋季成熟。

【生态习性】喜半阴，最好是侧方庇荫；喜温暖湿润气候，酷热及严寒均不适宜，一般在气温达 29 ℃以上，则生长停止，若达 35 ℃时则叶子会有焦灼现象，如时期较长则会引起嫩枝死亡；山茶也有一定的耐寒力，可耐 -10 ℃的低温而无冻害；最适宜生长温度为 20～25 ℃；喜肥沃湿润、排水良好的微酸性土壤（pH 5～6.5），不耐碱性土；山茶的根为肉质根，土壤黏重积水则易腐烂变黑而致落叶甚至全株死亡；空气的相对湿度在 50%～80%为宜；若高温，强光又空气干燥时，易得叶日灼病；山茶对海潮风有一定的抗性。

【栽培资源】常见品种：

①白山茶‘Alba’　花为白色。

②白洋茶‘Alba-plena’　花为白色，重瓣，6～10 轮，外瓣大，内瓣小，呈规则化的覆瓦状排列。

**二维码 3-6 观花树木——秋冬花**

③红山茶‘Anemoniflora’　花为红色，花型似秋牡丹，有 5 枚大花瓣，雄蕊有变成狭小花瓣的可能性。

④紫山茶‘Lilifolia’　花为紫色，叶呈狭披针形，有似百合的叶形。

⑤玫瑰山茶‘Magnoliaeflora’　花为玫瑰色，近于重瓣。

⑥重瓣花山茶‘Polypetala’　花为白色而有红纹，重瓣；枝密生，叶呈圆形。

【景观应用】山茶品种繁多，中国“十大”传统名花之一，也是世界名贵花木。山茶树姿优美，叶色翠绿而有光泽，四季常青，开花于冬春之际，花姿绰约，花大色艳。山茶花期长，早花品种自 11 月现花观赏、晚花品种可至次年 3 月盛开，观赏期长达 5 个多月，是南方庭园重要的观赏树种，许多省市都有山茶花专类园；在各类景观中，孤植、丛植、群植山茶花均宜。北方地区主要作盆栽观赏；山茶花也是优秀的切花花材，国外运用较普遍，多用于茶花展、制作花束、花篮等。

山茶是重庆、宁波、温州、金华、景德镇、万县、衡阳等市的市花。

【其他用途】山茶种子含油 45%以上，榨油可食用；花及根可入药，木材可供细木工用。

**知识拓展：**

**二维码 3-7**
**其他常见秋冬季观花植物名录**

**作业：**

1. 调查所在地秋冬季常见观花植物相关信息，根据植物形态学识别知识描述植物的主要形态识别特征并记录。可查阅相关资料辅助学习，同时收集重要植物的品种信息，并完成表 3-7、表 3-8。

参考资料：

[1]中国植物图像库 http://ppbc.iplant.cn

[2]植物智 http://www.iplant.cn

2. 记录所在地常见秋冬季观花植物物候信息，并完成表 3-9。

**表 3-7 秋冬季观花树木调查汇总**

地点：________________

| 编号 | 种名 | 科 | 属 | 拉丁名 | 生活型 | 花色 | 备注(可补充花形花序大小) |
|---|---|---|---|---|---|---|---|
| | | | | | | | |
| | | | | | | | |
| | | | | | | | |
| | | | | | | | |
| | | | | | | | |
| | | | | | | | |
| | | | | | | | |
| | | | | | | | |
| | | | | | | | |
| | | | | | | | |
| | | | | | | | |
| | | | | | | | |

表 3-8 秋冬季观花树木识别记录

| 种名 | 重要识别特征 | 相关变种、变型、品种 |
| --- | --- | --- |
| | | |
| | | |
| | | |
| | | |
| | | |
| | | |
| | | |
| | | |
| | | |
| | | |

**表 3-9　秋冬季观花树木物候调查汇总**

地点：________________________

| 编号 | 种名 | 月份 | | | | | | | | | | | | 最佳观赏期 |
|---|---|---|---|---|---|---|---|---|---|---|---|---|---|---|
| | | 1 | 2 | 3 | 4 | 5 | 6 | 7 | 8 | 9 | 10 | 11 | 12 | |
| | | | | | | | | | | | | | | |
| | | | | | | | | | | | | | | |
| | | | | | | | | | | | | | | |
| | | | | | | | | | | | | | | |
| | | | | | | | | | | | | | | |
| | | | | | | | | | | | | | | |
| | | | | | | | | | | | | | | |
| | | | | | | | | | | | | | | |
| | | | | | | | | | | | | | | |
| | | | | | | | | | | | | | | |
| | | | | | | | | | | | | | | |
| | | | | | | | | | | | | | | |
| | | | | | | | | | | | | | | |
| | | | | | | | | | | | | | | |
| | | | | | | | | | | | | | | |
| | | | | | | | | | | | | | | |
| | | | | | | | | | | | | | | |
| | | | | | | | | | | | | | | |
| | | | | | | | | | | | | | | |
| | | | | | | | | | | | | | | |
| | | | | | | | | | | | | | | |
| | | | | | | | | | | | | | | |
| | | | | | | | | | | | | | | |

# 学习情境 4

# 观叶树木识别

## 学习情景描述

观叶树木不仅满足城市生态需求，也有净化空气、滞尘等功能，同时能够提升城市景观文化内涵，展现环境独特魅力。通过调查、识别、整理本地区观叶树木资源，了解本地乃至全国相关苗木资源情况，以利于后续植物景观设计、植物养护管理课程学习。

## 学习目标

◆ 掌握当地常见观赏色叶树木识别，掌握其生长习性、基本形态特征。

◆ 掌握当地常见观赏色叶树木的主要观赏特性、观赏期及园林用途。

◆ 学会用相应的工具和书籍检索、鉴定观叶树木，并用形态术语准确描述植物的形态特征。

## 任务书

◆ 形态特征观察与树种识别

在校园、道路、居住区、公园等不同环境中，观察绿地中观叶树木的观赏特点，并用植物形态术语分别描述本地区常见观叶树木的形态特征。

◆ 选择几种观叶树木，绘出叶、花、果实、枝条的形态简图，以加深记忆。

◆ 持续观察并记录不同季节下，所在城市观叶木本植物物候信息。

## 学习准备

1. 学习材料

实物标本、腊叶标本，选择本地区常见观叶木本植物 20 种以上。

2. 学习工具与用品

枝剪、解剖刀、解剖针、放大镜、记录本、工具书等。

3. 实训地点

实验室、实训基地。

4. 前期理论知识准备

观叶树木是指以叶形、叶色为主要观赏对象的木本植物，多数观赏期长，其中以彩叶树种为主要观赏对象。彩叶树种，又称为色叶树种，是指叶片呈现红色、黄色、紫色等异于绿色的色彩，且具有较高观赏价值的树种。在园林应用中，根据彩叶树种叶色变化的特点，可以将其分为春色叶、常色叶、斑色叶和秋色叶树种等几类。其中，秋色叶树种是指那些每年秋季树叶变色比较均匀一致、持续时间较长，人们关注较多，是营造秋色景观的重要类别；且观赏价值较高的树种。秋色叶树种多为温带落叶树种，极少数为常绿树种。

## 任务实施

# 任务 4-1 春色叶树木识别

**引导问题 4-1:什么是春色叶树种?典型的春色叶树种有哪些,请举例说明。**

______________________________________________________________

______________________________________________________________

______________________________________________________________

______________________________________________________________

**小提示:**

春色叶树种是春季新发生的嫩叶呈现显著不同叶色的树种。由于早春低温较有利于花青素的形成,大多数春色叶树种的叶色是红色和紫红色,如红叶石楠、山麻杆等;也有部分新叶呈现嫩黄色,如新木姜子、金叶含笑等。

1. 石楠 *Photinia serratifolia*(*P. serrulata*)

【科属】蔷薇科　石楠属

【产地与分布】我国长江南北大部分地区均有分布。

【识别特征】常绿灌木至小乔木,高 4～6m。叶长椭圆形至倒卵状椭圆形,叶边缘疏生细腺齿,基部近全缘。花小,白色,复伞房花序,顶生,花稠密;花序梗和花梗无毛,4—5 月开花;10 月果熟。果球形,梨果,红色,后变为褐紫色。

【生态习性】喜光,稍耐阴;喜温暖湿润,较耐寒(能耐短期 -15 ℃低温);耐干旱瘠薄,不耐水湿;生长中速,萌芽力强,耐修剪;病虫害少。

【景观应用】石楠树冠圆整,早春嫩叶为红色,秋果盈盈,在园林中可孤植、丛植,又可列植、对植,是美丽的园林绿化树种。

2. 红叶石楠 *Photinia* × *fraseri*

【科属】蔷薇科　石楠属

【产地与分布】分布于我国长江流域及华北大部、华东、华南及西南各省区。

【识别特征】常绿灌木。单叶互生,革质呈长椭圆形至倒卵披针形,缘具细锯齿;新叶为亮红色。花小,花瓣 5,白色,成复伞房花序。

【生态习性】喜强光照,也能耐阴,在直射光照下,色彩更为鲜艳。耐低温,耐干旱瘠薄,有一定的耐盐碱性,适应性强。萌芽性强,耐修剪。

【景观应用】红叶石楠新梢和嫩叶鲜红,色彩艳丽持久,极具生机。可修剪成矮小灌木片植作地被,或与其他彩叶植物组合成各种图案;也可培育成独干不明显、丛生形的小乔木,群植成大型绿篱或幕墙,在居住区、厂区绿地、街道或公路绿化隔离带应用;也可盆栽布置门廊及室内。

3. 山麻杆 *Alchornea davidii*

【科属】大戟科　山麻杆属属

【产地与分布】产于华中、西南地区。

【识别特征】落叶灌木,高 2～3 m。叶长椭圆形至倒卵状椭圆形,叶边缘疏生细腺齿,基部近全缘。花小,白色,复伞房花序,顶生,花稠密;花序梗和花梗无毛,4—5 月开花;10 月果熟。果球形,梨果,红色,后变为褐紫色。

【生态习性】喜光,稍耐阴;喜温暖湿润,较耐寒(能耐短期 -15 ℃低温);耐干旱瘠薄,不耐水湿;生长中速,萌芽力强,耐修剪;病虫害少。

【景观应用】早春时节,山麻杆嫩叶鲜红,特别适宜种植于建筑、假山一角,也可丛植或片植于道路两侧,是优良的观叶植物。

**作业:**

1.调查所在地春色叶植物相关信息,根据植物形态学识别知识,描述植物的主要形态识别特征并记录,完成表 4-1。

参考资料:

[1]中国植物图像库 http://ppbc.iplant.cn

[2]植物智 http://www.iplant.cn

2.记录所在地常见春色叶植物物候信息,并完成表 4-2。适宜与春色叶树木配植的观赏植物填写在表 4-3 中。

**表 4-1　春色叶树木名录调查表**

调查地点:____________________

| 序号 | 种名 | 科 | 属 | 拉丁名 | 生活型 | 景观特点 | 如何识别 |
|---|---|---|---|---|---|---|---|
| 1 | 红叶石楠 | 蔷薇科石楠属 | 石楠属 | *Photinia fraseri* 'Red Robin' | 灌木 | 枝条的新梢和嫩叶鲜红色 | 单叶互生,叶缘有细锯齿;新叶亮红色。花白色,成复伞房花序。 |
| | | | | | | | |
| | | | | | | | |
| | | | | | | | |
| | | | | | | | |
| | | | | | | | |
| | | | | | | | |
| | | | | | | | |
| | | | | | | | |

**表 4-2 春色叶树木物候调查汇总表**

地点：________________

| 编号 | 种名 | 月份 | | | | | | | | | | | | 最佳观赏期 |
|---|---|---|---|---|---|---|---|---|---|---|---|---|---|---|
| | | 1 | 2 | 3 | 4 | 5 | 6 | 7 | 8 | 9 | 10 | 11 | 12 | |
| | | | | | | | | | | | | | | |
| | | | | | | | | | | | | | | |
| | | | | | | | | | | | | | | |
| | | | | | | | | | | | | | | |
| | | | | | | | | | | | | | | |
| | | | | | | | | | | | | | | |
| | | | | | | | | | | | | | | |
| | | | | | | | | | | | | | | |
| | | | | | | | | | | | | | | |

**表 4-3 适宜与春色叶树木配植的观赏植物调查表**

地点：________________

| 序号 | 种名 | 拉丁名 | 生活型 | 观赏特点 |
|---|---|---|---|---|
| | | | | |
| | | | | |
| | | | | |
| | | | | |
| | | | | |
| | | | | |
| | | | | |
| | | | | |
| | | | | |
| | | | | |

# 任务 4-2　秋色叶树木识别

**引导问题 4-2：请列举 5 个园林中重要的秋色叶植物，并说出其主要的园林用途以及观赏特点。**

______________________________________________

______________________________________________

______________________________________________

**小提示：**

1. 银杏 *Ginkgo biloba*

【别名】公孙树、白果

【科属】银杏科　银杏属

【产地与分布】银杏是中国特产、世界著名树种，为孑遗植物，浙江天目山和云南昭通有野生状态植株，现广泛栽培于全国各地。

【识别特征】落叶乔木，高达 40 m，胸径可达 4 m。树冠为宽卵形，有长短枝。叶为扇形，先端常二裂，在长枝上螺旋状排列，在短枝上簇生。雌雄异株；种子呈核果状。

银杏雌雄株的特征见表 4-4。

**表 4-4　银杏雌雄株特征**

| 雄株 | 雌株 |
|---|---|
| 主枝与主干间的夹角小；树冠稍瘦，且形成较迟 | 主枝与主干间的夹角较大；树冠宽大，顶端较平，形成较早 |
| 叶裂刻较深，常超过叶的中部 | 叶裂刻较浅，未达叶的中部 |
| 秋叶变色期较晚，落叶较迟 | 秋叶变色期及脱落期均较早 |
| 着生雄花的短枝较长（1～4 cm） | 着生雌花的短枝较短（1～2 cm） |

【生态习性】阳性树，喜光；对气候与土壤条件适应范围广；喜深厚、湿润、肥沃、排水良好的沙壤土，以中性或微酸性最适宜；抗干旱，但不耐水涝；深根性，萌蘖性强，具一定抗污染能力，对氯气、臭氧等有毒气体抗性较强。

【栽培资源】常见变型、品种：

①黄叶银杏 f. *aurea*　叶鲜黄色。

②塔状银杏 f. *fastigiata*　大枝开张度较小，树冠呈尖塔形。

③斑叶银杏 f. *variegata*　叶有黄斑。

④大叶银杏'Laciniata'　叶形大而缺刻深。

⑤垂枝银杏'Pendula'　小枝下垂。

【景观应用】银杏树姿挺拔、雄伟，古朴有致；叶形奇特秀美，秋叶及外种皮为金黄色，抗性强，最适作庭荫树、行道树或孤植树，也是优良的桩景材料。

银杏用于街道绿化时，应选择雄株，以避免种子污染行人衣服。丹东市是中国各城市中最早用银杏作行道树，每逢秋季树叶变黄时，色彩极为壮丽。在大面积用银杏绿化时，可多种雌株，并将雄株植于上风带，以利丰收，形成硕果累累的秋景。

银杏寿命极长，可达千年以上。山东莒县浮来山古银杏高 26.7 m，胸径 15.7 m，树冠盖地面积达一亩多，为商代所植，距今 4000 多年，是我国最古老的银杏树，被称为“天下银杏第一树”。

【其他用途】银杏材质坚密细致，有光泽，富弹性，是优良木材；种子可食用、药用；叶有重要的药用价值。银杏全身是宝，为国家二级重点保护树种。

2. 鹅掌楸 *Liriodendron chinense*

【别名】马褂木

【科属】木兰科　鹅掌楸属

【产地与分布】中国特产，分布于长江以南各省区。

【识别特征】落叶大乔木，高达 40 m。树冠圆锥形。单叶互生，似马褂形而得名，叶两侧通常 1 裂，向中部凹入较深，老叶背面有乳头状白粉点。两性花，杯状，顶生，淡黄绿色，雄蕊多数。聚合翅果。花期 5—6 月；果熟期 10 月。

【生态习性】喜光；喜温暖湿润气候；喜深厚肥沃、排水良好的酸性或微酸性土壤，在干旱贫瘠土壤上生长不良；不耐水涝；耐二氧化硫，抗性中等；速生。

【栽培资源】同属常见种：

①北美鹅掌楸 *L. tulipifera*　原产北美。叶两侧各有 1～2(3)裂，不向中部凹入；老叶背面无白粉。

②杂种鹅掌楸 *L. chinense* × *L. tulipifera*　本种由鹅掌楸与北美鹅掌楸杂交育成。树皮紫褐色，皮孔明显；叶形介于两者之间。该种生长快，适应力强，耐寒性强。

【景观应用】鹅掌楸树姿端正，叶形奇特，花如金盏，古雅别致，是优良的庭荫树和行道树，入秋后叶呈黄色，与常绿树混植能增添季相变化，孤植、列植、丛植、片植均宜，最宜植于园林中安静休息区的草坪上，在江南自然风景区中可与木荷、山核桃、板栗等呈混交林式种植；对有毒气体有一定抗性，宜在厂矿绿化中多采用。鹅掌楸为国家二级重点保护树种。

【其他用途】木材细致，轻而软，不易干裂或变形，可供建筑、家具等细工用。树皮、叶可入药。

3. 枫香树 *Liquidambar formosana*

【别名】枫树、路路通

【科属】金缕梅科　枫香属

【产地与分布】产于长江流域及其以南地区，西至四川、贵州，南至广东，东至台湾。

【识别特征】落叶乔木，高达 40 m，胸径 1.5 m。树冠为宽卵形或略扁平，树液芳香。单叶互生，常掌状三裂，基部心形或截形，缘具细锯齿。花单性同株，无花瓣，头状花序单生。蒴果木质，较大，下垂，刺状萼片宿存，似小刺球。花期 3—4 月；果 10 月成熟。

【生态习性】速生树，喜光，幼树稍耐阴；喜温暖湿润气候及深厚肥沃土壤，也能耐干旱瘠薄，不耐水湿；深根性，抗风、耐火、萌蘖性强，不耐修剪且大树移植较困难，不适宜选作行道树。枫香对二氧化硫和氯气抗性较强，可用于工厂绿化。

【栽培资源】同属常见种：

北美枫香 *L. styraciflua*　原产北美。小枝红褐色，通常有木质栓翅；叶 5～7 掌状开裂。

【景观应用】枫香树高干直，树冠宽阔，气势雄伟，秋叶变红色或黄色，是南方著名的秋色叶树种，在南方低山、丘陵地带营造风景林，也是优良的厂矿绿化树种和耐火防护树种。在自然界中，枫香常与壳斗科、榆科及樟科树种混生构成天然林。可在园林中栽植作庭荫树，或是作草地孤植、丛植，也可在山坡、池岸与其他树木混植。

二维码 4-1
观叶树木

南京栖霞山的“栖霞丹枫”便是枫林环寺，每当秋高气爽，枫叶变红之际，似“万千仙子洗罢脸，齐向此处倾胭脂”。枫香可植于水边、瀑布、溪旁，配与云南黄馨、木香、荷花等丰富池岸景色；也可与无患子、银杏、朴树等黄叶树种组合，与荚蒾、山茶等秋花秋果植物配植成树丛，布置在山坡、草地或建筑一侧，即可“绿荫蔽夏，红叶映秋”。还可将枫香与松柏类常绿植物混植，秋季红绿相称，便形成陆游诗句中所描述的“数树丹枫映苍桧”。

**作业：**

1. 调查所在地常色叶、斑色叶植物相关信息，根据植物形态学识别知识描述植物的主要形态识别特征并记录，完成表 4-5。

参考资料：

[1]中国植物图像库 http://ppbc.iplant.cn

[2]植物智 http://www.iplant.cn

2. 记录所在地常见秋色叶植物物候信息，并完成表 4-6、表 4-7。

**表 4-5　秋色叶树木名录调查汇总表**

调查地点：________________

| 序号 | 种名 | 科 | 拉丁名 | 生活型 | 景观特点 | 识别要点 |
|---|---|---|---|---|---|---|
| | | | | | | |
| | | | | | | |
| | | | | | | |
| | | | | | | |
| | | | | | | |
| | | | | | | |
| | | | | | | |
| | | | | | | |
| | | | | | | |
| | | | | | | |
| | | | | | | |
| | | | | | | |
| | | | | | | |

**表 4-6　秋色叶树木物候调查汇总**

地点：________________

| 编号 | 种名 | 月份 | | | | | | | | | | | | 最佳观赏期 |
|---|---|---|---|---|---|---|---|---|---|---|---|---|---|---|
| | | 1 | 2 | 3 | 4 | 5 | 6 | 7 | 8 | 9 | 10 | 11 | 12 | |
| | | | | | | | | | | | | | | |
| | | | | | | | | | | | | | | |
| | | | | | | | | | | | | | | |
| | | | | | | | | | | | | | | |
| | | | | | | | | | | | | | | |
| | | | | | | | | | | | | | | |
| | | | | | | | | | | | | | | |
| | | | | | | | | | | | | | | |
| | | | | | | | | | | | | | | |
| | | | | | | | | | | | | | | |
| | | | | | | | | | | | | | | |
| | | | | | | | | | | | | | | |
| | | | | | | | | | | | | | | |
| | | | | | | | | | | | | | | |
| | | | | | | | | | | | | | | |
| | | | | | | | | | | | | | | |
| | | | | | | | | | | | | | | |
| | | | | | | | | | | | | | | |
| | | | | | | | | | | | | | | |
| | | | | | | | | | | | | | | |
| | | | | | | | | | | | | | | |
| | | | | | | | | | | | | | | |
| | | | | | | | | | | | | | | |

表 4-7　适宜与秋色叶树木配植的观赏植物调查

地点：________________________

| 序号 | 种名 | 拉丁名 | 生活型 | 观赏特点 |
| --- | --- | --- | --- | --- |
| | | | | |
| | | | | |
| | | | | |
| | | | | |
| | | | | |
| | | | | |
| | | | | |
| | | | | |
| | | | | |
| | | | | |
| | | | | |
| | | | | |
| | | | | |
| | | | | |
| | | | | |
| | | | | |
| | | | | |
| | | | | |
| | | | | |
| | | | | |
| | | | | |
| | | | | |
| | | | | |
| | | | | |

# 任务 4-3 常色叶与斑色叶树木识别

**引导问题 4-3：常色叶植物与斑色叶植物是如何形成的？请举例说明，在园林中有哪些常见的常色与斑色叶植物。**

**小提示：**

大多数常色叶树种是由芽变或杂交产生，并经过人工选育的观赏品种，其叶片在整个生长期内或常年呈现异色。常色叶树种的叶色表现具有遗传性，可通过扦插、嫁接等方式繁殖，同时也会受到环境条件和栽培水平的制约，例如南天竹、紫叶李、美人梅等常色叶树种在全光照条件下，其观赏效果最佳。

斑色叶树种是指绿色叶片上具有其他颜色的斑点或条纹，或叶缘呈现异色纹路的树种。总体而言，斑叶植物的形成有两种，即遗传性彩斑和病毒导致的彩斑。遗传性彩斑由叶绿体缺失、染色体畸变、嵌合体等方式形成。病毒性彩斑因病毒侵入而形成。

目前在园林中，常色叶与斑色叶树种资源极为丰富，而且许多常见树种都具有彩色或彩斑的观赏品种。

**知识拓展：**

**二维码 4-2**
**其他常见彩叶植物名录**

**作业：**

调查所在地常色叶、斑色叶植物相关信息，根据植物形态学识别知识描述植物的主要形态识别特征并记录，完成表 4-8、表 4-9。

参考资料：

[1]中国植物图像库 http://ppbc.iphant.cn

[2]植物智 http://www.iplant.cn

**表 4-8　常色叶树木调查汇总**

地点：________________

| 序号 | 种名 | 拉丁名 | 生活型 | 观赏特点 |
|---|---|---|---|---|
| | | | | |
| | | | | |
| | | | | |
| | | | | |
| | | | | |
| | | | | |
| | | | | |
| | | | | |
| | | | | |
| | | | | |
| | | | | |
| | | | | |
| | | | | |
| | | | | |
| | | | | |
| | | | | |
| | | | | |
| | | | | |
| | | | | |
| | | | | |
| | | | | |
| | | | | |
| | | | | |
| | | | | |

**表 4-9 斑色叶树木调查汇总**

地点：________________________________

| 序号 | 种名 | 拉丁名 | 生活型 | 观赏特点 |
| --- | --- | --- | --- | --- |
| | | | | |
| | | | | |
| | | | | |
| | | | | |
| | | | | |
| | | | | |
| | | | | |
| | | | | |
| | | | | |
| | | | | |
| | | | | |
| | | | | |
| | | | | |
| | | | | |
| | | | | |
| | | | | |
| | | | | |
| | | | | |
| | | | | |
| | | | | |
| | | | | |
| | | | | |
| | | | | |
| | | | | |

# 学习情境 5

# 观果树木识别

## 学习情景描述

观果树种是指在观赏花叶的基础上，有效实现观赏果实的一类植物，具有景观价值、经济价值、社会价值以及生态价值，除满足景观作用外，还能够满足社会生态及其可持续发展要求。通过调查、识别、整理本地区观果树木资源，了解本地乃至全国相关苗木资源情况，以利于后续植物景观设计、植物养护管理课程学习。

## 学习目标

◆ 掌握当地观果树木识别，了解常见观果树木的生长习性、基本形态特征。

◆ 掌握当地常见观赏树木的主要观赏特性、观赏期及园林用途。

◆ 学会用相应的工具和书籍检索、鉴定观果树木，并用形态术语准确描述植物的形态特征。

## 任务书

◆ 形态特征观察与树种识别

在校园、道路、居住区、公园等不同环境中，观察绿地中观果树木的观赏特点，并用植物形态术语分别描述本地区常见的观果树木叶、花、果的形态特征。

◆ 选择几种观果树木，绘出叶、花、果实、枝条的形态简图，以加深记忆。

◆ 持续观察并记录不同季节下，所在城市观果树木物候信息。

## 学习准备

1. 学习材料

实物标本、腊叶标本，选择本地区常见观果树木 20 种以上。

2. 学习工具与用品

枝剪、解剖刀、解剖针、放大镜、记录本、工具书等。

3. 实训地点

实验室、实训基地。

4. 前期理论知识准备

观果树木是以美丽的果实为主要观赏对象的木本植物。有的颜色鲜艳，有的果形奇特，有的则香气浓郁；有的结实繁稠成穗、成串，也有的则兼具各种观赏价值，在园林景观建设中起到丰富色彩、增加情趣的作用。如枇杷、柑橘、佛手、石榴、火棘、木瓜、南天竹、枸骨、柿子、枸杞、山茱萸、海桐、万年青、荔枝、香橼、忍冬、黄连、五色梅、葡萄、四照花等。

观果树种的观赏价值主要是以果实的“形”和“色”来体现。果实的色彩效果是非常主要的观赏要素，以红、黄色系为主。此外，果实的形状一般以奇、巨、丰为好，“奇”指果态奇趣，“巨”指果形硕大，“丰”指果量丰盛。

观赏树种除了“形”和“色”审美以外，在意象审美中，具有独特性，主要反映在谐音文化、民俗文化、文艺创作、宗教信仰、神话传说等方面，使植物具有一定的文化内涵与气质特征。

例如，谐音文化方面，“桂”与“贵”谐音，故而有荣华富贵之意；“柿”与“事”谐音，故有事事如意之意；民俗文化方面，古人称石榴“千房同膜，千子如一”；文艺创作方面，唐代诗人王维写给挚友李龟年的《相思》：“红豆生南国，春来发几枝。愿君多采撷，此物最相思”，古往今来，人们都以拥有红豆、收藏红豆为荣，亲友、情侣之间更是常常用来相互馈赠，千百年来形成了红豆风俗，这不仅是爱情的象征，还蕴含了友情、亲情、思乡情、爱国情等世间美好的情感。

**任务实施**

# 任务5-1 可食观果树木识别

**引导问题5-1：古人常借用“柿”在园林中种植柿树，表达事事如意，以“榴开百子”，象征多子多福。此外，还有哪些是园林中常见的可食用观果树，如何识别并列出其科属。**

______________________________________________

______________________________________________

______________________________________________

小提示：

1. 山楂 *Crataegus pinnatifida*

【科属】蔷薇科　山楂属

【产地与分布】产于中国北部至长江中下游；朝鲜及西伯利亚地区也有。

【识别特征】落叶小乔木，高达8 m。常有枝刺。单叶互生，卵形，羽状5～9裂，裂缘有锯齿；托叶大，呈蝶翅状。花呈白色，成顶生伞房花序。梨果球形，红色。花期5—6月；果期10月。

【生态习性】喜光稍耐阴；喜干冷；耐干旱瘠薄，但在湿润而排水良好的沙质壤土生长最好；根系发达，萌蘖性强。

【栽培资源】

(1)常见变种　山里红(大山楂)var. Major　树形较原种大而健壮，叶较大而厚，羽状3～5浅裂。果较大，深红色。

(2)同属常见种　云南山楂(山林果)*C. scabrifolia*　产于云南、贵州、四川南部、湖南和广西。落叶乔木，高达10～20 m。枝常无刺。叶通常不裂，缘有不规则圆钝重锯齿。果较大，熟时为橙黄色。

【景观应用】原种及其变种树冠圆整、枝繁叶茂，夏季满树白花，秋季红果累累，是优良的观花、观果树种。原种可作绿篱栽培。

【其他用途】果实可生食、加工成各种山楂食品，干制后还可入药。

2. 柿树 *Diospyros kaki*

【科属】柿树科　柿树属

【产地与分布】原产于中国及日本。在中国分部极广，北自河北长城以南，西北至陕西、甘肃南部，南至东南沿海、两广及台湾，西南至四川、贵州、云南均有分布。

【识别特征】落叶乔木，高达 15 m。树皮方块状开裂，小枝有褐色短柔毛，后渐脱落。单叶互生，椭圆状倒卵形，全缘，革质，背面及叶柄均有柔毛。花单性异株或杂性同株；雄花序成聚伞花序，雌花单生。浆果大，为扁球形，有膨大的宿存花萼；熟时呈橙黄色或橘红色。花期 5—6 月；果期 9—10 月。

【生态习性】阳性树，喜光略耐阴，但在阳光充足处果实多且品质好；喜冷凉至温暖，生育适温 15～25 ℃；耐干旱瘠薄。柿树寿命很长，结果时间早，且结果年限长，通常嫁接后 4～6 年开始结果，15 年后达盛果期，100 年生的大树仍能丰产，300 年生的大树仍可挂果。

【景观应用】柿树在我国栽培历史悠久，是优良的观叶、观果树种。柿树树形美丽，枝繁叶茂，叶大浓绿有光泽，秋季变为红色；柿花呈黄白色，清香；秋季果实累累，且果实不易脱落，落叶后柿子仍能挂在树上，因此观果期极长。柿树在园林中可作庭荫树，既可在城市园林又可在山区自然风景中配植，是很好的园林结合生产树种。

【其他用途】柿树材质坚韧，耐腐，可制家具、农具及细工用。柿子营养价值较高，可生食，有"木本粮食"之称，但大部分品种生食前需作"脱涩"处理。柿子还可加工制成柿酒、柿饼、柿醋等。柿霜及柿蒂可入药。

3. 石榴 *Punica granatum*

【科属】石榴科　石榴属

【产地与分布】原产于伊朗和阿富汗；汉代张骞通西域时引入我国，黄河流域及其以南地区均有栽培。

【识别特征】落叶灌木至小乔木。小枝有棱，无毛，先端常刺状。单叶，全缘，呈倒卵状长椭圆形，在长枝上对生，在短枝上簇生。花两性，整齐，朱红色，花萼钟形，紫红色，肉质，端 5～8 裂，宿存。浆果近球形，古铜黄色或古铜红色，具宿存花萼；外果皮革质；种子多数，外种皮肉质多汁。花期 5—6(7)月；果期 9—10 月。

【生态习性】喜光、喜温暖气候，有一定耐寒能力；喜肥沃湿润且排水良好的石灰质土壤，但可适应于 pH 4.5～8.2 的范围，有一定的耐旱能力，在平地和山坡均可生长；生长速度中等，寿命较长，可达 200 多年，山东有生长达 500 多年的"石榴王"。

【栽培资源】根据花的颜色以及重瓣或单瓣等特征可分为若干个栽培变种，在园林中主要供观赏的有：

①白石榴'Albescens'　花呈白色，单瓣。

②重瓣白石榴'Multiplex'　花呈白色，重瓣。

③玛瑙石榴'Legrellei'　花重瓣，有红色或黄白色条纹。

④月季石榴'Nana'　植株矮小，枝条细致而上升，叶、花皆小，重瓣或单瓣，花期长，5—7 月陆续开花不绝，故又称'四季石榴'。

⑤黄石榴' Flavescens'　花为黄色。

⑥重瓣红石榴'Pleniflora'　花为红色，重瓣。

【景观应用】石榴在我国已有 2000 多年的栽培历史，相传在汉时自西域传到我国，最早的文献记载见于东汉·张衡《南都赋》。其树姿优美，叶碧绿而有光泽，花色艳丽，盛夏开花，如火如荼，热情浪漫，秋季果实累累，十分可爱，是中国常见传统名花之一；古人曾有"春花落尽海榴开，阶前栏外遍植栽，红艳满枝染夜月，晚风轻送暗香来”的诗句；最宜成丛配植于各类景观中，也可大量植于自然风景区或辟专类园营造优美壮观景色；石榴抗二氧化硫、氯气能力强，可用于工矿区绿化美化；石榴还宜盆栽或制各种桩景观赏和供瓶养插花。

石榴为西安、合肥、连云港、黄石、荆门、枣庄、十堰、新乡、嘉兴等市的市花。

# 任务5-2　观赏果木识别

**引导问题5-2：请列出本地区最有特色的赏果植物，并说出观赏特点（包含果形、果色、果序和果期）。**

______________________________________________________________

______________________________________________________________

______________________________________________________________

______________________________________________________________

**小提示：**

1. 复羽叶栾 *Koelreuteria bipinnata*

【别名】风吹果

【科属】无患子科　栾树属

【产地与分布】产于我国中南及西南部。

【识别特征】落叶乔木，高达20 m以上。树冠近圆球形。二回羽状复叶互生，小叶呈卵状椭圆形，缘有锯齿。花杂性同株，黄色，大型圆锥花序顶生。蒴果具膜质果皮，膨大，中空，成熟时三瓣开裂，秋天变红色。花期5—7月；果期9—10月。

【生态习性】喜光，幼年期耐阴；喜温暖湿润气候，耐寒性差，耐干旱；对土壤要求不严，微酸性、中性及排水良好的钙质土壤上均能生长；深根性，不耐修剪。

【栽培资源】同属常见种及变种：

①全缘叶栾树 *K. bipinnata* var. *integrifolia*　二回羽状复叶；小叶全缘，仅萌蘖枝上的叶有锯齿或缺刻。

②栾树（北京栾、不老芽）*K. paniculata*　一回羽状复叶，小叶具有粗齿或缺刻。

【景观应用】复羽叶栾树枝叶茂密，春季嫩叶为红色，夏季满树黄花，秋季红果累累，十分美丽，是理想的绿化、美化观赏树，可作庭荫树、行道树及风景树。

2. 紫珠 *Callicarpa bodinieri*

【科属】马鞭草科　紫珠属

【产地与分布】产于我国东部及中南部地区；越南、日本、朝鲜也有分布。

【识别特征】落叶灌木。小枝四棱形，小枝、叶柄和花序均被粗糠状星状毛。单叶对生，呈卵状长椭圆形至椭圆形，边缘有细锯齿；叶背毛较密；两面密生暗红色或红色细粒状腺点，表面干后暗棕褐色。花冠为紫色，聚伞花序，花序松散。核果为球形，熟时呈紫色，有光泽，果实经冬不落。花期6—7月，果期8—11月。

【生态习性】喜光，耐寒，耐干旱瘠薄。喜肥沃湿润土壤，生长势强。

【栽培资源】其他常见种及变种：

①柳叶紫珠 var. *iteophylla*　叶较小而狭，呈披针形至倒披针形，基部为狭楔形，两面近无毛，有暗红色腺点；花序较紧密，有暗红色腺点。

②老鸦糊 *C. giraldii*　叶片为椭圆形，表面呈黄绿色，稍有微毛，背面为淡绿色，疏被星状毛和细小黄色腺点；果实较大。

③长叶紫珠 *C. longifolia*　小枝梢四棱形，两叶柄之间有横线联合；果实较小，成熟后被毛。

【景观应用】紫珠枝条细柔，入秋紫果缀满枝头，色美有光泽，似粒粒珍珠，经冬不落，是美丽的秋季观果树种，可植于草坪边缘、假山旁、建筑旁。果枝可作切花。

3. 火棘 *Pyracantha fortuneana*

【别名】火把果、红果、救军粮

【科属】蔷薇科　火棘属

【产地与分布】分布于我国东部、中部及西南西北各省。

【识别特征】常绿灌木。有枝刺。叶呈倒卵状长椭圆形，缘有细钝锯齿，两面无毛。花白色，5 瓣。梨果小，红色，内有 5 硬核。花期 3—5 月；果期 9—10 月。

【生态习性】喜强光，稍耐阴，耐贫瘠，耐干旱，不耐寒；萌发力强，耐修剪。

【栽培资源】常见品种及种：

①小丑火棘'Variegalis'　小叶边缘具白边或黄白色斑纹。

②狭叶火棘 *P. angustifolia*　叶狭长，通常全缘，叶背及花梗、萼片均被灰白色绒毛；花白色；果黄色，秋季结实，经冬不落。

【景观应用】火棘初夏白花繁密，秋后红果艳丽，经久不落，点缀于庭园深处，红彤彤的果实使人在寒冷的冬天里有一种温暖的感觉。宜作刺篱，可丛植于风景林地边缘，体现自然野趣；也可运用于岩石园；火棘叶花繁密，可制作盆景，果枝也可作插花材料。

【其他用途】火棘果实可食用，含有丰富的营养物质，可鲜食，也可加工成各种饮料，抗战期间解放军曾用此果充饥，故又称为"救军粮"。火棘果含有生物增白物质，能有效地抑制人体内各种色素酶的活力，使皮肤不产生色素。红果提取液被广泛用于化妆品中，具有保湿、改善暗沉干燥的作用。

4. 朱砂根 *Ardisia crenata*

【别名】红铜果、大罗伞、富贵籽

【科属】紫金牛科　紫金牛属

【产地与分布】分布于我国大陆的长江中下游地区、华南以及台湾地区；印度、缅甸经马来半岛、印度尼西亚至日本均有分布。

【识别特征】常绿矮灌木。单叶互生，硬纸质，呈长椭圆形至倒披针形，边缘具皱波状齿，两面光滑无毛。伞形花序，着生于侧生特殊花枝顶端；花枝近顶端常具 2～3 片叶或更多，或无叶；小花为白色或淡红色。核果为圆球形，直径 7～8 mm，开始呈淡绿色，成熟时呈亮红色。另有白色或黄色种。

【生态习性】喜温暖湿润、半阳半阴的环境，忌阳光直射，不耐寒；喜排水良好且富含腐殖质的土壤。

【栽培资源】同属常见种：

紫金牛 *A. japonica*　常绿矮小灌木，较朱砂根矮小，近蔓生，具匍匐生根的根茎；直立茎长达

30 cm，稀达 40 cm。叶对生或近轮生，边缘具细锯齿。亚伞形花序，腋生或生于近茎顶端的叶腋，有花 3～5 朵。果球形，直径 5～6 mm，鲜红色转黑色。花期 5—6 月；果期 11—12 月。

【景观应用】朱砂根叶绿果红，红果鲜亮，经久不落，甚为美观，可成片栽植于城市立交桥下、公园、庭院或景观林下，绿叶红果交相辉映，令人赏心悦目；盆栽摆设于室内，尽显吉祥喜庆。

【其他用途】果可食，也可榨油；根及全株皆可入药。

二维码 5-1
观果树木

**知识拓展：**

二维码 5-2
秋冬季常见观果植物名录

**作业：**

调查所在地观果植物相关信息，根据植物形态学识别知识，描述植物的主要形态识别特征并记录，完成表 5-1。

参考资料：

[1]中国植物图像库 http://ppbc.iplant.cn

[2]植物智 http://www.iplant.cn

**表 5-1　常见观果树木调查表**

地点：________________

| 序号 | 种名 | 拉丁名 | 生活型 | 果色 | 果期 |
|---|---|---|---|---|---|
| | | | | | |
| | | | | | |
| | | | | | |
| | | | | | |
| | | | | | |
| | | | | | |
| | | | | | |
| | | | | | |
| | | | | | |
| | | | | | |
| | | | | | |
| | | | | | |
| | | | | | |
| | | | | | |

# 学习情境6

# 观姿观干树木识别

## 学习情景描述

有的树木体形高大雄伟，有的天然姿态优美，这样的树木在尺度适宜的空间天生便是吸引视线的焦点；有的树木经过人工修剪后呈现出具有观赏价值的姿态，并且能够保持相对较长时间；有的树木在生长过程中呈现老干虬枝、龟裂斑驳、盘绕扭曲的形态，甚至有的树干皮色呈暗绿色、古铜色、斑驳色、赭红色等，不一而足，颇具观赏价值。特别对于那些在万物凋零的北方城市，树木的干枝形态以及树姿色彩更加引人注目。

通过调查、识别、整理本地区观姿观干树木资源，了解本地乃至全国相关苗木资源情况，以利于后续植物景观设计、植物养护管理课程学习。

## 学习目标

- ◆ 掌握当地观姿、观干树木，了解常见观姿、观干树木的生长习性、基本形态特征。
- ◆ 掌握当地常见观姿、观干树木的主要观赏特性、观赏期及园林用途。
- ◆ 学会用相应的工具和书籍检索、鉴定观姿、观干树木，并用形态术语准确描述植物的形态特征。

## 任务书

- ◆ 形态特征观察与树种识别

  在校园、道路、居住区、公园等不同环境中，观察绿地中观姿、观干树木的观赏特点，并用植物形态术语分别描述本地区常见的观姿、观干树木的形态特征。
- ◆ 选择几种观姿、观干树木，绘出叶、花、果实、枝条的形态简图，以加深记忆。

## 学习准备

1. 学习材料

实物标本、腊叶标本，选择本地区常见观姿、观干植物10～20种。

2. 学习工具与用品

枝剪、解剖刀、解剖针、放大镜、记录本、工具书等。

3. 实训地点

实验室、实训基地。

任务实施

# 任务 6-1 观姿树木识别

**引导问题 6-1：老师带同学们去杭州花港观鱼调查植物，小明观察仔细，发现除常见的观花、观叶、观果树木外，有的植物姿态优美，有的植物冠大荫浓，有的树冠浑圆，有的挺拔苍劲，本身便是靓丽的风景。请你也去用心观察周围的环境，说一说观姿树木的姿态美有哪些，并列举 4 种园林中常见的观姿树木。**

________________________________________

________________________________________

________________________________________

小提示：

1. 罗汉松 *Podocarpus macrophyllus*

【科属】罗汉松科　罗汉松属

【产地与分布】产于我国长江流域以南，西至四川、云南。日本也有分布。

【识别特征】常绿乔木，高达 20 m。树冠宽卵形。叶呈条状披针形，螺旋状着生，表面为暗绿色，有光泽；叶背淡绿或粉绿。雌雄异株，雄球花 3～5 簇生于叶腋，圆柱形；雌球花单生叶腋。种子卵圆形，被肉质假种皮全包，着生于膨大的种托上，假种皮未成熟时为绿色，熟时为紫黑色，被白粉。种托肉质，圆柱形，深红色，有梗，略有甜味，可食。花期 4—5 月；种子 8—11 月成熟。

【生态习性】喜光，耐半阴，为半阴性树；喜温暖湿润气候，耐寒性差；喜肥沃、湿润、排水良好的沙壤土；萌芽力强，耐修剪，抗病虫害及多种有毒气体；寿命长。

【景观应用】罗汉松树姿秀丽，葱郁绿色的种子下有比其大 1 倍的种托，好似披着红色袈裟正在打坐的罗汉，因此得名。罗汉松种子熟时，满树紫红点点，颇富奇趣。无论孤植、对植、列植、散植均能营造优美景观。罗汉松耐修剪，是世界著名的三大海岸树种之一，适宜于海岸边美化及防风高篱，也可作桩景材料。

【其他用途】罗汉松材质致密，富含油质，能耐水湿，不受虫害，供建筑及海河土木工程用；可作园林结合生产的优良树种推广应用。

2. 樟 *Camphora officinarum*（*Cinnamomum camphora*）

【别名】香樟、樟树、小叶樟

【科属】樟科　樟属

【产地与分布】产于日本和中国。

【识别特征】常绿乔木，高一般 20～30 m，最高可达 50 m。树冠庞大，呈宽卵形；树皮呈灰褐色，纵裂；全株各部分具樟脑香气。单叶互生，叶为卵状椭圆形，薄革质，离基三出脉，脉腋有腺体。花两性，小，淡黄绿色；圆锥花序生于新枝叶腋。浆果状核果近球形，熟时为紫黑色。花期 4—5 月；果熟 9—11 月。

【生态习性】喜光稍耐阴；喜温暖湿润气候，以深厚肥沃、微酸性或中性沙壤土为佳，较耐水湿，不耐干旱瘠薄和盐碱土；深根性，萌芽力强，耐修剪，寿命长，可达千年以上，有一定的抗海潮风、耐烟尘和抗有毒气体的能力，并能吸收多种有毒气体，较能适应城市环境。

【景观应用】香樟树姿雄伟，枝叶茂密，抗性强，是长江以南城市著名的绿化树种，可用作行道树、庭荫树、防护林及风景林。配植于池畔、水边、山坡或是平地均适宜，可孤植、丛植或群植作背景种植。种植时，若树体四周空旷，可有利于树冠伸展，荫浓覆地，构成极佳的冠下空间。

香樟为江西省的省树，杭州市的市树。

【其他用途】香樟全株都是宝，木材致密优美，耐水湿，有香气，抗虫蛀；全株各部分均可提制樟脑及樟油，广泛用于化工、医药、香料等方面，是我国重要出口物资，是经济价值极高的城市绿化树种。

3. 二球悬铃木 *Platanus acerifolia*

【别名】英桐、悬铃木

【科属】悬铃木科　悬铃木属

【产地与分布】本种是法国梧桐与美国梧桐的杂交种，世界各国多有栽培；中国各地栽培的也以本种为主。

【识别特征】落叶乔木，树高 35 m。树皮为灰绿色，片状剥落；枝无顶端，侧芽为柄下芽，生于帽状的叶柄基部。单叶互生，叶掌状 3～5 裂。花单性同株，密集成球形头状花序。聚花坚果球形，常 2 球一串，偶有单球或 3 球，有刺毛。花期 4—5 月，果期 9—10 月。

【生态习性】阳性树。喜温暖气候，有一定抗寒能力；对土壤适应性极强，能耐干旱、瘠薄、酸性或碱性土、垃圾地、工厂内的沙质地或石灰地、潮湿的沼泽地等均能生长。

【栽培资源】同属常见种：

①美国梧桐 *P. occidentalis*　球果单生，无刺毛；叶 3～5 浅裂。

②法国梧桐 *P. orientalis*　球果 3～6 个一串，有刺毛；叶 5～7 深裂。

【景观应用】悬铃木树体高大，冠大荫浓，遮阴效果好，生长迅速，耐修剪，具有极强的抗烟、抗尘能力，在城市环境中适应力极强，在世界各地广为应用，有“行道树之王”的美称。

本种是在英国培育而成，故称为“英国梧桐”。有学者认为，中国因最早引种于上海法租界，便一直将其误称为“法国梧桐”。

4. 喜树 *Camptotheca acuminata*

【别名】旱莲、千丈树

【科属】蓝果树科　喜树属

【产地与分布】中国特产，主产于长江流域以南各地，本种为单属单种。

【识别特征】落叶乔木，高达 30 m。树冠为宽卵形。单叶互生，卵状椭圆形，全缘或幼树之叶微呈波状，羽状脉弧形而下凹，中脉及叶柄带红色。花杂性同株；头状花序球形。瘦果近方柱形，聚生成球形果序，成熟时为黄褐色至橘红色。花期 5—7 月；果期 9—10 月。

【生态习性】喜光，稍耐阴；喜温暖湿润气候，不耐寒，不耐干旱瘠薄；喜深厚肥沃土壤，在酸性、中性及弱碱性土壤上均能生长，较耐水湿，在溪流边或地下水位较高的河滩、湖地、堤岸或渠道旁生长较旺盛。浅根性，萌芽力强，速生，抗病虫能力强，但对烟尘及有害气体抗性较弱。

【景观应用】喜树树姿端直雄伟，枝叶茂密，花果清雅奇特，是优良的庭荫树、行道树，宜丛植或列植于池畔、湖滨，观赏兼防护。

【其他用途】喜树根皮及果有毒，含喜树碱，有抗癌作用。

5.槐 *Styphnolobium japonicum*（*Sophora japonica*）

【别名】国槐、槐树、中国槐

【科属】蝶形花科　槐属

【产地与分布】原产于中国北部，现各地普遍栽培，以黄河流域、华北平原最为常见。在北京各园林及一些老住宅区还有不少500年以上的古槐树。

【识别特征】落叶乔木，高达25 m。树冠为圆形。奇数羽状复叶互生；小叶对生或近对生，卵形或卵状披针形，全缘。两性花，蝶形花冠，淡黄白色，顶生圆锥花序。荚果于种子之间缢缩成念珠状，肉质，熟后不开裂，也不脱落。花期6—8月；9—10月果成熟。

【生态习性】喜光，略耐阴；喜干冷气候，耐寒，但在高温多湿的华南也能生长；喜深厚肥沃、排水良好的沙质壤土，在酸性、中性、石灰性及轻碱土上均能生长，但在干燥贫瘠的山地及低洼积水处生长不良；耐旱，深根性、萌芽性强，寿命长。

【栽培资源】常见变种、品种：

①毛叶紫花槐 var. *pubescens*　小枝、叶轴及叶背面密被软毛；花之翼瓣及龙骨瓣边缘带紫色。

②金枝槐‘Chrysoclada’　秋季小枝变为金黄色。

③金叶槐‘Chrysophylla’　嫩叶黄色，后渐变为黄绿色。

④龙爪槐‘Pendula’　小枝弯曲，下垂。龙爪槐树冠呈伞形，是中国庭园绿化的传统树种之一，常对植于庭园入口两侧，列植于路旁、溪畔、草坪边缘等。

⑤曲枝槐‘Tortuosa’　枝条扭曲。

⑥紫花槐‘Violacea’　花期晚，翼瓣及龙骨瓣，玫瑰紫色。

【景观应用】槐树姿态优美，绿荫如伞，是优良的庭荫树及行道树；对二氧化硫、氯气、氯化氢等有害气体及烟尘抗性较强，是厂矿区的良好绿化树种；花富蜜汁，是夏季的重要蜜源树种。槐树为山西省省树。

【其他用途】槐树材质坚韧、稍硬，耐水湿，富弹性，可供建筑、家具、雕刻等用。槐树的花蕾、花、果、根、皮均可入药；花蕾还可作黄色染料。

# 任务6-2　观干树木识别

**引导问题6-2：人们常说，春日繁花似锦，夏日葱绿宜人，秋日硕果累累，而冬日则满目凋敝。平时，我们容易被色彩艳丽的花果所吸引，却忽略了树干独特的美丽！其实，那些美丽的枝干，或苍劲有力、或斑驳奇丽、或色艳奇丽，给人一种别样的感动。请列举4种园林中常见的观干树木，并说说其识别要点。**

________________________________________

________________________________________

________________________________________

小提示：

1.榔榆 *Ulmus parvifolia*

【别名】小叶榆、秋果榆

【科属】榆科　榆属

【产地与分布】主产于长江流域及其以南地区，北至山东、河南、山西、陕西等省；日本、朝鲜也有分布。

【识别特征】落叶或半常绿乔木，高达 25 m，树冠为扁球形或卵球形，树皮薄鳞片状脱落后仍较光滑。单叶互生，小而质厚，长椭圆形至卵状椭圆形，先端尖，基部歪斜，缘具单锯齿（萌芽枝之叶常有重锯齿）。花两性，簇生叶腋；翅果，翅在扁平果核周围。花期 8—9 月；果期 10—11 月。

【生态习性】喜光，稍耐阴；喜温暖气候，也能耐 −20 ℃的短期低温；喜肥沃湿润土壤，有一定的耐干旱瘠薄能力，在酸性、中性和石灰性土壤的山坡、平原及溪边均能生长；生长速度中等，寿命较长；深根性，萌芽力强；对二氧化硫等有毒气体及烟尘的抗性较强。

【栽培资源】常见品种：

①金斑榔榆‘Aurea’ 叶片为黄色，但叶脉为绿色。

②红果榔榆‘Erythrocarpus’ 果熟时为红色。

③白齿榔榆‘Frosty’ 灌木，叶缘有白色锯齿。

④金叶榔榆‘Golden Sun’ 嫩枝红色，幼叶为金黄色或橙黄色，老叶变为绿色。

⑤垂枝榔榆‘Pendula’ 枝条下垂。

⑥锦叶榔榆‘Rainbow’ 春季新芽红色，幼叶有白色或奶白色斑纹，老叶变为绿色。

⑦白斑榔榆‘Variegata’ 叶有白色斑纹。

【景观应用】榔榆树形优美，姿态潇洒，树皮斑驳，树叶细密，具较高观赏性，在园林中可孤植、丛植或与亭榭、山石配植，是优良的行道树、庭荫树及园景树。榔榆抗性强，适应性广，可选作厂矿绿化树种。另外，榔榆老茎残根萌芽力强，是盆景制作的优良材料。

【其他用途】木材坚韧，经久耐用，为上等用材；树皮、根皮、叶均能药用。

2. 垂柳 *Salix babylonica*

【科属】杨柳科　柳属

【产地与分布】我国分布较广，长江流域尤为普遍；欧美及亚洲各国均有引种。

【识别特征】落叶乔木，高达 18 m。树冠为倒广卵形，小枝细长下垂，黄褐色。叶披针形，边缘有细锯齿。花单性异株，成柔荑花序；雄花具 2 雄蕊，2 腺体，雌花仅具 1 腺体。花期 3—4 月；果熟期 4—5 月。

【生态习性】喜光，喜温暖湿润气候及潮湿深厚的酸性至中性土壤；较耐寒，特耐水湿，也耐干旱。萌芽力强，生长快，但寿命短，30 年后逐渐衰老。

【景观应用】垂柳枝条细长，随风飘舞，摇曳生姿，自古以来，深受我国人民的喜爱，“上扶疏而施散兮，下交错而龙鳞”，春日“翠条金穗舞娉婷”，夏日“柳渐成荫万缕斜”，秋日“叶叶含烟树树垂”，冬日“袅袅千丝带雪飞”。因“柳”与“留”谐音，故古人常以柳喻别离。

在园林造景中，柳树常与碧桃、连翘、迎春等早春观花乔木配植于水边，如杭州西湖的“苏堤春晓”“柳浪闻莺”；济南大明湖“明湖翠柳”；南昌西湖“余亭烟柳”等均以柳树成景，故柳树是水边种植的重要观赏树种；也可作行道树、庭荫树、固坡护堤及平原造林树种。柳树还可招蝉引鸟，古有“鹂性近柳”之说，蜩、鹂齐集于柳树，增加了动静相济的景观，故西湖有“柳浪闻莺”之景。

【其他用途】垂柳木材韧性大，可作农具、器具等；枝条可编织篮、筐、箱等器具；枝、叶、花、果及须根可入药。

3. 红瑞木 *Cornus alba*

【科属】山茱萸科　梾木属

【产地与分布】产于东北、内蒙古、河北、陕西、甘肃、青海、山东、江苏等地。

【识别特征】落叶灌木。老枝为暗红色；幼枝有淡白色短柔毛，后即秃净而被蜡状白粉。单叶对生，纸质，椭圆形，稀卵圆形，边缘全缘或波状反卷，上面为暗绿色，下面为灰绿色，被白色平伏毛。花小，白色或淡黄白色，花瓣4；伞房状聚伞花序顶生。核果长圆形，微扁，成熟时乳白色或蓝白色。花期6—7月，果期8—10月。

【生态习性】喜光照充足、温暖潮湿的环境，也耐半阴、耐干旱。

【景观应用】红瑞木枝干和秋叶红色，颇为美观，是少有的观茎植物，也是优秀的切枝材料。园林中多丛植草坪上或与常绿乔木相间种植，得红绿相映之效果，是园林造景的异色树种。

【其他用途】种子含油量约为30%，可供工业用。

二维码 6-1
观姿、观干树木

**知识拓展：**

二维码 6-2
其他常见观姿、观干植物名录

**作业：**

调查所在地观姿观干植物相关信息，根据植物形态学识别知识描述植物的主要形态识别特征并记录，完成表6-1。

参考资料：

[1]中国植物图像库 http://ppbc.iplant.cn

[2]植物智 http://www.iplant.cn

表 6-1 常见观姿观干树木调查表

地点：________________

| 序号 | 种名 | 拉丁名 | 生活型 | 观赏特点 |
|---|---|---|---|---|
| | | | | |
| | | | | |
| | | | | |
| | | | | |
| | | | | |
| | | | | |
| | | | | |
| | | | | |
| | | | | |
| | | | | |
| | | | | |

# 学习情境 7

# 观赏针叶树识别

## 学习情景描述

中国是世界上裸子植物资源最为丰富的国家，其中松科植物世界产 230 种，中国原产 10 属 93 种 24 变种，约占世界的 50%；柏科有 9 个属 30 余种。由于针叶树种抗寒抗旱能力较强，在树形、树姿、色彩上有其独特之处，而且富有深厚的历史内涵，因此无论是在古香古色的皇家园林还是风景秀丽的现代园林中，以松柏类为代表的针叶树种已经成为园林中不可缺少的造景材料。通过调查、识别、整理本地区观赏针叶树木资源，了解本地乃至全国相关苗木资源情况，以利于后续植物景观设计、植物养护管理课程学习。

## 学习目标

- 掌握当地观赏针叶树木的识别方法，熟练掌握常见观赏针叶树的生长习性、基本形态特征。
- 掌握当地常见观赏针叶树的主要观赏特性、观赏期及园林用途。
- 学会用相应的工具和书籍检索、鉴定观赏针叶树木，并用形态术语准确描述植物的形态特征。

## 任务书

- 形态特征观察与树种识别

  在校园、道路、居住区、公园等不同环境中，观察绿地中观赏针叶树的观赏特点，并用植物形态术语分别描述本地区常见观赏针叶树的形态特征。
- 选择几种观赏针叶树，绘出其形态简图，以加深记忆。

## 学习准备

1. 学习材料

实物标本、腊叶标本，本地区常见观赏针叶植物 10 种以上。

2. 学习工具与用品

枝剪、解剖刀、解剖针、放大镜、记录本、工具书等。

3. 实训地点

实验室、实训基地。

4. 前期理论知识准备

观赏针叶树主要指具有观赏价值的裸子植物，这一类植物通常叶多为针形、鳞片形、线形、椭圆形、披针形等。所谓裸子，是指胚珠外面没有子房包被，是种子植物中较原始的类群。这一类植物可作孤植树、庭荫树、行道树，有的秋色极好，有的树姿美丽。

任务实施

# 任务 7-1　常绿针叶树识别

**引导问题 7-1:常绿针叶树是北方园林冬季植物景观中重要的绿色来源,可营造严肃的气氛,如迎雪傲立的松柏是中国人坚韧不拔的民族精神象征;在南方园林中,常用黄山松、黑松、五针松等体现文人志趣。请观察你所在的城市景观中还有哪些常绿针叶树,并举例说明。**

______________________________________________________________________________

______________________________________________________________________________

______________________________________________________________________________

小提示:

1.异叶南洋杉 *Araucaria heterophylla*

【别名】南洋杉

【科属】南洋杉科　南洋杉属

【产地与分布】原产于大洋洲诺福克岛。

【识别特征】常绿乔木,树高可达 50～70 m。树冠为塔形,大枝轮生而平展。叶螺旋状互生,幼树及侧生小枝之叶锥形,4 棱;大树及花果枝之叶卵形至三角状卵形。雌雄异株。球果大,每个果鳞仅 1 种子;种子与苞鳞合生,种子先端不肥大,不显露,两侧有翅。

【生态习性】喜光也耐阴;喜温暖湿润,生育适温 15～25 ℃,越冬 5 ℃以上;不耐旱。

【栽培资源】同属常见栽培种:

①大叶南洋杉 *A. bidwillii*　叶形宽大,卵状披针形;球果苞鳞先端具三角状尖头,尖头向后反曲;种子先端肥大而显露,两侧无翅。

②南洋杉(肯氏南洋杉、猴子杉)*A. cunninghamii*　大枝轮生但不平展,小枝呈簇状;叶二型:生于侧枝及幼枝上的叶多呈针状,质软;生于老枝上的叶多呈卵形或三角状钻形。

【景观应用】树形高大,枝叶亮丽,近观有形,远观如画,是居住区、各种绿地常用树种,可做园景树、行道树,也可盆栽观赏。

2.雪松 *Cedrus deodara*

【别名】喜马拉雅雪松

【科属】松科　雪松属

【产地与分布】原产于喜马拉雅山脉西部海拔 1300～3300 m;中国自 1920 年引种,北京以南各大城市有栽培,均生长良好。

【识别特征】常绿乔木,树高达 50～72 m。树冠为圆锥形;树皮为灰褐色,鳞片状开裂,大枝平展,小枝略下垂。叶针形,在长枝上散生,短枝上簇生。雌雄异株,少数同株且雌雄球花异枝。球果直立向上,翌年成熟,木质,成熟时与种子同落。

【生态习性】喜光稍耐阴;喜温凉湿润,稍耐寒;对过于湿热气候适应力较差;不耐水湿,较耐干旱瘠薄,但以深厚、肥沃、排水良好的酸性土壤生长最好;浅根性,抗风力不强,抗烟害能力差,含二氧化硫气体会使嫩叶迅速枯萎。

【栽培资源】在南京地区根据树形和分枝情况分为3个类型：

①'厚叶'雪松　叶短，长2.8～3.1 cm，厚而尖；枝平展而开张；小枝略垂或近平展；树冠壮丽，生长缓慢，绿化效果好。

②'垂枝长叶'雪松　叶最长，平均长3.3～4.2 cm；树冠尖塔形，生长较快。

③'翘枝'雪松　枝斜上，小枝略垂；叶长3.3～3.8 cm；树冠宽塔形，生长最快。

【景观应用】雪松为世界著名的五大庭院观赏树之一，树体高大，树形优美。雪松主干下部大枝自近地面处平展，长年不枯，能形成繁茂雄伟的树冠，可作为优良的孤植树植于草坪中央、建筑前庭中心、广场中心或是大建筑的两旁或园门入口处。

**引导问题7-2：小明去公园里，经常分不清侧柏和柏木，请仔细观察标本，说一说二者的区别。**

________________________________________

________________________________________

________________________________________

**小提示：**

1. 侧柏 *Platycladus orientalis*（*Biota orientalis*）

【科属】柏科　侧柏属

【产地与分布】中国特有，原产于华北、东北，目前全国各地广为栽培。

【识别特征】常绿乔木，树高达20多米，胸径1 m，幼树树冠卵状尖塔形，老树宽圆形；叶鳞形，小枝扁平，排成一个平面，侧面着生。雌雄异株，球花单生枝顶；球果卵圆形，种鳞木质，背部顶端下方有一个三角状小弯钩头。花期3—4月；种熟期9—10月。

【生态习性】喜光，幼树稍耐庇荫；能适应干冷及暖湿气候；喜深厚、肥沃、湿润、排水良好的钙质土壤，不耐积水，浅根性；抗烟尘、抗二氧化硫、卤化氢等有害气体。

【栽培资源】常见品种：

①洒金千头柏'Aurea'　常绿灌木，外形似千头柏，叶黄色。

②金塔柏'Beverleyensis'　常绿灌木，树冠塔形，叶金黄色。

③千头柏'Sieboldii'　丛生灌木，树冠卵状球形，叶绿色。

④金叶千头柏'Semperarescens'　矮型紧密灌木，树冠近于球形，高达3 m。叶全年呈金黄色。

⑤北京侧柏'Pekinensis'　乔木，高15～18 m。枝较长，略开展；小枝纤细。叶小，两边的叶彼此重叠。球果圆形，通常仅有种鳞8枚。

【景观应用】侧柏树姿优美，枝叶苍翠，是中国园林中应用最普遍的观赏树木之一，常用于陵园、墓地、庙宇作基础材料，可列植、丛植或群植。侧柏是北京市的市树，北京许多公园保留着苍劲古朴的柏树；山东泰山岱庙的汉柏相传为汉武帝所植；四川西昌庐山的汉柏、唐柏古树均为侧柏。侧柏耐修剪，也可做绿篱栽培。

2. 柏木 *Cupressus funebris*

【别名】垂丝柏、香扁柏、璎珞柏

【科属】柏科　柏木属

【产地与分布】中国特有种，分布广，浙江、江西、四川、湖北、贵州、湖南、福建、云南、广东、广西、甘肃南部、陕西南部等地均有生长。

【识别特征】常绿乔木，树高达 35 m。树冠为狭圆锥形，干皮为淡褐灰色，成长条状剥离；生鳞叶小枝扁平排成一平面，下垂。鳞叶端尖，叶背中部有纵腺点。雌雄同株。球果小，次年成熟；种鳞木质，盾形，4 对，每个种鳞有 5～6 粒种子；种子有狭翅。

【生态习性】柏木为阳性树，能略耐侧方荫蔽。喜暖热湿润气候，不耐寒，是亚热带地区具有代表性的针叶树种，分布区内年均温为 13～19 ℃。年降水量在 1000 mm 以上。对土壤适应力强，以在石灰质土上生长最好，也能在微酸性土上生长良好。耐干旱瘠薄，又略耐水湿。在南方自然界的各种石灰质土及钙质紫色土上常成纯林，所以是亚热带针叶树中的钙质土指示植物。柏木的根系较浅，但侧根十分发达，能沿岩缝伸展。生长较快，20 年生高达 12 m，干径 16 cm。柏木的天然播种更新能力很强，但幼苗在过于郁闭的条件下生长不良。

【景观应用】柏木树冠整齐，能耐侧荫，最适宜群植成林或列植成甬道，多用于公园、建筑前、陵墓、古迹和自然风景区。因柏木树冠较窄，又有耐侧方荫蔽的习性，故在种植设计与栽培中应注意定植距离可较近。30 年生的柏木林其树冠约为 2 m，而 30 年生的孤立树冠宽不足 4 m。柏木可与青冈栎、青栲、枫香、云南樟、麻栎、檵木、棕榈等构成混交群落。柏木寿命长，在西南各地常可见古柏，如昆明黑龙潭的柏木，传为宋代所植，称为“宋柏”，成都有孔明手植柏，森森古木蔚然大观。

【其他用途】柏木心材大，材质优，耐水湿，抗腐性强，有香气。可供建筑、造船、车厢、器具、家具等用材；枝叶可提芳香油。

**引导问题 7-3：请说一说圆柏的资源特色以及在园林中的应用特点。**

______________________________________________

______________________________________________

______________________________________________

**小提示：**

圆柏 *Sabina chinensis*（*Juniperus chinensis*）

【别名】桧柏、刺柏

【科属】柏科　圆柏属

【产地与分布】原产于中国东北南部及华北等地，各地多有分布。

【识别特征】常绿乔木，高达 20 m。树冠为圆锥形，老树呈宽卵形、球形或钟形。叶二型，幼树多为刺形叶，老树多为鳞形叶，壮龄树则二者叶型兼有，鳞形叶交互对生，刺形叶三枚轮生，等长，叶基下延无关节。雌雄异株，球果肉质浆果状，熟时呈暗褐色，外被白粉。花期 4 月；种熟翌年 10—11 月。

【生态习性】喜光，但耐阴性很强；喜温凉稍干燥气候，耐寒冷；在酸性、中性及钙质土上均能生长，但以深厚、肥沃、湿润、排水良好的中性土壤生长最佳；耐干旱瘠薄，深根性，耐修剪，易整形，寿命长；对二氧化硫、氯气和氯化氢等多种有毒气体抗性强，抗尘和隔音效果良好。

【栽培资源】圆柏常见栽培品种：

①龙柏‘Kaizuka’　树冠为窄圆柱状塔形，侧枝短而环抱主干，端扭转上升；有鳞叶和刺形叶，翠绿色；球果为浆果状，蓝绿色，略有白粉。

②金叶桧‘Aurea’　直立圆锥状灌木，高 3～5 m；有刺叶和鳞叶，刺叶中脉及边缘为黄绿

色，鳞叶初为金黄色，后变绿色。

③塔柏'Pyramidalis' 树冠为圆柱形；枝直伸密集，叶几乎全为刺形。

④鹿角桧'Pfitzeriana' 从生灌木，干枝自地面而向四周斜展，上伸，全为鳞叶。是圆柏与沙地柏的杂交品种之一，姿态优美。

⑤球柏'Globosa' 矮小灌木，树冠为球形，枝密生，多为鳞叶，偶有刺叶。

⑥金星球桧'Aureo-globosa' 从生球形或卵形灌木，枝端绿叶中杂有金黄色枝叶。

⑦万峰桧'Wanfengui' 灌木，树冠近球形；树冠外围着生刺叶的小枝直立向上，呈无数峰状。还有洒金、洒玉等不同类型。

# 任务 7-2 落叶针叶树识别

**引导问题 7-4：武汉东湖植物园水景区、杭州植物园裸子植物区的水岸边层次丰富，用了大量的适合水边种植的裸子植物，请查阅相关资料后，说一说哪些裸子植物适合在水边种植。**

______________________________________________

______________________________________________

______________________________________________

**小提示：**

1. 水松 *Glyptostrobus pensilis*

【别名】水莲松

【科属】杉科 水松属

【产地与分布】该属仅此一种，仅存于中国，是第四纪冰川期后的孑遗植物。现长江流域各城市有栽培。

【识别特征】落叶或半落叶乔木，高 8～10 m。树冠为圆锥形，树干基部膨大成柱槽状，并有瘤状体（呼吸根）伸出土面。叶异型，条形叶及条状钻形叶较长，柔软，在小枝上排成羽状，冬季与小枝同落；鳞形叶较小，紧贴生于小枝上，冬季宿存。雌雄同株，球花单生于具鳞叶的小枝顶端。球果为倒卵状球形，直立，种鳞木质，发育种鳞具种子 2 粒。花期 1—2 月；种熟期 10—11 月。

【生态习性】极喜光，强阳性树；喜温暖多湿气候，不耐低温；最适富含水分的冲积土，极耐水湿，不耐盐碱土；浅根性，但根系强大，在沼泽地则呼吸根发达，在排水良好土地上则呼吸根不发达，干基也不膨大；萌芽、萌蘖力强，寿命长。

【景观应用】水松树形美观，入秋后叶变褐色，颇为美丽；最适河边、湖畔及低湿处栽植，湖中小岛群植数株尤为雅致，根系强大可作防风护堤树，水松是国家二级重点保护树种，应加强保护和开发应用。

【其他用途】水松材质轻软，耐水湿，是裸子植物中材质最轻的一种，可供桥梁、造船等工程上应用。根部木质轻松，浮力大，可做救生圈、瓶塞等用；球果及树皮均含有单宁，种子可作紫色染料；叶可入药。

2. 水杉 *Metasequoia glyptostroboides*

【科属】杉科 水杉属

【产地与分布】中国特产，世界著名的观赏树种，天然分布于四川石柱县和湖北利川市交界的磨刀溪、水杉坝一带及湖南龙山、桑植等地海拔750～1500 m，沿河酸性土沟谷中。

【识别特征】落叶乔木，高达35 m，胸径2.5 m。树干基部常膨大，幼树树冠尖塔形，老时广圆头形；大枝近轮生，小枝近对生。叶条形、扁平，交互对生，叶基扭转排成二列，呈羽状，冬季与无芽小枝一同脱落。雌雄同株，雄球花排成总状或圆锥花序状，单生枝顶和侧方；雌球花单生于去年生枝顶或近枝顶。球果近球形，下垂，熟时为深褐色；种鳞木质，扁状盾形，顶部有凹下成槽的横脊；每种鳞具种子5～9粒。花期2月；果当年11月成熟。

【生态习性】喜光，阳性树；喜温暖湿润气候，具一定抗寒性；喜深厚肥沃的酸性土，在微碱性土壤上也可生长良好；不耐涝，正所谓“水杉水杉，干旱不长，积水涝煞”。水杉生长快，一般栽培条件下，可在15～20年成材；对有害气体抗性较弱。

【景观应用】水杉树姿优美挺拔，叶翠绿秀丽，入秋转棕褐色，甚为美观，最宜列植堤岸、溪边、池畔或群植于公园绿地低洼处或与池杉混植，是城市郊区、风景区绿化的重要树种，也可作防护林树种。水杉被誉为活化石植物，列入中国一级重点保护树种，40年来已在国内南北各地及国外50多个国家引种栽培，目前已成为长江中下游各地平原河网地带的绿化树种之一。

水杉是湖北省的省树。

【其他用途】水杉木材是良好的造纸用材；木材纹理直，质轻软，易于加工，适合作门窗、楼板、家具等用。

3.池杉 *Taxodium distichum* var. *imbricarium*（*T. ascendens*）

【科属】杉科　落羽杉属

【产地与分布】原产于北美东南部，生长于沼泽及低湿地。我国长江以南地区引种栽培。

【识别特征】落叶乔木，高达25 m。树冠窄，尖塔形，树干基部膨大，有“呼吸根”，在低湿地“膝根”较显著；树皮纵裂成长条片状脱落，大枝向上伸长。叶钻形，在枝上螺旋状伸展，贴近小枝，通常不成2列状。球果呈圆球形或长圆状球形，向下斜垂；种子为不规则三角形。花期3—4月，球果10—11月成熟。

【生态习性】阳性速生，喜光，喜温热气候，不耐阴，具有一定的耐寒性，极耐水湿，也较耐旱；喜酸性或微酸性土；树干有韧性并且树冠较窄，因此抗风力强。

【栽培资源】同属其他常见栽培种：

①落羽杉 *T. distichum*　落叶乔木，大枝近水平开展，侧生短枝排成二列。叶扁线形，互生，羽状二列。

②墨西哥落羽杉 *T. mucronatum*　常绿或半常绿乔木。大枝近水平开展；侧生短枝螺旋状散生，不为二列。叶扁线形，互生，羽状二列。

【景观应用】池杉树形优美，夏季枝叶秀丽婆娑，鲜亮翠绿，秋叶为棕褐色，观赏价值较高。特别适合滨水湿地成片栽植，孤植或丛植为园景树，是平原水网地区主要造林绿化树种之一。

【其他用途】池杉材质似水杉，但材质韧性较水杉强，可作建筑、枕木、家具等用材。

**引导问题7-5：金钱松是松属植物吗？其观赏特点是什么？**

________________________________________

________________________________________

________________________________________

**小提示：**

金钱松 *Pseudolarix amabilis*

【科属】松科　金钱松属

【产地与分布】该属仅此一种，中国特产第三纪孑遗植物，国家二级重点保护树种。分布在长江中下游各地。在浙江西天目山、庐山有保存较好的天然大树。

【识别特征】落叶乔木，高达 40 m，胸径 1 m，树冠阔圆锥形，大枝不规则轮生、平展，有长短枝。叶条形，柔软，在长枝上互生，在短枝上轮状簇生。雄球花数个簇生于短枝顶部，有柄；雌球花单生于短枝顶部，紫红色。球果呈卵形或倒卵形。花期 4—5 月；果期 10—11 月。

【生态习性】喜光；喜温凉湿润气候和深厚肥沃、排水良好的中性、酸性沙质壤土，不喜石灰质土壤；耐寒性强，能耐 −20 ℃的低温；抗风力强，不耐干旱，也不耐积水；生长速度中等偏快，枝条萌芽力较强。

【栽培资源】常见品种：

①垂枝金钱松 'Annesleyana'　小枝下垂，树高约 30 m。

②矮生金钱松 'Dawsonii'　树形矮化，树高 30～60 cm。

③丛生金钱松 'Nana'　植株矮而分枝密，树高 0.3～1 m。

【景观应用】金钱松树体高大，树干端直，入秋后，叶变为金黄色，极为美丽，是珍贵的观赏树木。金钱松与南洋杉、雪松、日本金松和北美红杉合称世界五大庭园观赏树，在景观中孤植、丛植、列植均可，与常绿树种或其他色叶树种配植能形成美丽的自然景观。金钱松还可盆栽制作丛林式盆景。国家二级重点保护树种。

二维码 7-1
观赏针叶植物

【其他用途】金钱松木材较耐水湿，可供建筑、船舶等用；树皮可入药；种子可榨油。

**作业：**

调查所在地观赏针叶树相关信息，根据植物形态学识别知识描述植物的主要形态识别特征并记录，完成表 7-1。

参考资料：

[1]中国植物图像库 http://ppbc.iphant.cn

[2]植物智 http://www.iplant.cn

**表 7-1　常见观赏针叶树调查表**

地点：______________________

| 序号 | 种名 | 拉丁名 | 生活型 | 主要识别特点 |
|---|---|---|---|---|
| | | | | |
| | | | | |
| | | | | |
| | | | | |
| | | | | |

# 学习情境8

# 观赏藤本植物识别

## 学习情境描述

观赏藤本植物是园林中特殊的群体，是立体绿化中重要的材料。通过调查、识别、整理本地区藤本植物资源，了解本地乃至全国相关苗木资源情况，以利于后续植物景观设计、植物养护管理课程学习。

## 学习目标

- ◆ 掌握当地观赏藤本植物的识别方法，熟练掌握常见观赏藤本植物的生长习性、基本形态特征。
- ◆ 掌握当地常见观赏藤本植物的主要观赏特性、观赏期及园林用途。
- ◆ 学会用相应的工具和书籍检索、鉴定观赏藤本植物，并用形态术语准确描述其形态特征。

## 任务书

- ◆ 形态特征观察与树种识别

  在校园、道路、居住区、公园等不同环境中，观察绿地中观赏藤本植物的观赏特点，并用植物形态术语分别描述本地区常见观赏藤本植物的形态特征。
- ◆ 选择几种观赏藤本植物，绘出其形态简图，以加深记忆。
- ◆ 持续观察并记录不同季节下，所在城市观赏藤本植物物候信息。

## 学习准备

1. 学习材料

实物标本、腊叶标本，选择本地区主要观赏藤本植物10种以上。

2. 学习工具与用品

枝剪、解剖刀、解剖针、放大镜、记录本、工具书等。

3. 实训地点

实验室、实训基地。

4. 前期理论知识准备

藤本植物是指茎细长而自身不能直立生长的一类植物；观赏藤本植物是指花、叶、茎、果等部位具有较高观赏价值、适用于园林造景或室内观赏的藤本植物。该类植物姿态奇异、性能独特、功能多样，部分种类花、叶、果、姿俱佳，而部分种则具有较高的食用、药用等价值，因此它们是一类具有重要观赏、经济及生态价值的资源植物。

观赏藤本植物形态各异、质地不同。有主枝附着物体向上伸展的缠绕类藤本植物，如木玫瑰、茑萝、金银花；有靠卷须攀缠物体伸展的卷须类藤本植物，如珊瑚藤、炮仗花；有靠吸盘或气生根吸附于物体表面的吸附类藤本植物，如爬山虎、薜荔；有披散类的藤本植物，如软枝黄蝉、云南黄馨；还有悬垂类的藤本植物，如常春藤等。根据观赏藤本植物的质地可分为木质藤本、草质藤本。木质藤本根据其体量大小和枝条延伸长度可分为：大型木质藤本，如扁担藤、使君子、常春油麻藤等；中型木质藤本，如蒜香藤、红花龙吐珠；小型木质藤本，如薜荔、络石等。草质藤本可分为：多年生草质藤本，如西番莲、锦屏藤等；一年生草质藤本，如茑萝、蝶豆藤等。

观赏藤本植物在园林中应用历史悠久，在植物景观中不仅可做配景、背景、局部点景，还可通过与硬质景观的搭配，软化景观建筑线条。另外，观赏藤本植物可以种植在乔木和灌木无法到达的地方，其生长迅速、占地少，可成倍增加绿化面积，已被广泛应用于立体绿化中，在节约型园林中扮演着重要角色。

**任务实施**

# 任务 8-1　草本藤本植物识别

**引导问题 8-1：园林中常见的草本藤本植物有哪些？这些植物有哪些观赏特点？**

______________________________________________________________________

______________________________________________________________________

小提示：

1. 杂交铁线莲 *Clematis hybrida*

【别名】大花铁线莲

【科属】毛茛科　铁线莲属

【产地与分布】本种是铁线莲、转子莲等的杂交种。

【识别特征】叶对生，通常为 3 出复叶。花单生，花无花瓣，萼片花瓣状 6～8；花大，径可达 10～15 cm，花色丰富，有白、粉红、紫红、玫红、堇紫、蓝等色及重瓣和多季开花等品种。花期 7—10 月。

【生态习性】喜温暖、半阴的环境，喜肥沃、排水良好的壤土及石灰质壤土。

【栽培资源】其他常见种：

①铁线莲 *C. florida*　产于中国。二回三出复叶对生；花单生叶腋，花柄中下部具有 2 叶状苞片，花瓣状萼片 6 枚，白色或淡黄白色，雄蕊为紫色。花期 5—6 月。铁线莲抗旱性与适应性强，可用于环境较差的干旱、半干旱地区公路和铁路沿线作地被。因其攀缘特性和对有害物的抗性而成为玫瑰、一些灌木丛和小树的良好伴生植物。

②杰克曼铁线莲 *C.* × *jackmanii*　羽状复叶或仅 3 小叶，在枝顶梢者常为单叶。花大，品种多，色彩丰富。本种于 19 世纪中期在英国培育而成，是最受欢迎的现代铁线莲之一。

【景观应用】杂交铁线莲花大美丽，为世界著名的藤蔓花卉，可点缀围墙、栅栏、棚架或作围篱，亦可配植于假山、岩石园中。也可用作盆栽和切花。

2. 西番莲 *Passiflora caerulea*

【别名】时钟花

【科属】西番莲科　西番莲属

【产地与分布】原产于南美洲。热带、亚热带地区常见栽培。

【识别特征】叶纸质，基心形，掌状5深裂，中间裂片卵状长圆形，两侧裂片略小，全缘，有托叶且较大、肾形，抱茎、边缘波状；花单生，聚伞花序退化仅存1花，大而奇特，花瓣5枚，淡绿色，具有外副花冠3轮，呈丝状，色彩多样；浆果呈卵圆球形至近圆球形，熟时橙黄色或黄色。花期5—7月。

【生态习性】喜温暖、半阴环境，喜肥沃、排水良好的壤土及石灰质壤土。

【栽培资源】其他常见种：

红花西番莲 *P. miniata*　该种花冠大，红色，花瓣长披针形。原产于委内瑞拉、圭亚那、秘鲁、玻利维亚和巴西等热带美洲地区。喜高温湿润气候，不耐寒，要求光照充足的环境。红花西番莲在亚热带南部地区广泛使用，特别适合种植于大型石壁，在开花时节，每一叶腋一朵花蕾，犹如“风火轮”一般，颜色饱和艳丽，与常绿的叶片对比鲜明，十分耀眼。

【景观应用】西番莲花大奇特，生长迅速，为新兴的藤蔓花卉，种植于围墙、栅栏、棚架等周围，整个花冠颇具观赏价值，既可吸引昆虫为其传粉，也可以让游客驻足观赏、流连忘返。果实是近年来较受欢迎的百香果，可制百香果饮料。

3. 锦屏藤 *Cissus verticillata*

【科属】葡萄科　白粉藤属

【产地与分布】原产于美洲，我国南方地区引种。

【识别特征】多年生常绿蔓性植物。枝条细，有卷须；老株的茎节处能长出红褐色细长气根；叶互生，长心形，先端尖，基部心形，缘有锯齿；聚伞花序，淡绿或白色；浆果球形。夏到秋季开花；7—8月结果。

【生态习性】喜全光照，耐热性好，不耐寒，喜湿润，不耐旱；喜肥沃、疏松排水良好的土壤；生长适温20～30 ℃。

【景观应用】锦屏藤新长出的气根鲜红娇嫩，又被称为“红丝线”，之后转为褐色，其气生根长度可达4 m，如条件允许，气生根长度可接近10 m，蔚为壮观。常用于绿廊、绿墙或荫棚造景，形成“一帘幽梦”的空间感受。

## 任务8-2　木本藤本植物识别

**引导问题8-2：园林中木本观赏藤本应用较为广泛，其中有哪些是观花的？**

________________________________________________________________

________________________________________________________________

**小提示：**

1. 木香花 *Rosa banksiae*

【别名】白木香

【科属】蔷薇科　蔷薇属

【产地与分布】原产于中国四川、云南。生于溪边、路旁或山坡灌丛中，现各地园林中多有栽培。

【识别特征】常绿藤本。小枝光滑，有短小皮刺；老枝上的皮刺较大，坚硬，经栽培后有时枝条无刺。奇数羽状复叶，小叶3～5片，少数7，椭圆形至长椭圆状披针形，边缘有细锯齿。小花3～15，白色，重瓣至半重瓣，芳香，不结实；伞形花序。花期5—6月。

【生态习性】喜光，亦耐半阴，较耐寒，适生于排水良好的沙质壤土。对土壤要求不严，耐干旱，耐瘠薄，耐修剪。

【栽培资源】常见栽培变型：

黄木香花 f. *lutea*　产于江苏。花黄色，重瓣，无香味。花朵较多，花期较长。

【景观应用】木香花密，香浓，是极好的垂直绿化材料，可布置花柱、花架、花廊和墙垣，也可植于草坪、林缘、园路转角等处。

【其他用途】花含芳香油，可供配制香精化妆品用。

2. 常春油麻藤 *Mucuna sempervirens*

【别名】牛马藤、常绿油麻藤

【科属】蝶形花科　油麻藤属

【产地与分布】产于中国西南部至华东。

【识别特征】常绿木质藤本，长可达25 m，老茎直径超过30 cm。三出羽状复叶，互生；小叶纸质或革质，全缘，无毛。花冠为深紫色，总状花序生于老茎上，有臭味。荚果木质，扁平，密被金黄色粗毛。花期4—5月；果期8—10月。

【生态习性】耐阴、耐干旱，喜温暖湿润气候。

【景观应用】常春油麻藤叶浓密，花朵奇丽，如一只只紫色的鸟头，适于攀附建筑物、长廊、花门、围墙、悬崖等，是棚架和垂直绿化的优良藤本植物。

3. 紫藤 *Wisteria sinensis*

【别名】藤萝、藤花、朱藤

【科属】蝶形花科　紫藤属

【产地与分布】原产于中国，现普遍栽培于庭园观赏；朝鲜、日本也有分布。

【识别特征】落叶藤木。奇数羽状复叶互生；小叶3～6对，对生，纸质，全缘。总状花序，长10～30 cm，花蓝紫色，芳香。荚果扁而长，表面密生棕黄色绒毛。花期4月中旬至5月上旬；果期8—10月。

【生态习性】适应性强，较耐寒，喜光，较耐阴，能耐水湿及瘠薄土壤，在土层深厚，排水良好，向阳避风的地方生长最佳。主根深，侧根浅，不耐移栽。

【景观应用】紫藤为长寿树种，先花后叶，开花繁多，紫穗满垂缀以稀疏嫩叶，十分优美，民间极喜种植，在我国的栽培历史有千年以上，为我国常见传统名花之一。一般应用于花架、绿廊、枯树、岩面等作垂直绿化；也可栽于草坪、湖畔、池边、假山等处，具独特风格；还可制作盆景。

4. 凌霄 *Campsis grandiflora*

【别名】紫葳、女葳花、堕胎花、中国凌霄、大花凌霄

【科属】紫葳　科凌霄属

【产地与分布】产于我国中东部，现各地栽培；日本也有分布。

【识别特征】落叶攀缘藤木。以气生根攀附于它物之上。奇数羽状复叶对生；小叶对生，缘有锯齿。花萼钟状，花冠内面鲜红色，外面橙黄色；二强雄蕊；短圆锥花序顶生。蒴果顶端钝。花期6—8月。

【生态习性】凌霄喜光，也耐半阴；喜温暖湿润气候，也耐旱、耐瘠薄；忌积涝、湿热。

【景观应用】凌霄干枝虬曲多姿，繁花艳彩，且花期长，为庭园中垂直绿化的良好绿化材料；用于攀缘墙垣、枯树、点缀假山间隙、石壁，均极适宜。

5. 中华猕猴桃 *Actinidia chinensis*

【别名】猕猴桃、几维果

【科属】猕猴桃科　猕猴桃属

【产地与分布】原产于我国，广泛分布于长江流域，各地多有栽培。我国是优势主产区，集中产于秦岭以南和横断山脉以东的大陆地区。

【识别特征】落叶藤本。幼枝密被棕褐色茸毛，髓心片状，少实心。单叶互生，纸质，阔卵形至近圆形，先端圆或微凹，密被灰白色或淡褐色星状绒毛。花初开时白色，后变淡黄色，有香气，花瓣 5 片。浆果黄褐色，椭圆形、长圆形或近球形，密生棕色长毛。

【生态习性】喜光，但怕曝晒，较耐寒。适应性强，不择土壤，忌水湿，在湿润肥沃、排水良好的壤土中生长良好。

【景观应用】猕猴桃花色素雅，硕果累累，是优良的庭园垂直绿化植物，适于花架、绿廊、栅栏等美化。

【其他用途】猕猴桃在我国有文字记载历史已有两三千年，但作为一种果树进行人工栽培则仅是近三四十年的事。猕猴桃含维生素 C 特别丰富，比一般果蔬高十数倍至数十倍，而且甜酸适度，又具有鲜食和加工都适合的优点，不少国家引种栽培。

本属植物果实可食；叶可饲猪；枝条浸出液含胶质可供造纸业作调浆剂，并可用于建筑方面与水泥、石灰、黄泥、沙子等混合使用，用以铺筑路面、晒坪和涂封瓦檐屋脊起加固作用；根部可作杀虫农药；花是很好的蜜源。

**知识拓展：**

二维码 8-1
观赏藤本植物

二维码 8-2
其他常见藤本植物名录

**作业：**

调查所在地攀缘植物相关信息，根据植物形态学识别知识描述植物的主要形态识别特征并记录，完成表 8-1。

参考资料：

[1]中国植物图像库 http://ppbc.iphant.cn

[2]植物智 http://www.iplant.cn

[3]张雅慧，廖景平，张容妹，等．华南植物园藤本植物专类园规划设计[J]．中国园林，2020，36(10)：92-97．DOI：10.19775/j.cla.2020.10.0092.

[4]吴菲，李鹏，崔玉莲，等．多姿多彩的藤本植物[J]．生命世界，2023(6)：48-77.

**表 8-1　观赏藤本植物调查**

地点：________________

| 序号 | 种名 | 拉丁名 | 科 | 观赏特点 |
|---|---|---|---|---|
| | | | | |
| | | | | |
| | | | | |
| | | | | |
| | | | | |
| | | | | |
| | | | | |
| | | | | |
| | | | | |
| | | | | |
| | | | | |
| | | | | |
| | | | | |
| | | | | |
| | | | | |
| | | | | |
| | | | | |
| | | | | |
| | | | | |
| | | | | |
| | | | | |
| | | | | |
| | | | | |
| | | | | |

# 学习情境9

# 其他特色观赏植物识别

## 学习情景描述

棕榈科植物和竹亚科植物是园林中重要的观赏植物，它们外形既奇特又应用广泛，深受大众喜爱。通过调查、识别、整理本地区棕榈科植物和竹类植物资源，了解本地乃至全国相关苗木资源情况，以利于后续植物景观设计、植物养护管理课程学习。

## 学习目标

- ◆ 掌握当地棕榈科植物和竹类植物的识别方法，熟练掌握常见棕榈植物和竹类植物的生长习性、基本形态特征。
- ◆ 了解当地常见棕榈植物和竹类植物的主要观赏特性、观赏期及园林用途。
- ◆ 学会用相应的工具和书籍检索、鉴定棕榈科植物和竹类植物，并用形态术语准确描述其形态特征。

## 任务书

- ◆ 形态特征观察与树种识别

  在校园、道路、居住区、公园等不同环境中，观察绿地中棕榈植物和竹类植物的观赏特点，并用植物形态术语分别描述本地区常见的棕榈植物和竹类植物的形态特征。
- ◆ 调查本地棕榈植物和竹类植物，收集形态及景观应用照片，以加深记忆。

## 学习准备

1.学习材料

实物标本、腊叶标本，本地区主要棕榈植物和竹类植物20种以上。

2.学习工具与用品

枝剪、解剖刀、解剖针、放大镜、记录本、工具书等。

3.实训地点

实验室、实训基地。

4.前期理论知识准备

1)棕榈植物概述

棕榈科植物全世界有200余属，2800多种。棕榈科植物中有很多是著名的经济植物，如椰子、槟榔等；更多的是著名的特色观赏植物，如大王棕、蒲葵、贝叶棕、棕竹等，其株型美观，形态各异，叶形优美，能营造出浓郁的热带风光。棕榈科植物是构成热带景观的重要植物类群，在园林景观营造中起着重要的作用，既可以作为棕榈景观主题，又可以用来点缀其他景观。既可列植、片植，又可与各类花卉、草地搭配种植。棕榈植物是热带、亚热带园林景观中出现频率最高的植物之一。

棕榈植物的形态多样，观赏部位很多，茎干、叶片、花序、果实都可以用作观赏。

2)竹类植物概述

竹子是禾本科(Poaceae)竹亚科(Bambusoideae)植物的统称，就狭义而言，有70余属1200种左右，如果算上主要分布于美洲与非洲的草本竹子，有1500种以上。竹子是一类非常重要的观赏植物，从广义上讲，所有的竹子都是有观赏价值的，不少种类既可以地栽，又可盆栽，甚至可以制作盆景。

竹子在园林景观中有着广泛的应用，可创造竹林景观，也可片植点缀，还可以孤植、做绿篱与地被。以竹子造景而闻名的园林有蜀南竹海、洞庭湖君山斑竹林、金佛山的方竹林、北京紫竹院等，世界上许多植物园与研究机构也建立了相关的竹子专类园，如中科院西双版纳热带植物园、中科院华南植物园、浙江安吉的竹种园、福建的华安竹种园、新加坡植物园、英国邱园等都建有专门的竹子收集区，既有很多具有重要观赏价值的竹种，也有经济价值较大的竹种。

竹子开花周期很长，并且大多数竹子开花后会死亡，一般的观赏竹大致可以分为观竿与观叶两类。

**任务实施**

# 任务 9-1　棕榈科植物识别

**引导问题 9-1：请根据当地气候特点确定所在地是否可以用棕榈营造景观？如果可以，请列举 5 种当地景观中常用的棕榈植物及其配置组合，并逐一说明每种棕榈的主要观赏部位与特点。**

________________________________________

________________________________________

**小提示：**

1.假槟榔 *Archontophoenix alexandrae*

【别名】亚历山大椰子

【科属】棕榈科　假槟榔属

【产地与分布】原产于澳大利亚。我国广东、海南、广西、台湾、云南等地多露地栽培。

【识别特征】乔木状，高10～25 m，茎干粗15 cm左右，有环纹，单生，挺直。叶羽状全裂，生于茎顶，长2～3 m。花序生于叶鞘下，呈圆锥花序式，下垂；花雌雄同株，白色。果实呈卵球形，红色。种子呈卵球形。花期4月；果期4—7月。

【生态习性】喜高温、高湿气候，适宜于避风、向阳的环境中生长，不耐低温。适宜排水良好的微酸性沙质土壤。

【景观应用】假槟榔树干挺直，叶片飘逸，具浓郁的热带风情，是一种树形优美的绿化树种，可应用于热带、亚热带地区的园林绿化。

2.鱼尾葵 *Caryota maxima*(*C. ochlandra*)

【别名】青棕、假桄榔

【科属】棕榈科　鱼尾葵属

【产地与分布】产于福建、广东、海南、广西、云南等省(自治区)。生于海拔450～700 m的山坡或沟谷林中。亚洲热带地区有分布。

【识别特征】乔木状,高10～20 m,直径15～35 cm,茎为绿色,具环状叶痕。叶长3～4 m。具多数穗状的分枝花序;雌雄异株。果实球形,成熟时为红色或紫色,种子1颗,罕为2颗。花期5—7月;果期8—11月。

【生态习性】喜温暖湿润的环境,较耐寒,根系浅,不耐干旱,适宜于排水良好、疏松、肥沃的土壤,忌日光暴晒。

【景观应用】鱼尾葵树形美丽,茎干挺直,叶片奇特,色彩翠绿,花色鲜黄,果实如成串的圆珠,适宜于庭院绿化种植。

【其他用途】茎髓含淀粉,可作桄榔粉的代用品。

3. 散尾葵 *Dypsis lutescens*(*Chrysalidocarpus lutescens*)

【科属】棕榈科　散尾葵属

【产地与分布】原产于马达加斯加,我国南方部分地区有栽培。

【识别特征】丛生灌木,高2～5 m,茎粗4～5 cm,基部略膨大。叶羽状全裂,平展而稍下弯,长约1.5 m;叶柄及叶轴光滑,黄绿色,上面具沟槽,背面凸圆。花序呈圆锥花序式;花小,卵球形,金黄色。果实略为陀螺形或倒卵形,鲜时为土黄色,干时为紫黑色。花期5—6月,果期7—9月。

【生态习性】喜温暖、湿润的气候,较耐阴,不耐低温。适宜在疏松、肥沃、排水良好的土壤中生长。

【景观应用】散尾葵株型优美,既可观叶,又可观果,观赏期长,是一种优良的园林观赏植物,可盆栽或种植于庭院中。

4. 椰子 *Cocos nucifera*

【科属】棕榈科　椰子属

【产地与分布】椰子主要产于我国广东南部诸岛及雷州半岛、海南、台湾及云南南部热带地区。生于山坡与沟谷林中。东南亚热带地区有分布。

【识别特征】乔木状,高15～30 m,茎单生,粗壮,环状托叶痕显著。叶丛生于茎干顶端,羽状全裂,长3～4 m;裂片多数,线状披针形。花序腋生,多分枝;果卵球状或近球形,顶端微具三棱,内果皮木质坚硬,基部有3孔,其中的1孔与胚相对,萌发时即由此孔穿出,其余2孔坚实,果腔含有胚乳(即"果肉"或种仁),胚和汁液(椰子水)。花期几乎全年;果期7—9月。

【生态习性】喜高温,适宜湿润与阳光充足的环境,适宜种植于排水良好的海滨或河岸冲积土中。

【景观应用】椰子株型优美,可观叶、观果,可作行道树或园林绿化种植。

【其他用途】椰子浑身是宝,椰子水是一种可口的清凉饮料;椰肉可直接食用,成熟的椰肉含脂肪达70%,可榨油,还可加工各种糖果、糕点;椰壳可制成各种工艺品,也可制活性炭;椰纤维可制毛刷、地毯、缆绳等;树干可作建筑材料;叶子可盖屋顶或编织;根可入药。椰子因此被誉为"生命之树"。

5. 蒲葵 *Livistona chinensis*

【别名】中华蒲葵、葵树、扇叶葵

【科属】棕榈科　蒲葵属

【产地与分布】产于我国南方各省(自治区),生于山坡与沟谷林中。中南半岛也有分布。

【识别特征】乔木状,高5～20 m,直径20～30 cm,单干直立,基部常膨大。叶阔肾状扇形,直径达1 m余,掌状深裂至中部。花序呈圆锥状,花小,两性。果实椭圆形(如橄榄状),黑褐色。花期3—4月;果期10—12月。

【生态习性】喜阳光,较耐阴,喜温暖湿润的环境,能耐0 ℃低温。适宜于排水良好、疏松、肥沃的土壤中生长。

【景观应用】蒲葵树干挺直、树形优美,是热带地区常见的园林绿化树种,可作行道树或用于园林绿化。

【其他用途】叶可制作蒲扇,种子可入药。

6.加拿利海枣 *Phoenix canariensis*

【科属】棕榈科　刺葵属

【产地与分布】原产于非洲加拿利群岛,世界热带地区广泛栽培,近些年在我国华南地区、滇中一带有栽培。

【识别特征】乔木状,株高10～15 m,茎干粗壮,具波状叶痕。羽状复叶,顶生丛出,较密集,长可达6 m,每叶有100多对小叶(复叶),小叶狭条形,近基部小叶成针刺状,基部由黄褐色网状纤维包裹。穗状花序腋生;花小,黄褐色。浆果,卵状球形至长椭圆形,熟时黄色至淡红色。花期5—6月;果期8—9月。

【生态习性】喜温暖湿润的环境,喜光又耐阴,抗寒、抗旱。热带、亚热带地区可露地栽培,在长江流域冬季需稍加遮盖,黄淮地区则需室内保温越冬。栽培土壤要求不严,但以土质肥沃、排水良好的壤土最佳。

【景观应用】加拿利海枣植株高大雄伟,可作行道树,也可以群植作景观树种,是一种优良的热带园林景观树种。

7.江边刺葵 *Phoenix roebelenii*

【别名】美丽针葵、日本葵、罗比亲王海枣

【科属】棕榈科　刺葵属

【产地与分布】产于我国云南。常见于江岸边,海拔480～900 m。广东、广西等地有引种栽培。缅甸、越南、老挝、印度也产。

【识别特征】小乔木状或灌木状,茎丛生,栽培时常为单生,高1～4 m,直径可达10 cm,具宿存的三角状叶柄基部。叶长1～2 m;羽片线形,较柔软,下部羽片变成细长软刺。花雌雄异株;花序腋生,淡黄色,有香味。果实为长圆形,顶端具短尖头,成熟时枣红色,果肉薄而有枣味。花期5—8月;果期8—9月。

【生态习性】喜高温、多湿的气候,稍耐寒,生长快,对土壤要求不严。喜光,稍耐阴。

【景观应用】江边刺葵植株优美,叶柔软,是一种优良的观叶植物,既可用于园林绿化,也可在室内作盆栽。

8.棕竹 *Rhapis excelsa*

【别名】观音棕竹、观音竹

【科属】棕榈科　棕竹属

【产地与分布】产于我国广东、海南、广西、贵州、云南等省(自治区)。日本也有分布。

【识别特征】丛生灌木状,高2～3 m,茎圆柱形,有节,直径1.5～3 cm,上部被叶鞘,但分解成稍松散的马尾状淡黑色粗糙而硬的网状纤维。叶掌状深裂;具2～3个分枝花序;果实球状倒卵形。花期5—7月;果期10月。

【生态习性】喜温暖、湿润,通风良好的环境,较耐阴,稍耐寒,适宜于疏松、肥沃的酸性土壤,不耐贫瘠与盐碱。

【景观应用】棕竹为丛生灌木状,叶形清秀,适于种植于花坛、窗边等地,也可盆栽。

9.大王椰 *Roystonea regia*

【别名】王棕、大王椰子

【科属】棕榈科　王棕属

【产地与分布】原产于美国、古巴,我国热带、亚热带地区有栽培。

【识别特征】乔木状,植株高大挺直,高10～20 m。茎幼时基部膨大,老时近中部不规则地膨大,向上部渐狭。叶羽状全裂,弓形并常下垂,长4～5 m,羽片呈4列排列,线状披针形。花序长达1.5 m,多分枝;花小,雌雄同株。果实近球形至倒卵形,暗红色至淡紫色。花期3—6月;果期7—10月。

【生态习性】喜高温、多湿、阳光充足的气候,以及疏松、肥沃的土壤。

【景观应用】树干高大挺直,是著名的观赏棕榈,适宜列植作行道树或群植。

10.棕榈 *Trachycarpus fortunei*

【科属】棕榈科　棕榈属

【产地与分布】产于我国长江以南各省区,日本也有分布。

【识别特征】乔木状,高3～15 m。树干圆柱形,被不易脱落的老叶柄基部和密集的网状纤维包裹,树干直径10～15 cm甚至更粗。叶片扇形,簇生于树干顶端,掌状深裂。花序粗壮,多次分枝,从叶腋抽出,通常是雌雄异株,少雌雄同株。果实阔肾形,有脐,成熟时由黄色变为淡蓝色,有白粉。花期4—5月;果期11—12月。

【生态习性】喜温暖、湿润的气候,较耐寒,耐阴。喜排水良好、肥沃的石灰质土壤或中性土壤。

【景观应用】叶形如扇,姿态优雅,适宜于庭院绿化。

【其他用途】棕皮纤维做绳索,编蓑衣、棕绷、地毡,制刷子和做沙发的填充料等;嫩叶经漂白可制扇和草帽;未开放的花苞可供食用;棕皮及叶柄(棕板)煅炭入药有止血作用,果实、叶、花、根等也可入药。

## 任务9-2　观赏竹类植物识别

**引导问题9-2:竹子在园林景观中具有较广泛的应用,请列举3～5种当地景观营造中常用的竹子以及在园林中的景观应用方式。这些竹子除了用作景观营造,当地老百姓还有没有其他的应用方式?请列举1～2种。**

______________________________

______________________________

______________________________

**小提示：**

1. 凤尾竹 *Bambusa multiplex* f. *fernleaf*

【科属】禾本科　簕竹属

【产地与分布】原产于我国，华东、华南、西南以至台湾、香港。

【识别特征】灌木状丛生竹，植株较高大，竿高 3～6 m，竿中空；小枝稍下垂，具叶 9～13 片，叶片线形。竿箨早落；箨耳极微小或不明显，边缘有少许繸毛；箨舌高 1～1.5 mm，边缘呈不规则的短齿裂；箨片直立，易脱落，狭三角形，背面散生暗棕色脱落性小刺毛。

【生态习性】喜光，耐半阴，喜温暖、湿润的环境，耐寒，不耐干旱。

【栽培资源】常见变种及品种：

①观音竹 var. *riviereorum*　与凤尾竹区别在于竿实心，高 1～3 m，直径 3～5 mm，小枝具 13～23 叶，且常下弯呈弓状，叶片较原变种小，长 1.6～3.2 cm。

②小琴丝竹'Alphonse-Karr'　与凤尾竹区别在于竿和分枝的节间黄色，具不同宽度的绿色纵条纹，竿箨新鲜时绿色，具黄白色纵条纹。

【景观应用】茎干纤细，枝叶浓密，适于作绿篱或庭院种植。

2. 黄金间碧竹 *Bambusa vulgaris* f. *vittata*

【别名】黄金间碧玉

【科属】禾本科　簕竹属

【产地与分布】我国广西、海南、云南、广东和台湾等省(自治区)的南部地区庭园中有栽培。

【识别特征】乔木状丛生竹，竿高大，7～15 m，直径 6～10 cm；竿黄色，具显著的宽窄不等的绿色条纹；箨鞘早落，竿箨背面密生暗棕色刺毛，箨叶直立或稍外翻，宽三角形至三角形，箨耳长圆形或肾形，箨舌高 3～4 mm，边缘细齿裂；叶鞘初时疏生棕色糙硬毛，叶耳宽镰刀形。笋期 8—10 月。

【生态习性】喜光，耐半阴，喜高温，较耐寒，适于种植在肥沃、疏松、排水良好的壤土中。

【栽培资源】常见品种：

大佛肚竹'Wamin'　丛生竹，竿绿色，下部各节间极为短缩，并在各节间的基部肿胀。

【景观应用】黄金间碧竹的竹丛高大，竹型美观，在园林中得到了大量的应用，深受人们的喜爱。适宜前庭造景或与其他花境搭配应用，是我国分布比较广泛的重要观赏竹种。

3. 菲黄竹 *Sasa auricoma*

【科属】禾本科　赤竹属

【产地与分布】原产于日本。我国广东、广西、云南、上海、浙江、江苏、重庆、四川等地有栽培。

【识别特征】草本状混生竹，竿高 0.6～0.8 m，直径 0.1～0.2 cm，嫩叶为黄白色，具绿色条纹，老后叶片常变为绿色；节间长 0.1～0.2 m，绿色，无毛，节下被白粉一圈；竿环稍隆起，不分枝或少有每节具 1 分枝；小枝具叶 3～4，叶片披针形。笋期 4 月。

【生态习性】喜光，较耐阴。喜温暖潮湿的气候，肥沃、疏松、排水良好的沙质土壤。

【栽培资源】同属常见种：

菲白竹(花叶竹、白斑翠竹)*S. fortune*　混生竹，竿高 0.1～1 m，直径 0.1～0.2 m，节间圆筒状，上部被灰白色细毛，节下方毛较密，被一圈白粉，中空；箨环隆起，无毛；竿节上不分枝或仅具一分枝；箨鞘宿存，长约节间的 1/2；叶片被白色柔毛，下面毛较密，上面具黄色或淡黄色至近白色的纵条纹。笋期 5 月。

【景观应用】植株矮小，枝叶密集，叶色淡黄具绿色条纹，是优良的园林地被竹种，并适宜做盆栽或制作盆景。

4. 人面竹 *Phyllostachys aurea*

【别名】罗汉竹

【科属】禾本科　刚竹属

【产地与分布】产于福建、浙江。我国南方各省多有栽培，世界其他地区已引种栽培。

【识别特征】小乔木状散生竹，竿高 5～12 m，直径 2～5 cm，幼时被白粉，无毛；中部节间长 15～30 cm，基部或有时中部的数节间极缩短，缢缩或肿胀，或其节交互倾斜，中、下部正常节间的上端也常明显膨大；箨鞘背面为黄绿色或淡褐黄带红色，无白粉，箨片狭三角形，开展或外翻而下垂；竿节上具二分枝；叶片狭长披针形或披针形。笋期 5 月中旬。

【生态习性】喜温暖、湿润的环境，耐寒，较耐旱，适应性强。

【景观应用】竹竿中下部数节节间极度缩短，倾斜、缢缩或肿胀，具有特殊的观赏价值，适宜于作盆景，也可用于与其他园林小品搭配造景。

5. 毛竹 *Phyllostachys edulis*（*P. heterocycla*）

【别名】楠竹、江南竹、茅竹

【科属】禾本科　刚竹属

【产地与分布】分布于自我国秦岭、汉水流域至长江流域以南和台湾地区，黄河流域也有多处栽培。

【识别特征】乔木状散生竹，竿高达 20 m，粗者可达 20 cm，幼竿密被细柔毛及厚白粉，箨环有毛，老竿无毛，并由绿色渐变为绿黄色；竿环不明显，低于箨环或在细竿中隆起。箨鞘背面为黄褐色或紫褐色，具黑褐色斑点及密生棕色刺毛；箨耳微小，繸毛发达；箨舌宽短；箨片较短，长三角形至披针形，有波状弯曲，绿色，初时直立，以后外翻。叶片较小较薄，披针形。笋期 4 月。

【生态习性】喜温暖、湿润的环境，需充裕的水湿条件，但不耐水淹。喜肥沃、湿润、排水和透气性良好的酸性沙质土或沙质壤土。

【景观应用】毛竹四季常青，挺拔秀伟，适宜群植作风景林、旅游林，或在园林中作点缀。

【其他用途】竿粗大，可供建筑用，如梁柱、棚架、脚手架等，篾性优良，供编织各种粗细的用具及工艺品，枝梢作扫帚，嫩竹及竿箨作造纸原料，笋味美，鲜食或加工制成玉兰片、笋干、笋衣等。

6. 紫竹 *Phyllostachys nigra*

【别名】乌竹、黑竹

【科属】禾本科　刚竹属

【产地与分布】原产于我国湖南南部。我国南北方各地多有栽培。印度、日本及欧美国家有栽培。

【识别特征】灌木状散生竹，竿高 4～8 m，直径可达 5 cm，幼竿绿色，密被细柔毛及白粉，箨环有毛，一年生以后的竿逐渐出现紫斑，最后全部变为紫黑色，无毛；竿环与箨环均隆起，且竿环高于箨环或两环等高。箨鞘背面为红褐色，无斑点或常具极微小的深褐色斑点；箨耳长圆形至镰形，紫黑色，边缘生有紫黑色繸毛；箨舌边缘生有长纤毛；箨片为三角形至三角状披针形。叶片质薄。笋期为 4 月下旬。

【生态习性】喜阳光充足、湿润、凉爽环境，耐寒，耐旱。喜肥沃、疏松、排水良好的沙质土壤。

【景观应用】竿与枝条在老竿中为紫色，具特殊的观赏价值，是著名的观赏竹类。适宜群植，形成紫竹林景观，也可丛植，与其他园林小品搭配，还可以盆栽供观赏。

**作业：**

调查所在地棕榈类、竹类植物相关信息，根据植物形态学识别知识描述植物的主要形态识别特征并记录，完成表9-1。

参考资料：

[1]中国植物图像库 http://ppbc.iplant.cn

[2]植物智 http://www.iplant.cn

**表9-1　观赏棕榈类、竹类植物调查表**

地点：______________________

| 序号 | 种名 | 拉丁名 | 科 | 主要识别特点 |
| --- | --- | --- | --- | --- |
| | | | | |
| | | | | |
| | | | | |
| | | | | |
| | | | | |
| | | | | |
| | | | | |
| | | | | |
| | | | | |
| | | | | |
| | | | | |
| | | | | |
| | | | | |
| | | | | |
| | | | | |
| | | | | |
| | | | | |
| | | | | |
| | | | | |

# 学习情境 10

# 观赏草本花卉识别

## 学习情景描述

园林中草本花卉种类、品种繁多，具有色彩艳丽、丰富的特点。可以说，草本花卉是人工植物群落的构成成分之一，不仅具有美化环境的作用，还能够形成独特的园林景观，应用形式灵活多变。通过调查、识别、整理本地区观赏草本花卉资源，了解本地乃至全国相关苗木资源情况，以利于后续植物景观设计、植物养护管理课程学习。

## 学习目标

◆ 掌握当地观赏草本花卉的识别方法，掌握常见观赏草本花卉的生长习性、基本形态特征。

◆ 掌握当地常见观赏草本花卉的主要观赏特性、观赏期及园林用途。

◆ 学会用相应的工具和检索书籍、鉴定观赏草本花卉，并用形态术语准确描述植物的形态特征。

## 任务书

◆ 常见花卉识别

在校园、道路、居住区、公园等不同绿地中，观察绿地中的草本花卉或是本地区常见园林草本花卉植物标本，用植物形态术语分别描述叶、花、果的形态特征。

◆ 选择几种园林草本花卉，绘出叶、花、果实、枝条的形态简图，以加深记忆。

## 学习准备

1. 学习材料

实物标本、腊叶标本，本地区主要园林草本花卉 30～40 种。

2. 学习工具与用品

枝剪、解剖刀、解剖针、放大镜、记录本、工具书等。

3. 实训地点

实验室、实训基地。

4. 前期理论知识准备

1）一二年生花卉

一二年生花卉狭义是指在一个或两个生长季内完成生活史的草本花卉。广义的还包含多年生草本花卉作一二年生花卉栽培的类型。

典型的一年生花卉是指在一个生长季内完成全部生活史的花卉。一般春季播种，夏、秋开花，冬季来临时死亡，又称春播花卉。如凤仙花、鸡冠花。

典型的二年生花卉是指在两个生长季完成生活史的花卉。一般秋季播种，次年的春季或初夏开花，在炎夏到来时死亡。如羽衣甘蓝、紫罗兰。

此外，还有一些多年生花卉因应用的需要常作一二年生栽培。这类花卉在当地露地环境中多年生栽培时，对气候不适应，或是不耐寒或不耐热导致生长不良或观赏效果不佳，从而用作一二年生花卉栽培。如一串红、三色堇。

一二年生花卉通常色彩鲜艳美丽，开花繁茂整齐，装饰效果好，重点美化时常常使用这类花卉，是花坛、花带、种植钵等的常用花卉。

在园林中，一二年生花卉有不少优点：

- 一二年生花卉繁殖系数大，繁殖容易，栽培方法简单。
- 生长季节短，开花集中，有利于更新，可以迅速达到美化作用，见效快。
- 种类多，多数花大、色艳，开花时繁茂整齐，装饰效果好。
- 有些种类可以自播繁衍，形成野趣。

在园林中，一二年生花卉缺点：

- 大多数要求环境好，土壤肥沃，阳光充足，并且保证灌溉。
- 培育工序多，技术要求精细。
- 花期短，维持景观不长，更换次数多，增加用功量，造成管理费用高。
- 要有优良的种子，否则容易退化。

2)宿根花卉

宿根花卉是指地下器官形态正常的多年生草本花卉。根据其生态类型，可把宿根花卉分为耐寒性宿根花卉和不耐寒性宿根花卉两大类。耐寒性宿根花卉主要原产于温带，可露地栽培，花后地上部分或全部枯萎，地下部分休眠，以地下部分着生的芽或萌蘖越冬或越夏后再度开花。不耐寒性宿根花卉原产于热带、亚热带，为常绿性，冬季茎叶仍为绿色，在寒冷地区不能露地越冬，需移入室内或温室。

宿根花卉种类(品种)繁多，使用方便经济，一次种植可多年观赏，是花境应用的主要材料，还适于多种应用方式，如花坛、种植钵、花带、花丛花群、地被、切花、干花、垂直绿化等。

3)球根花卉

球根花卉是指地下器官变态的多年生草本花卉。按其地下器官的变态形态特征可分为鳞茎、球茎、块茎、根茎和块根类；依生态习性可分为春植球根和秋植球根花卉。

球根花卉色彩艳丽丰富，观赏价值高，是园林中色彩的重要来源。球根花卉是各种花卉应用形式的优良材料，尤其是花坛、花丛花群、缀花草坪的优秀材料；还可用于混合花境、种植钵、花台、花带等多种形式。有许多种类是重要的切花、盆花生产用花卉。

任务实施

# 任务10-1 一二年生草本花卉识别

**引导问题10-1：**请利用当地一二年生花卉苗木资源，为学校大门口设计一个国庆花坛(6 m×4 m)，请在下框中绘制简图，并完成表10-1，注意植物选择色彩协调，植株高度合适，花期一致，能够体现节日气氛。

表10-1 国庆花坛植物名录

| 序号 | 种名 | 拉丁名 | 色彩 | 规格 |
|---|---|---|---|---|
| | | | | |
| | | | | |
| | | | | |
| | | | | |
| | | | | |
| | | | | |
| | | | | |
| | | | | |
| | | | | |
| | | | | |
| | | | | |
| | | | | |
| | | | | |
| | | | | |
| | | | | |

**小提示：**

**(一)一年生花卉**

1.翠菊 *Callistephus chinensis*

【别名】江西腊、七月菊、蓝菊

【科属】菊科　翠菊属

【产地与分布】原产于我国东北、华北以及四川、云南各地，目前世界各地广泛栽培。

【识别特征】一年生花卉，也可作二年生栽培。株高 15～100 cm，茎被白色糙毛，直立，粗壮，上部多分枝。叶互生，上部叶无柄，匙形，下部叶有柄，阔卵形。头状花序单生枝顶，花径 3～15 cm；舌状花有红、蓝、紫、白、黄等深浅各色，管状花为黄色。春播花期夏季，秋播花期春季。

【生态习性】长日照植物，喜阳光充足。喜温暖，不耐寒，忌酷暑。喜肥沃、湿润和排水良好的沙质壤土。

【栽培资源】园艺栽培品种丰富，按株型分为直立型、半直立型、分枝型和散枝型等；按株高分高型(50 cm 以上)、中型(30～50 cm)、矮型(30 cm 以下)；按花色可分为蓝紫、紫红、粉红、白、桃红、乳白、乳黄等色；按花型有平瓣类、卷瓣类，单瓣型、芍药型、菊花型、发射型、托桂型和驼羽型等多种花型；按花期早晚分有早花、中花和晚花 3 类。

【繁殖】播种繁殖。

【景观应用】翠菊花色鲜艳，花型多样，开花繁盛，花期颇长，古朴高雅，是国内外园艺界非常重视的观赏植物。矮型种用于盆栽、花坛观赏，中型种适于布置花坛、花境，高型种主要用作切花。

2.醉蝶花 *Tarenaya hassleriana*(*Cleome spinosa*)

【别名】西洋白花菜、紫龙须、凤蝶草

【科属】白花菜科　醉蝶花属

【产地与分布】原产热带美洲，我国广泛栽培。

【识别特征】一年生花卉。高 1～1.5 m，全株被黏质腺毛，有强烈气味。叶为具 5～7 小叶的掌状复叶，互生；小叶草质，椭圆状披针形或倒披针形，全缘；总叶柄细长，基部有 2 枚托叶演变成的小钩刺。总状花序顶生球形，小花由下向上层层开放，具长梗；花瓣 4 片，倒卵状披针形，有长爪；雄蕊 6 枚，细长，长长地伸出花冠外，为花瓣的 2～3 倍；花初开为白色，后变成粉色至淡紫色，微香；花期初夏，花后立即结出圆柱状蒴果，花果同现。

【生态习性】喜阳光充足，耐半阴。喜高温，耐暑热，忌严寒，耐干旱，忌积水。喜肥沃疏松和排水良好的土壤。

【繁殖】播种繁殖，能自播繁衍，不耐移植。

【景观应用】醉蝶花花形优美别致，花瓣团圆如扇，形似蝴蝶飞舞，长长的雄蕊伸出花冠之外，形似蜘蛛，又如龙须，颇具观赏价值。可在夏秋季节布置花坛、花境或切花水养，也可进行矮化栽培作盆栽观赏。对二氧化硫、氯气均有良好的抗性，是非常优良的抗污花卉。

【其他用途】醉蝶花是一种蜜源植物，还可提炼优质精油。

3.秋英 *Cosmos bipinnatus*

【别名】波斯菊、大波斯菊

【科属】菊科　秋英属

【产地与分布】原产于墨西哥及南美洲，现全世界各地均有栽培。

【识别特征】一年生花卉。株高 30～120 cm，株型洒脱，茎纤细而直立，分枝多。叶对生，长约 10 cm，二回羽状裂叶，裂片全缘无齿。头状花序顶生或腋生，舌状花一轮，花瓣 8 枚，尖端呈齿状；花色从白、粉红至紫红，管状花黄色；花期 9 月至霜降。

【生态习性】喜光，短日照植物。喜温暖，不耐寒，忌炎热。耐干旱瘠薄，肥水过多则茎叶徒长而少花。忌大风，易倒伏。宜排水良好的沙质土壤。

【栽培资源】

(1)园艺品种　分早花型和晚花型两大类。有托桂型、重瓣和半重瓣品种。还有对日照不敏感的品种。

(2)本种常见变种：

①白花波斯菊 var. *albiflorus*　花纯白色。

②大花波斯菊 var. *grandiflorus*　花大，花色多。

③紫花波斯菊 var. *purpurea*　花紫红色。

(3)同属常见栽培种　硫华菊(黄波斯菊)*C. sulphureus*，一年生花卉。高 20～200 cm，叶裂片宽，花较小，舌状花金黄或橘黄。

【繁殖】播种繁殖，具极强的自播繁衍能力。

【景观应用】波斯菊一经栽种，翌年可有大量自播苗，若稍加保护，还可逐年扩大，入秋繁花似锦，是优良的地被花卉。还可成片栽植作花境、花篱，营造野生自然情趣，也可作切花观赏。对氯气敏感，可作为氯气的指示植物。

4. 凤仙花 *Impatiens balsamina*

【别名】金凤花、指甲花、小桃红、透骨草

【科属】凤仙花科　凤仙花属

【产地与分布】原产于中国南部、马来西亚和印度，中国各地广泛栽培。

【识别特征】一年生花卉。株高 30～100 cm，茎肉质光滑，节部常膨大，呈绿色或深褐色，茎色与花色相关。单叶互生，阔或狭披针形，长达 10 cm 左右，顶端渐尖，边缘有锐齿，基部楔形，叶柄附近有几对腺体。花大，左右对称，单朵或数朵簇生于叶腋，花萼后伸为距；花冠蝶形，单瓣或重瓣；花色有粉红、大红、紫、白、黄、洒金等，有的品种同一株上能开数种颜色的花朵。花期夏季。

【生态习性】喜光，稍耐阴。喜温暖，不耐寒。喜疏松肥沃的微酸性土壤。

【栽培资源】同属常见栽培种：

①新几内亚凤仙 *I. hawker*　多年生花卉，该种为日本最新培育成功的矮性种。株高 25～30 cm，茎肉质；叶互生，披针形，绿色或古铜色，表面有光泽，叶脉清晰，叶缘有尖齿；花大，簇生叶腋。花开四季不绝，是作花坛、花境的优良素材。

②苏丹凤仙(非洲凤仙、洋凤仙)*I. walleriana*　多年生花卉。全株肉质，茎具红色条纹，易折断。叶长卵形，有长柄，叶色翠绿有光泽。四季开花，花色丰富，是优良的花坛、花境花卉，还是种植钵的好材料。

【繁殖】播种繁殖，可自播繁衍。

【景观应用】凤仙花形似彩凤，姿态优美，品种繁多，民间多栽植于庭院作观赏用。花色丰富，是美化花坛、花境的常用材料；高型品种可栽在篱边、庭前，矮型品种也可盆栽。凤仙花是氟化氢的检测植物。

【其他用途】种子在中药中称“急性子”。凤仙花带有天然红棕色素，在印度、中东等地称为海娜，中东人很早就种植这种植物，用它的汁液来染指甲和修饰自己。

5. 万寿菊 *Tagetes erecta*

【别名】臭芙蓉、万寿灯、蜂窝菊

【科属】菊科　万寿菊属

【产地与分布】原产于墨西哥，中国各地均有栽培。

【识别特征】一年生花卉。株高 50～100 cm，茎光滑而粗壮，具纵细条棱，绿色。叶对生，羽状全裂，裂片披针形，裂片边缘有时呈锯齿状；叶缘背面有油腺点，具强臭味。头状花序单生，花黄色或橘黄色，舌状花有长爪，边缘皱曲。花期夏、秋季。

【生态习性】短日照植物，喜阳光充足，耐半阴。喜温暖，稍能耐早霜。抗性强，耐移植，病虫害较少。

【栽培资源】

(1)常见栽培品种有高型种(株高 90 cm)、中型种(株高 60～70 cm)、矮型种(株高 20～30 cm)。矮型种非常受中国市场欢迎，按花色可分为黄、柠檬黄、橙黄和橙红四个品种。

(2)同属常见栽培种：

①细叶万寿菊 *T. tenuifolia*　一年生花卉。原产墨西哥。叶羽裂，裂片 13 枚，线形至长圆形，具锐齿缘。舌状花数少，常仅 5 枚。

②香叶万寿菊 *T. lucida*　一年生花卉。叶无柄，叶片长圆披针形，有尖细锯齿和有香味的腺点，头状花序顶端簇生。

【繁殖】播种和扦插繁殖。

【景观应用】万寿菊株型紧凑、花大色艳，开花繁多，花期长，适应性强，主要用于花坛、花境的布置，也是盆栽和切花的良好材料。万寿菊从播种到开花需 7～12 周，春播可用于“五一”花坛，夏播可用于“十一”花坛。

【其他用途】万寿菊是一种环保花卉，能吸收氟化氢和二氧化硫等有害气体，称为“蜂窝菊”。因叶有强烈气味，得名“臭芙蓉”。其自身病虫害少，也可保护周围其他花卉不生病虫。橙黄色的万寿菊鲜花中含有丰富的天然叶黄素，国际市场上 1 g 叶黄素的价格与 1 g 黄金相当，素有“软黄金”的美誉。

6. 孔雀草 *Tagetes patula*

【别名】小万寿菊、红黄草、西番菊

【科属】菊科　万寿菊属

【产地与分布】原产于墨西哥，现分布于我国四川、贵州、云南等地。

【识别特征】一年生花卉。株高 20～50 cm，茎多分枝，细长而晕紫色。叶对生或互生，羽状全裂，裂片线状披针形，裂片边缘有锯齿，先端尖细芒状，叶背有腺点。头状花序顶生，有长梗，总苞片一层层联合成圆形长筒；舌状花黄色或橙色，带红色斑，顶端微凹，管状花先端 5 裂，通常多数转变为舌状花而形成重瓣类型。花期夏季。

【生态习性】喜阳光，耐半阴。对土壤要求不严。孔雀草既耐移栽，又生长迅速，是一种适应性极强的花卉。

【栽培资源】园艺栽培品种按花色分为红黄色、纯黄色、橙色等品种。按花型分为单瓣、复瓣、鸡冠型等品种。

【繁殖】播种繁殖。

【景观应用】孔雀草花形与万寿菊相似，但花较小而繁多，花外轮为暗红色，内部为黄色，故名红黄草。因其极强的适应性，在华北地区既能承受“五一”的低温，又能忍耐“十一”的早霜，且在酷暑植株状态依旧能保持良好，是花坛、庭院的主体花卉，也可用于盆栽。

7. 百日草 *Zinnia elegans*

【别名】对叶梅、百日菊、步步高

【科属】菊科　百日草属

【产地与分布】原产于北美洲，以墨西哥为分布中心，中国各地习见栽培。

【识别特征】一年生花卉。株高30～100 cm，茎直立粗壮，上被短毛，侧枝呈叉状分生。叶对生，全缘，卵形至长椭圆形，基部抱茎。头状花序单生枝端，梗甚长，径4～10 cm；舌状花多轮，近扁盘状，有白、绿、黄、粉、红、橙等色，管状花集中在花盘中央，黄橙色，边缘5裂。花期夏季。

【生态习性】喜阳光，耐半阴。喜温暖，不耐寒，忌酷暑。耐瘠薄，宜在肥沃深厚土壤中生长，忌连作。

【栽培资源】

(1)同属常见栽培种：

①小百日草 *Z. angustifolia*　一年生花卉。株高15～30 cm，多分枝。叶狭披针形。头状花序小，舌状花单轮，黄橙色，中盘花突起。花开后转暗褐色，株型零乱，观赏价值下降。

②细叶百日草 *Z. linearis*　一年生花卉。株高30～40 cm，多分枝，叶线状披针形。花径4～5 cm，舌状花单轮，浓黄色，中盘花不突起。其枝叶纤细，紧密丛生，是优美的花坛、花境材料。

(2)园艺栽培品种　依花型分为纽扣型、鸵羽型、大丽花型等；依株高分高、中、矮株型；有斑纹等各种花色。

【繁殖】播种繁殖。

【景观应用】百日草花大色艳，开花早，花期长，株型美观，是夏秋园林中的优良花卉。适合布置花坛、花境，矮生种可盆栽，高秆品种适合做切花，水养持久。

**(二)二年生花卉**

8. 羽衣甘蓝 *Brassica oleracea* var. *acephala*(*B. oleracea* var. *acephala* f. *tricolor*)

【别名】叶牡丹、牡丹菜

【科属】十字花科　芸薹属

【产地与分布】原产于欧洲，现广泛栽培，主要分布于温带地区。

【识别特征】二年生花卉，为食用甘蓝卷心菜的园艺变种，不结球。根系发达，茎短缩。叶基生，大而肥厚，被有蜡粉；叶形多变，叶色丰富，整个植株形如牡丹，故名“叶牡丹”。

【生态习性】喜阳光充足，耐热性也很强。喜冷凉，极耐寒，可多次忍受短暂霜冻。生长势强，栽培容易。耐盐碱，喜肥沃土壤。

【栽培资源】园艺栽培品种丰富，按高度可分高型和矮型；按叶的形态分皱叶、不皱叶及深裂叶品种；按颜色，边缘叶有翠绿色、深绿色、灰绿色等，中心叶则有纯白、肉色、玫瑰红等。

【繁殖】播种繁殖。

【景观应用】羽衣甘蓝叶形多变，叶色鲜艳，观赏期长，是华中以南地区冬季花坛的重要材料，也可用于花坛镶边和组成各种美丽的图案，还可作盆栽；高型品种常用作切花。

9.金盏菊 *Calendula officinalis*

【别名】金盏花、黄金盏、长生菊

【科属】菊科　金盏菊属

【产地与分布】原产于欧洲西部、地中海沿岸、北非和西亚，现世界各地均有栽培。

【识别特征】二年生花卉，也可作一年生栽培。株高30～60 cm，全株被白色茸毛。单叶互生，椭圆形或椭圆状倒卵形，全缘，基生叶有柄，上部叶基部抱茎。头状花序单生顶端，舌状花一轮或多轮平展，金黄或橘黄色，具香气，筒状花为黄色或褐色。春播花期夏季，秋播花期春季。

【生态习性】喜阳光充足。喜冷凉，忌炎热，较耐寒。以疏松、肥沃、微酸性土壤最佳。

【栽培资源】园艺栽培品种多为重瓣，重瓣品种有平瓣型和卷瓣型，有长茎品种和矮生品种，还有绿色、深紫色、黑色、棕色"花心"的品种。

【繁殖】播种繁殖，能自播繁衍。

【景观应用】金盏菊植株矮生，花朵密集，色彩鲜明，金光夺目，花期长，为春季花坛常用花材，花坛栽植时应及时剪除残花，则开花不绝。也可作为草坪的镶边花卉或盆栽观赏，长梗大花品种可用于切花。金盏菊抗二氧化硫、氰化物及硫化物能力强，为优良的抗污花卉。

【其他用途】金盏菊可作为药用或食品染色剂，也可作化妆品或食用，还可以醒酒。

**(三)多年生常作一年生栽培**

10.锦绣苋 *Alternanthera bettzickiana*

【别名】五色苋、红绿草、五色草

【科属】苋科　虾钳菜属

【产地与分布】原产于巴西，中国各地普遍栽培。

【识别特征】多年生花卉常作一年生栽培。株高5～40 cm；茎直立或斜生，多分枝，四棱形。单叶对生，全缘，呈披针形、椭圆形或倒卵形；叶色丰富，有绿、褐绿色及黄色彩斑；叶柄较长。头状花序生于叶腋，花序小而不明显。

【生态习性】喜阳光充足，略耐阴，光线充足能使叶色鲜艳。喜温暖湿润，不耐寒。在肥沃、干燥、排水良好的沙质土壤上生长较好。

【栽培资源】同属常见栽培种：

红草五色苋(可爱虾钳菜) *A. amoena*　多年生花卉常作一年生栽培。茎平卧；叶狭，基部下延，叶柄短，叶绿色带暗紫红色或褐红色。

【繁殖】以播种繁殖为主，也可采用扦插繁殖。

【景观应用】五色草植株低矮、枝繁叶密、色彩丰富、极耐修剪，是布置模纹花坛和绿雕的优良材料，可配植成各种花纹、文字、图案等平面或立体造型。庭院栽培可用于花坛镶边及岩石园。

11.鸡冠花 *Celosia cristata*

【别名】笔鸡冠、鸡冠头、红鸡冠

【科属】苋科　青葙属

【产地与分布】原产于非洲、美洲热带和印度，世界各地广为栽培。

【识别特征】多年生花卉常作一年生栽培。株高15～150 cm，茎直立粗壮，光滑具棱，分枝少。叶互生，有柄全缘，长卵形或卵状披针形，基部渐狭。穗状花序顶生，具丝绒般光泽，花序上部退化成丝状，中下部成干膜质状，生不显著小花；花序有鸡冠状和羽状；花色有紫红、鲜红、淡黄、金黄等，叶色与花色常有相关性。花期夏季。

【生态习性】喜阳光充足，不耐霜冻。喜疏松肥沃和排水良好的土壤。

【栽培资源】鸡冠花的园艺变种、变型很多。按花型分2类：即鸡冠类（花序不分枝，鸡冠状）和羽毛类（花序多分枝，分枝顶端着生大小、长短不一的羽毛状花序）。按高矮分为高型鸡冠（80～120 cm）、中型鸡冠（40～60 cm）和矮型鸡冠（15～30 cm）。

【繁殖】播种繁殖，可自播繁衍。

【景观应用】鸡冠花花期长，花色丰富多彩，观赏价值极高，是园林中重要的花坛花卉。矮型及中型鸡冠花用于花坛及盆栽观赏，高型鸡冠花可作花境及切花，也可制干花。鸡冠花对二氧化硫、氯化氢具良好的抗性，适宜作厂矿绿化用，是一种抗污花卉。

12.矮牵牛 *Petunia hybrida*

【别名】碧冬茄、灵芝牡丹、杂种撞羽朝颜

【科属】茄科　碧冬茄属

【产地与分布】原产于南美洲阿根廷，现世界各地广泛栽植。

【识别特征】多年生花卉常作一年生栽培。株高15～60 cm，全株被黏毛，嫩茎直立，老茎匍匐状。单叶互生，卵形，全缘，近无柄，上部叶对生。花单生叶腋或顶生，花较大，花冠喇叭状，花色有红、白、粉、紫及各种斑纹。花期夏季。

【生态习性】喜光和温暖，不耐霜冻，属长日照植物。忌雨涝，喜疏松、肥沃和排水良好的微酸性土壤。

【栽培资源】园艺品种甚多，依花型有单瓣、重瓣、皱瓣等；依花大小有巨大轮（9～13 cm）、大轮（7～8 cm）和多花型小轮（5 cm）；依植株性状分为高性种、矮性种、丛生种、匍匐种、直立种、垂枝种；依花色有白、红、粉、紫至黑色以及各种斑纹。目前园林中常用大花型和多花型品种，还有垂吊型品种在室内外环境中。

【繁殖】播种繁殖。

【景观应用】矮牵牛开花繁茂，花期长，花色丰富，是优良的花坛和种植钵花卉，也可自然式丛植；大花及重瓣品种供盆栽观赏或作切花。在气候适宜的地方或温室栽培可四季开花。

13.一串红 *Salvia splendens*

【别名】西洋红、墙下红、撒尔维亚

【科属】唇形科　鼠尾草属

【产地与分布】原产于南美巴西，中国各地广泛栽培。

【识别特征】多年生花卉常作一年生栽培。株高30～80 cm，茎基部多木质化，茎多分枝，四棱形，光滑。叶对生，卵圆形或三角状卵圆形，先端渐尖，边缘具锯齿。顶生总状花序似串串爆竹，花唇形，伸出萼外，花萼与花冠同色，花落后花萼仍有观赏价值，花有鲜红、红、粉、紫白、复色等多种颜色。花期夏季。

【生态习性】原为短日照植物，现已选育出日中性和长日照品种。喜阳光充足、温暖，对温度反应较敏感，忌霜雪和高温。喜疏松、肥沃和排水良好的沙质壤土。

【栽培资源】同属常见栽培种：

①朱唇（红花鼠尾草）*S. coccinea*　多年生花卉常作一年生栽培。全株有毛，花冠鲜红，下唇长于上唇2倍。适应性强，易自播繁衍。

②蓝花鼠尾草 *S. farinacea*　多年生花卉。植株多分枝，花冠蓝青色，被柔毛。花冠不易脱落，花色保持好，花期长，生长整齐。是花坛和种植钵的理想花卉，还可作切花。

③一串紫 *S. horminum* 一年生花卉。全株具长软毛，具长穗状花序，花小，紫、堇、雪青等色。变种多。

【繁殖】播种和扦插繁殖。

【景观应用】一串红植株紧密，开花时覆盖全株，花序修长，花色亮丽，花期长，适应性强，是优良的花坛主体材料，也常植于林缘、篱边或作为花坛镶边；矮生品种还可用于盆栽。

**(四)多年生常作二年生栽培**

14. 雏菊 *Bellis perennis*

【别名】春菊、延命菊、马兰头花

【科属】菊科 雏菊属

【产地与分布】原产于欧洲，现广泛栽植于各地园林。

【识别特征】多年生花卉常作二年生栽培。株高 7～20 cm，植株矮小，全株具毛。叶基部簇生，长匙形。花葶自叶丛中抽出，头状花序单生，花径 3～5 cm；舌状花一轮或多轮，条形，有白、粉、红、紫、洒金等色，筒状花黄色。花期春季。

【生态习性】喜阳光充足，不耐阴。宜冷凉气候，较耐寒，重瓣品种耐寒力较弱。喜肥沃、富含腐殖质的壤土。

【栽培资源】园艺栽培品种丰富，依瓣型分为单瓣和重瓣品种；依花型大小分为大花型和小花型品种；依花型分为蝶形、球形、扁球形等。

【繁殖】播种、分株和扦插繁殖。

【景观应用】雏菊花朵像未成形的菊花，故在中国取名“雏菊”。植株矮小，色彩丰富，花朵整齐，明媚素净，是优良的地被花卉，多用于装饰花坛和花境，还可用来装点岩石园。若在居室盆栽观赏，能吸收家居有害气体。

15. 紫罗兰 *Matthiola incana*

【别名】春桃、草桂花

【科属】十字花科 紫罗兰属

【产地与分布】原产于欧洲地中海沿岸，目前我国大部分地区广泛栽培，北方多温室观赏。

【识别特征】多年生花卉常作二年生栽培。株高 30～60 cm，全株被灰色柔毛，茎直立，基部稍木质化。叶互生，长椭圆形或倒披针形，全缘，先端圆钝。总状花序顶生，花梗粗壮；萼片 4 枚，花瓣 4 枚，单瓣或重瓣；花有紫红、淡红、淡黄、白等颜色；具香气。花期春季。

【生态习性】喜冷凉，冬季能耐 −5 ℃低温，忌燥热。喜肥沃湿润及深厚的中性或微酸性土壤。

【栽培资源】园艺栽培品种极多，依株高分为高、中、矮三类，高型品种是重要的草本切花；依花型分为单瓣和重瓣两种品系，重瓣品系观赏价值高；依花期不同分为夏紫罗兰、秋紫罗兰及冬紫罗兰。

【繁殖】播种繁殖，也可扦插。

【景观应用】紫罗兰花朵茂盛，香气浓郁，花期长，花序也长，是花坛、花境的主要花卉，也是重要切花，还可供盆栽观赏。

16. 三色堇 *Viola tricolor*

【别名】猫脸花、蝴蝶花、鬼脸花

【科属】堇菜科 堇菜属

【产地与分布】原产于欧洲，现分布世界各地。

【识别特征】多年生花卉常作二年生栽培。茎直立，分枝或不分枝。基生叶多，卵圆形，茎生叶长卵形；叶缘有整齐的钝锯齿。托叶大型，叶状，羽状深裂。花顶生或腋生，挺立于叶丛之上；花瓣5枚，花朵外形近圆形，平展；花径4～5 cm，花色丰富，花心常具放射状细条深色线，有短距；花量大，花期春季。

【生态习性】喜冷凉，较耐寒，忌高温多湿。喜光，略耐半阴。要求肥沃湿润的壤土，在贫瘠、水涝地生长不良，品种易退化。

【栽培资源】同属常见栽培种：

①大花三色堇 *Viola*×*wittrockiana*　多年生花卉常作二年生栽培，园艺杂种，是三色堇和耕地堇菜的杂交后代（*V. tricolor*×*V. arvensis*）。花大，花径3.5～12.5 cm，花瓣常相互重叠；花单色或复色，花色有黄、白、蓝、褐、红等，大部分品种有深色花心。花期可从早春至初秋。耐寒性较三色堇弱。

②角堇 *V. cornuta*　多年生花卉常做一年生栽培，原产于西班牙和比利牛斯山脉。花径较小，仅2～4 cm；花朵繁密，花中间无深色圆点，只有猫胡须一样的黑色直线；花形偏椭圆。较大花三色堇耐热。花期夏季。

【繁殖】播种繁殖。

【景观应用】三色堇因花有三种颜色对称地分布在五个花瓣上，构成的图案形同猫的两耳、两颊和一张嘴，故名“猫脸花”；又因整个花被风吹动时，如翻飞的蝴蝶，所以也称“蝴蝶花”。

大花三色堇株型低矮，花繁色浓，适应性强，耐粗放管理，是布置冬、春季花坛、花境的主要花卉之一，多用于广场及街头组合花坛的镶边植物，或作春季球根花卉的“衬底”栽培。大花、斑色系特别适合作盆花或组合盆栽，小花品种可作为悬挂栽培，或花钵的镶边材料。

二维码10-1
观赏一二年生花卉

**小知识：**

《楚辞》里的花草情

战国时代，楚国的屈原以他精湛的辞赋技艺，巧妙地展现了楚地的方言韵味、人情风貌以及独特的风物特色，为后世留下了一部不朽的文学佳作——《楚辞》。在这部作品中，香草与香木成为不可或缺的核心元素，屈原借助它们来寄托自己的情感、表达内心的志向，并运用比兴的手法象征各种事物。

在《离骚》中，“扈江离与辟芷兮，纫秋兰以为佩”这句诗，屈原用江离、芷草、秋兰等香草来比喻自己美好的品德，展现了他对美好品质的不懈追求和深切珍视。而在《九歌·湘夫人》中，“合百草兮实庭，建芳馨兮庑门”则描绘了一个汇集各种花草布满庭院的场景，门廊间芬芳馥郁，浪漫与梦幻情调十分鲜明，勾勒出一个幻彩缤纷的艺术世界。

《楚辞》不仅揭开了中国文学的辉煌篇章，在推动中国古代文学艺术发展方面还产生了深远的影响。尤为值得一提的是，它在培育人们对观赏植物的热爱与鉴赏力方面也扮演了举足轻重的角色。《楚辞》犹如一片沃土，滋养了中国传统观赏植物文化的发展，为塑造我们深厚的文化底蕴和对人文精神的崇尚奠定了坚实的基础，其在植物内涵的描绘上更是丰富多彩，独具特色。

**知识拓展：**

二维码 10-2

其他常见一二年生花卉植物名录

# 任务 10-2　宿根花卉识别

**引导问题 10-2：请调查当地园林中常用作花境的宿根花卉，记录相关物候信息，并完成表 10-2。**

表 10-2　花境植物名录

| 序号 | 种名 | 拉丁名 | 色彩 | 观赏期 |
| --- | --- | --- | --- | --- |
| | | | | |
| | | | | |
| | | | | |
| | | | | |
| | | | | |
| | | | | |
| | | | | |
| | | | | |
| | | | | |
| | | | | |
| | | | | |
| | | | | |
| | | | | |
| | | | | |
| | | | | |
| | | | | |
| | | | | |
| | | | | |

注：可根据实际情况进行增减。

**小提示：**

**(一)耐寒性宿根花卉**

1. 菊花 *Chrysanthemum* × *morifolium*

【别名】黄花、更生、九花

【科属】菊科 菊属

【产地与分布】原产于中国，至今约有3000年栽培历史，现世界各地广泛栽培。

【识别特征】宿根花卉。茎直立，基部木质化，上部多分枝，略具棱。单叶互生，有柄，羽状浅裂或深裂；叶缘有粗大锯齿或深裂，基部楔形，托叶有或无。花梗高出叶面，头状花序单生或数朵聚生枝顶；舌状花雌性，管状花两性；花序的大小、颜色、形态及花期等依品种、品系变化极大；现花期可以延续全年，微香。

【生态习性】短日照植物。喜凉爽、较耐寒；耐旱，最忌积涝。喜肥沃、排水良好的土壤。

【栽培资源】菊花品种丰富，全世界有2万～3万个，我国有3000多个，品种可按自然花期、花(序)径、花瓣形态、整枝方式和应用方式进行分类。

(1)根据自然花期分类

夏菊：6—9月开花，日照中性，10 ℃左右花芽分化。

秋菊：10—11月开花，花芽分化与花蕾发育都需要短日照，15 ℃以上花芽分化。

寒菊：12月至翌年1月开花，花芽分化与花蕾发育都需要短日照，高温下花芽分化。

四季菊：四季开花，花芽分化及花蕾发育对日照反应均为中性。

(2)根据花(序)径分类

小菊：花(序)径6 cm以下。

中菊：花(序)径6～10 cm。

大菊：花(序)径10 cm以上。

一般常将大菊与中菊并称大、中菊，而小菊则自成一类。

(3)根据花瓣形态分类　目前中国使用的主要是中国园艺学会、中国花卉盆景协会于1982年在上海的菊花品种分类学术会议上，对花径在10 cm以上晚秋菊的分类方案。把菊花分为五个瓣类，包括30个花型和13个亚型。但在实际应用中没有使用亚型，并且对30个花型中一些相似花型做了合并。

(4)根据整枝方式和应用方式分类

①盆栽菊　普通盆栽菊按培养枝数不同分为：

独本菊(标本菊)：一株一茎一花，又称为标本菊或品种菊。

案头菊：与独本菊相似，但低矮，株高20 cm左右，花朵硕大，供桌面上摆设。

立菊：一株多干数花。

②造型艺菊　一般也作盆栽，但常做成特殊艺术造型。

大立菊：一株数百至数千朵花。

悬崖菊：通过整枝、修剪，整个植株体成悬垂式。

嫁接菊：在一株花卉的主干上嫁接各种花色的菊花。

菊艺盆景：由菊花制作的桩景或盆景。

中国目前栽培的观赏菊花主要有切花菊、花坛菊、盆花菊和庭院菊四大类，各类又有很多栽培品种。

【繁殖】扦插、嫁接、播种以及组织培养。

【景观应用】菊花是中国的传统名花，重要的秋季园林花卉，适用于花坛、花境、花丛及盆栽用花。此外，菊花花朵美丽，水养持久，是国际上销售量最大的鲜切花之一。

菊花文化丰富，被赋予高洁品性，为世人称颂。菊花是中国十大名花之一；花中四君子之一；也是世界四大切花之一。菊花具有清寒傲霜的品格，陶渊明有诗："采菊东篱下，悠然见南山"；唐·孟浩然《过故人庄》，"待到重阳日，还来就菊花"。在神话传说中菊花还被赋予了吉祥、长寿的含义，因此中国人有重阳节赏菊和饮菊花酒的习俗。

2.毛地黄 *Digitalis purpurea*

【别名】洋地黄、自由钟

【科属】玄参科　毛地黄属

【产地和分布】原产于欧洲西部，中国各地均有栽培。

【识别特征】宿根花卉。植株高大，高 90～120 cm，全株被灰白色短柔毛，茎直立，少分枝。叶粗糙、皱缩；基生叶具长柄，卵形至卵状披针形；茎生叶柄短或无，长卵形，叶形由下至上而渐小。顶生总状花序着生一串下垂的钟状小花，花冠为紫红色，花筒内侧浅白有暗紫色斑点及长毛；花期 6—8 月。

【生态习性】喜阳，耐阴。较耐寒，忌炎热，较耐干旱。喜湿润且排水良好的土壤。

【繁殖】播种、分株繁殖。

【景观应用】毛地黄植株高大，花序挺拔，花形优美，色彩鲜艳，为优良的花境竖线条材料，丛植更为壮观。盆栽多为促成栽培，早春赏花。亦可作切花，是重要的草本切花。

3.萱草类 *Hemerocallis* spp.

【别名】黄花、忘忧草、宜南草

【科属】百合科　萱草属

【产地和分布】原产于中国，现世界各地广泛栽培。

【识别特征】宿根花卉。叶多数，基生，二列状，宽线形。花茎高出叶丛，上部有分枝，花大，花冠漏斗形至钟形，盛开时花瓣裂片反卷，原种花色为黄至橙黄色。萱草单花开放 1 d，有朝开夕凋的昼开型，也有夕开次晨凋谢的夜开型及夕开次日午后凋谢的夜昼开型。

【生态习性】喜阳光，耐半阴；耐寒，华北可露地越冬。喜湿润，亦耐旱。喜富含腐殖质，排水良好的土壤。

【栽培资源】

(1)同属常见栽培种

①黄花菜(黄花) *H. citrina*　叶较宽，深绿色。花序上着生花多达 30 朵，花蕾为著名的"黄花菜"，干花蕾可供食用，是作为蔬菜种植的主要种。

②黄花萱草(金针菜) *H. flava*　叶片深绿色带状，拱形弯曲。花 6～9 朵，柠檬黄色，浅漏斗形。花蕾可食。

③萱草 *H. fulva*　原产中国南部，欧洲南部及日本有分布。叶披针形，排成 2 列状。圆锥花序，着花 6～12 朵，花冠阔漏斗形，边缘稍微波状，盛开时裂片反曲，花色橘红至橘黄色，无芳香。花期 6—8 月。

④大花萱草 *H. middendorffii*　叶低于花葶。花 2～4 朵，黄色，有芳香，花长 8～10 cm，花梗极短，花朵紧密，具有大形三角状苞片。大型变种 var. *major* 生长健壮，花更多。

⑤童氏萱草 *H. thunbergii* 叶深绿色而狭，生长健壮而紧密。花顶端分枝着花12～24朵，杏黄色，喉部较深，短漏斗形，具芳香。

(2)常见栽培品种 现代萱草品种非常丰富，至少由15个左右亲本育成，全世界登录在册的品种多达5万种以上，其色彩多样，花色除白色、蓝色外均有。分为落叶、半常绿、常绿3种类型(与栽培地气候有关)。花型有单瓣、复瓣、重瓣、蜘蛛瓣、特殊瓣等类型。

①'紫蝶'萱草 *H.* 'Little bumble bee' 株高50～60 cm，叶丛直径70～90 cm。花单瓣，黄色，花心为棕红色，花丝为黄色。较适合做花丛、花境。

②'金娃娃'萱草 *H.* 'Stella de oro' 株高30 cm，叶丛直径40～50 cm，花小，初夏开亮黄色花，单瓣。多作地被栽培。

【繁殖】分株、播种繁殖。

【景观应用】萱草春季萌芽，叶丛美丽，花葶高出叶丛，花色鲜艳，栽培容易，是优良的夏季园林花卉。适宜花境应用，也可丛植、片植于公园、路旁、绿地观赏，可作疏林地被运用，还可作切花。

萱草早在康乃馨成为母爱的象征之前，中国已把它作为母亲之花。

4. 玉簪 *Hosta plantaginea*

【别名】玉春棒、白鹤花

【科属】百合科 玉簪属

【产地和分布】原产于中国，现全世界广泛栽培。

【识别特征】宿根花卉。叶基生成丛，卵形至心状卵形，先端急尖，基部心形；叶脉呈弧状，叶柄长。总状花序顶生，着花9～15朵，高于叶丛；花为白色，管状漏斗形；花期6—8月。

【生态习性】喜阴，忌阳光直射。性强健，耐寒冷。喜湿润。喜土层深厚，排水良好且肥沃的沙质壤土。

【栽培资源】同属常见栽培种：

①狭叶玉簪 *H. lancifolia* 叶灰绿色，披针形至长椭圆形，两端渐狭。花茎中空，花淡紫色。

②紫萼 *H. ventricosa* 叶丛生，卵圆形，两端渐尖；叶柄边缘常下延呈翅状，叶柄沟槽较玉簪浅。花茎中空，花淡紫色。

③圆叶玉簪 *H. sieboldiana* 叶巨大，卵圆形，绿色，上面有白粉，蜡质。花白色，也带有淡紫色。该种园艺品种全世界有2000多种。叶色、叶形变化丰富，是重要的观叶类宿根花卉。

【繁殖】分株、播种繁殖。

【景观应用】玉簪类叶色苍翠，花洁白如玉或淡紫温良，叶片青翠宜人或具有美丽的色彩、斑纹，是良好的观叶、观花、地被植物和阴生植物，宜成片种植于林下、岩石园或建筑物北侧庇荫处，可盆栽观赏，也可作切花、切叶。

【其他用途】嫩芽可食、全草入药，鲜花可提制芳香浸膏。

5. 鸢尾类 *Iris* spp.

【科属】鸢尾科 鸢尾属

【识别特征】叶基生，多革质，剑形或线形。花茎从叶丛中抽出，蝎尾状聚伞花序或圆锥状聚伞花序；花从基部的苞片组成的佛焰苞内抽出，花被片6，外轮3片大而外弯或下垂是垂瓣(无附属物或具有鸡冠状及须毛状的附属物)，内轮3片较小，多直立或呈拱形是旗瓣。花期春夏季。

【生态习性】根茎类鸢尾耐寒性强，一些种类可耐 -40 ℃低温。大多数种类喜光，有些种类耐阴性强。不同的种类对水分、土壤要求不同。

【栽培资源】人们对鸢尾花的认知、栽培历史非常久远。公元 6 世纪的 *Viema codex of Dioscorides* 一书中已有鸢尾花的绘图，《神农本草经》也有鸢尾、马蔺的记载。Dykes 和 Simonet 也在 20 世纪初对鸢尾属进行了系统的分类，分为根茎类、块茎类和鳞茎类共 3 大类 13 个组。在园林中常用根茎类鸢尾，依据其对水分和土壤的要求分为 3 类：

(1)喜肥沃、湿润、排水良好、含石灰质的微碱性土壤

①香根鸢尾 *I. pallida*　根茎粗壮，有香味。叶剑形，质厚，革质，绿色被白粉而成灰绿色。花大，垂瓣中央有黄色须毛；苞片银白色，全部膜质。可作花境、丛植和香料花卉。花期 5 月。

②德国鸢尾 *I. germanica*　根茎粗壮，叶与香根鸢尾相似；花垂瓣中央有黄白色须毛；苞片绿色，草质，边缘膜质。可作花坛、花境、丛植。花期 4—5 月。

③鸢尾 *I. tectorum*　原产于云南、四川、江苏等地。植株低矮，根茎粗短。叶剑形，薄纸质，排列如扇形，淡绿色。花茎稍高于叶丛，有 1～2 分枝，着花 1～3 朵；垂瓣具蓝紫色条纹，瓣基具褐色条纹，中央有一行鸡冠状突起；旗瓣较小，淡蓝色，呈拱形直立；花色有蓝紫、白色。

(2)喜水湿和酸性土壤

①花菖蒲 *I. ensata*　又名玉蝉花。根茎粗壮，叶较窄，中脉明显。花茎稍高于叶丛，着花 2 朵，垂瓣光滑。是本属园艺化程度较高的种，有数百品种。可作水边丛植、专类园和切花。

②蝴蝶花 *I. japonica*　又名日本鸢尾。根茎较细，入土浅。叶嵌叠着生成阔扇形，深绿色有光泽。花垂瓣边缘具波状锯齿，中部有橙色斑点及鸡冠状突起；旗瓣稍小，上部边缘有齿；花大。可作花境和地被。

③黄菖蒲 *I. pseudocorus*　植株高大，根茎短粗。叶剑形，挺拔，中脉明显，黄绿色。花茎稍高于叶丛；垂瓣光滑，有斑纹或无。可作水边或水中丛植、花境。

④溪荪 *I. sanguinea*　叶窄，仅 1.5 cm，中脉明显，叶基红色。花茎与叶等高；苞片晕红色；垂瓣中央有深褐色条纹，浅紫色旗瓣基部黄色并有紫斑。可作水边丛植。

(3)适应性强，在任何土壤上均生长良好

马蔺 *I. lacteal* var. *chinensis*，根茎粗短，须根细而坚韧。叶丛生，革质而硬，灰绿色，很窄，基部具纤维状老叶鞘，叶下部带紫色。花茎与叶等高，着花 2～3 朵；垂瓣光滑，花瓣窄。根系发达，可用于水土保持和盐碱地改良。

【繁殖】分株、播种繁殖。

【景观应用】鸢尾叶片碧绿青翠，花宛若翩翩彩蝶，观赏价值高，可依据不同的株高、花色、花期布置专类园。是花境和水生植物园的重要材料，可作花丛、花群，也是优美的盆花，一些矮型种类(鸢尾、蝴蝶花、马蔺等)可作地被。另外，高型种类可作切花，根茎类水养 23 d，球根类水养 1 周左右。

法国的国徽上有鸢尾花的图案，鸢尾花被视为法国国花。

【其他用途】鸢尾类根茎可入药。有的种类根茎可提取香精，如香根鸢尾。

6. 多叶羽扇豆 *Lupinus polyphyllus*

【别名】羽扇豆、鲁冰花

【科属】蝶形花科　羽扇豆属

【产地和分布】原产于北美，中国多有栽培。

【识别特征】宿根花卉。茎粗壮直立，分枝成丛。掌状复叶多基生，叶柄长；小叶9～16枚，披针形至倒披针形；叶质厚，叶面平滑，背面具粗毛。总状花序顶生，高度40～60 cm，尖塔形；小花萼片2枚，唇形，花色丰富艳丽；花期6—8月。

【生态习性】喜光，略耐阴。喜凉爽，较耐寒，忌炎热。喜湿润，也耐干旱。喜肥沃、排水良好的沙质土壤，碱性土不能生长。不耐移植。

【繁殖】播种、扦插繁殖。

【景观应用】多叶羽扇豆植株挺拔高大，叶形秀美，花序醒目，花色丰富，观赏价值极高，是花境中优良的竖线条花卉，也可盆栽或作切花。

【其他用途】其根系具有固肥的机能，在中国台湾地区的茶园中广泛种植，被台湾当地人形象地称为“母亲花”，即音译的名字“鲁冰花”。

7. 紫茉莉 *Mirabilis jalapa*

【别名】草茉莉、胭脂花、地雷花、官粉花

【科属】紫茉莉科　紫茉莉属

【产地和分布】原产于南美热带地区，现中国各地均有栽培。

【识别特征】宿根花卉。植株开展，多分枝，节稍膨大。单叶对生，卵形或卵状三角形，全缘。花数朵集生枝端，花萼呈花瓣状；花冠漏斗形，高脚杯状，边缘有波状浅裂；花色有紫红、黄、红粉及间色；花期6—10月，具淡雅的茉莉香气，花午后开次晨凋萎。瘦果球形，黑色，形似地雷状。

【生态习性】喜半阴。喜温暖、湿润，不耐寒。喜土层深厚、疏松肥沃的壤土。

【繁殖】播种繁殖，能自播繁衍，外来入侵物种之一。

【景观应用】紫茉莉花色丰富，色彩艳丽，从夏至秋开花不绝，为著名的庭院花卉。宜于林缘周围大片自然栽植，或房前、屋后、篱垣、路边、居住小区的院落丛植点缀。

8. 芍药 *Paeonia lactiflora*

【别名】将离、离草、殿春、婪尾春

【科属】毛茛科　芍药属

【产地和分布】原产中国北部、日本及西伯利亚地区，现世界各地广泛栽培。

【识别特征】宿根花卉。地下具粗壮肉质纺锤形根，每年从其上发一年生的细根，早春新芽从根颈部抽出地面。初出叶红色，茎基部常有鳞片状变形叶；中部叶对生，二回三出复叶；小叶狭卵形、披针形或椭圆形，边缘有小齿。花1至数朵生于枝顶，有长花梗及叶状苞，苞片三出；花大且美，花径13～18 cm；花色丰富，单瓣或重瓣；花期5—6月，有芳香。

【生态习性】喜光。极耐寒，北方可露地越冬。宜肥沃、湿润及排水良好的沙质壤土，忌盐碱及低洼地。

【栽培资源】园艺栽培品种根据颜色可分为白、黄、绿、粉、粉蓝、红、紫红、紫、黑、复色等。根据花型可分为蔷薇型、皇冠型、千层台阁型、托桂型、金环型、菊花型、绣球型、楼子台阁型、单瓣型等。

【繁殖】分株、播种繁殖。

【景观应用】芍药适应性强，能露地越冬，管理较粗放，花开时十分壮观，是近代公园和庭院的主要花卉，常与牡丹共同组成牡丹芍药园；芍药栽植得宜，则开花繁盛，胜于牡丹，花期较牡丹稍长。水养持久，是优良的切花。

芍药是中国传统名花之一，具悠久的栽培历史，与牡丹并称“花中二绝”，自古有“牡丹为花王，芍药为花相”的说法。因其花形妩媚，花色艳丽，故占得形容美好容貌的“婥约”之谐音，名为“芍药”，较牡丹开花迟，故又称为“殿春”。《诗经·郑风》里便有：“维士与女，伊其相谑，赠之以芍药”之说。古代男女交往常互赠芍药，芍药是人们先于玫瑰表达爱慕的爱情花语，并起了一个缠绵的名字“将离草”，寄寓了人们惜别的情意。

【其他用途】芍药根是著名的中药材，早在1000多年前的医药著作《神农本草经》里已有记载。

9. 桔梗 *Platycodon grandiflorus*

【别名】僧帽花、六角荷、梗草

【科属】桔梗科　桔梗属

【产地和分布】原产日本，中国南北各地均有分布。

【识别特征】宿根花卉。株高40～90 cm，植株体内有乳汁，全株光滑无毛。叶互生或3枚轮生，无柄或有极短的柄；叶为卵形或卵状披针形，先端锐尖，基部宽楔形，边缘有锐锯齿。花单生枝顶或数朵组成疏生的总状花序；花冠呈钟形，蓝紫色或蓝白色；花期6—9月。

【生态习性】喜光，略耐阴。耐寒。喜湿润，忌积水。喜土层深厚、排水良好、土质疏松且含腐殖质的沙质壤土。

【繁殖】播种、分株繁殖。

【景观应用】桔梗花形优美，花大，花期长，花在含苞欲放时，花瓣密合，六角状，恰似和尚帽，亦称“僧冠花”。自然界多生长于山坡草丛间，富有极强的田园气息。高型品种可用于花境；中矮型品种可配植于花坛、路缘、岩石园、草坪上；矮生品种常用于切花生产。

**(二)不耐寒性宿根花卉**

10. 蜀葵 *Althaea rosea*

【别名】一丈红、熟季花、端午锦、棋盘花

【科属】锦葵科　蜀葵属

【产地和分布】原产于中国四川，现中国各地广泛栽培。

【识别特征】宿根花卉。全株被毛，株高2～3 m；茎直立挺拔，不分枝。单叶互生，具长柄；叶心形，5～7掌状浅裂或波状角裂，叶面粗糙多皱。花大，腋生，呈顶生总状花序；花径6～12 cm，花色有白、粉、大红、朱红、深红、墨红、紫、墨紫、黄、雪青等；花期6—8月。

【生态习性】喜光，耐半阴。性强健，耐寒。喜疏松肥沃，排水良好，富含有机质的沙质土壤；耐盐碱能力强。

【栽培资源】园艺品种较多，有千叶、五心、重台、剪绒、锯口等名贵品种，国外也培育出不少优良品种。

【繁殖】播种繁殖，可自播繁衍。

【景观应用】蜀葵花大色艳，一年栽植可连年开花，是中国著名的夏季庭院花卉。可在建筑物前、假山旁、墙垣前丛植或列植，或点缀花坛、草坪，也是优良的花境材料，在其中作竖线条花卉；也可作切花。

《尔雅》曰：“蜀葵，似葵，花似木槿花。”它原产于中国四川，故名曰“蜀葵”。又因其可达丈许，花多为红色，故名“一丈红”。于6月间麦子成熟时开花，而得名“大麦熟”。郭沫若描述为

“箭茎条条直射，琼花朵朵相继”。

【其他用途】嫩叶及花可食，皮为优质纤维，全株可入药，从花中提取的花青素，可为食品的着色剂。

11. 蓬蒿菊 *Argyranthemum frutescens*

【别名】茼蒿菊、木春菊、木茼蒿

【科属】菊科　木茼蒿属

【产地与分布】原产于南欧和加拿列岛。

【识别特征】宿根花卉。全株光滑无毛，多分枝，茎基部呈木质化。单叶互生，二回羽状深裂，裂片线形；下部叶倒卵状披针形，中部叶长圆形至披针形，上部叶渐小，披针形或线状披针形。头状花序着生于上部叶腋中，花梗较长；舌状花1～3轮，白色或淡黄色，筒状花，黄色；花期周年，盛花期4—6月。

【生态习性】喜光也耐阴。喜凉爽湿润，有一定的抗寒力，不耐炎热。喜富含腐殖质、肥沃疏松、排水良好的土壤。易移植。

【栽培资源】常见栽培变种：

①黄花木茼蒿 var. *chrysaster*　舌状花，黄色，生长旺盛，适于冬季促成栽培用。

②重瓣木茼蒿 var. *florepleno*　花重瓣，着花少，用于盆栽和切花。

【繁殖】扦插繁殖。

【景观应用】蓬蒿菊茎部木质化，取名木春菊，又因植株会发出类似蓬蒿菜(即茼蒿菜)的特殊香味，所以得名蓬蒿菊。其生长强健，株丛整齐，花繁色洁，花期甚长，多用于冬春切花或盆栽，在温暖地区常用于布置花坛或花境。

12. 四季秋海棠 *Begonia semperflorens*

【别名】四季海棠、玻璃翠、玻璃海棠、虎耳海棠

【科属】秋海棠科　秋海棠属

【产地和分布】原产于南美巴西，中国各地普遍栽培。

【识别特征】宿根花卉。株高15～40 cm，茎直立，稍肉质。叶对生，有光泽，卵圆至广卵圆形，边缘有锯齿，绿色或带淡红色。雌雄同株，雄花常先开放，花被片4，雌花花被片5；花顶生或腋生，聚伞花序，有单瓣或重瓣；花色有红、粉红、白等色。花期四季。

【生态习性】喜光，稍耐阴。喜温怕寒，忌炎热。喜湿润，怕水涝。喜排水良好、富含腐殖土的沙质土壤。

【栽培资源】同属常见栽培种：

①丽格秋海棠 *B. elatior*　具肉质根茎，根系细弱。单叶，互生，心形叶，叶基歪斜；叶缘为重锯齿状或缺刻，掌状脉；叶表面光滑具有蜡质，叶色为浓绿色。花序腋生，多重瓣，花色丰富。

②铁十字秋海棠 *B. masoniana*　根茎横卧，肉质。叶柄直接长在根茎上，上有长绒毛。叶近心形，黄绿色叶面嵌有红褐色十字形斑纹。花小，黄绿色。

③蟆叶秋海棠 *B. rex*　植株低矮，具根茎。叶基生，盾状；叶形多变，叶基歪斜；叶面上有美丽的色彩和不同的图案。

【繁殖】播种、分株、扦插繁殖。

【景观应用】四季海棠株型圆整，花多而密集，观赏期长，盛花时植株表面可全为花朵所覆盖，是重要的花坛材料，也可作盆栽观赏。

13. 石竹 *Dianthus chinensis*

【别名】中国石竹、洛阳石竹、石竹兰

【科属】石竹科　石竹属

【产地和分布】原产于中国、韩国、朝鲜；现全世界广泛栽培。

【识别特征】宿根花卉。植株直立或成垫状，株高 30～50 cm。茎具节，膨大似竹。叶对生，条形或线状披针形。花单生枝端或数花集成聚伞花序，花萼圆筒形，花瓣顶缘不整齐齿裂，喉部有斑纹，疏生髯毛；花色有白、粉、红、粉红、大红、紫、淡紫、黄、蓝等；花期 5—9 月，微具香气。

【生态习性】喜阳光充足。性耐寒，喜凉爽。喜湿润，耐干旱。喜肥沃、疏松、排水良好的沙质土壤。

【栽培资源】同属常见栽培种：

①须苞石竹 *D. barbatus*　又名美国石竹、五彩石竹。多年生草本常作二年生栽培。茎直立，有棱。叶较宽，中脉明显。花小而多，有短梗，密集成头状聚伞花序；花苞片先端须状，花色丰富。主要用作花坛，还可作切花。

②锦团石竹 *D. chinensis* var. *heddewigii*　又名繁花石竹。多年生草本常作一二年生栽培。植株低矮，茎叶被白粉呈蓝绿色。叶较窄，条状。花大，直径 4～6 cm，单生或数朵簇生成团块状，花瓣先端齿裂或羽裂；花色极为丰富，微有香气。主要用作花坛和盆栽。

③西洋石竹 *D. deltoids*　又名少女石竹。植株低矮，灰绿色。营养茎匍匐丛生；着花的茎直立、稍被毛。叶小，密而簇生，线状披针形。花单生于茎端，具长梗，有须毛，喉部常有“-”或“V”形斑；花色丰富，芳香四溢。主要用作花坛和盆栽。

④常夏石竹 *D. plumarius*　又名羽裂石竹。株丛密集低矮，植株光滑被白霜，灰绿色。茎蔓状簇生，上部分枝，越年呈木质状。叶细而紧密，叶缘具细齿，中脉在叶背隆起。花 2～3 朵顶生，花瓣剪绒状，芳香浓郁。因其作地被“冬不枯、夏不伏”而得名，主要用作花境、花坛、切花。

⑤瞿麦 *D. superbus*　植株不具白霜，浅绿色。叶披针形平展。花单生或数朵集成疏聚伞花序，有香气；花瓣先端深细裂成丝状，喉部有须毛。主要用作花坛，还可作切花。

【繁殖】播种、扦插或分株繁殖。

【景观应用】石竹花枝纤细，叶似竹，青翠成丛，故得名。其株型低矮，花朵繁茂，此起彼伏，观赏期较长，花色极其丰富，是传统的园林花卉。可用于花坛、花境或盆栽，也可用于岩石园和草坪边缘点缀，大面积成片栽植时可作景观地被材料，切花观赏亦佳。

14. 芭蕉 *Musa basjoo*

【别名】绿天、扇仙

【科属】芭蕉科　芭蕉属

【产地和分布】原产中国。

【识别特征】宿根花卉。茎高 3～4 m，不分枝，丛生，略被白粉。叶大，长椭圆形，质厚，基部圆形；有粗大的主脉，两侧具有平行脉；叶表面呈浅绿色，叶背为粉白色。穗状花序顶生，苞片红褐色或紫红色；花期夏季。

【生态习性】喜光，耐半阴；喜温暖，耐寒力弱。喜湿润、疏松、肥沃、透气性良好的土壤。

【繁殖】分株繁殖。

【景观应用】芭蕉叶大美观，为我国古典园林中常见栽培的植物之一，可配植于庭中、窗前或假山石及池畔观赏，多丛植。

15. 天竺葵 *Pelargonium hortorum*

【别名】洋绣球、洋葵、石蜡红

【科属】牻牛儿苗科　天竺葵属

【产地和分布】原产于南非，现世界各地普遍栽培。

【识别特征】宿根花卉。全株有强烈气味，株高 20～40 cm，全株被细毛和腺毛。茎粗壮多汁，直立或半蔓性。单叶互生，有长柄；叶圆、肾形，基部心脏形，叶缘多锯齿；叶色有绿、黄绿、斑叶、紫红。伞状花序顶生，花冠通常五瓣，花色有红、白、粉、紫等；花期 5—7 月。

【生态习性】喜光，喜温暖、湿润，耐寒性差。喜肥沃、疏松和排水良好的沙质壤土。

【栽培资源】同属常见栽培种：

①大花天竺葵 *P. domesticum*　茎直立，全株具软毛。叶上无蹄纹，广心脏状卵形至肾形，叶缘齿牙尖锐，不整齐。花大，径可达 5 cm，数朵簇生在总梗上，花的上 2 瓣较宽，各有 1 块深色的块斑；花色丰富，花期 4—6 月，为一季开花种。

②盾叶天竺葵 *P. peltatum*　茎半蔓性，多分枝。叶盾形，有 5 浅裂，稍有光泽。花期冬春。

③香叶天竺葵 *P. graveolens*　茎直立，基部木质化，上部肉质，密被具光泽的柔毛。叶掌状，5～7 深裂，裂片羽状，裂片边缘具不整齐的齿裂。花期夏季，茎叶含芳香油。

【繁殖】扦插、播种繁殖。

【景观应用】天竺葵株丛紧密，花色丰富，花团锦簇，花期长，是春夏季重要的园林花卉，为优良的花坛和种植钵花卉。

16. 银叶菊 *Jacobaea maritima*（*Senecio cineraria*）

【别名】雪叶菊、雪叶莲、白妙菊

【科属】菊科　千里光属

【产地和分布】原产于地中海沿岸，中国多地均有栽培。

【识别特征】宿根花卉。株高 50～80 cm，全株具白色绒毛，呈银灰色。叶质厚，一至二回羽状分裂。头状花序成紧密的伞房状，花小、黄色；花期 6—9 月。

【生态习性】喜温暖，光照充足。不耐高温。喜湿润、疏松、肥沃的土壤。

【繁殖】扦插、播种繁殖。

【景观应用】银叶菊全株覆盖白毛，犹如披被白雪，是观叶花卉中观赏价值很高的花卉，也是花卉中难得的银色色调，常用于布置花坛、花境或丛植。

# 任务 10-3　球根花卉识别

**引导问题 10-3：**小张所在的部门接到即将在南京植物园建设球根花卉专类园的任务，请你帮助小张设计一份合适的植物种植计划并完成植物名录表 10-3。

表 10-3　球根植物名录

| 序号 | 种名 | 拉丁名 | 色彩 | 观赏期 |
|---|---|---|---|---|
| | | | | |
| | | | | |
| | | | | |
| | | | | |
| | | | | |
| | | | | |
| | | | | |
| | | | | |
| | | | | |
| | | | | |
| | | | | |
| | | | | |
| | | | | |
| | | | | |
| | | | | |
| | | | | |
| | | | | |
| | | | | |
| | | | | |
| | | | | |
| | | | | |
| | | | | |
| | | | | |

**小提示：**

**(一)鳞茎类**

1.杂种朱顶红 *Hippeastrum hybridum*

【别名】杂种百枝莲、孤挺花

【科属】石蒜科 朱顶红属

【产地与分布】原产于美洲热带，从阿根廷北部到墨西哥均有分布，中国各地广泛栽培。

【识别特征】球根花卉。本种为园艺杂交种，是现在广泛栽培的园艺改良种的总称。地下鳞茎卵状球形。叶4～8枚，二列状着生，略肉质，与花同时或花后抽出。花茎自叶丛外侧抽出，粗壮而中空，扁圆柱形，伞形花序；小花大型，漏斗状，花色繁多。花期从12月至翌年4月。

【生态习性】喜光照适中，喜温暖，稍耐寒。喜湿润，富含腐殖质、疏松肥沃而排水良好的沙质壤土。云南大部分地区可露地越冬。

【栽培资源】同属常见栽培种：

朱顶红 *H. striatum*(*H. rutilum*) 叶6～8枚。伞形花序着花2～4朵；花被片长圆形，端尖，洋红带绿色。

【繁殖方法】分球、播种繁殖。

【景观应用】杂种朱顶红花大色艳，花型奇特，叶片鲜绿洁净，特别适合盆栽，还可用作切花。在温暖地区常用于花境、花坛配植。

2.风信子 *Hyacinthus orientalis*

【别名】洋水仙、五色水仙

【科属】百合科 风信子属

【产地与分布】原产于南欧、非洲南部及小亚细亚一带，以荷兰栽培最多，中国多地广泛栽培。

【识别特征】秋植球根花卉。株高20～30 cm。地下鳞茎呈球形或扁球形，具有光泽的皮膜，常与花色相关。叶基生，4～6枚，带状披针形，质肥厚，有光泽。总状花序密生在花茎顶端，着花6～20朵；小花钟状，斜伸或下垂，裂片端部向外反卷；花色有红、黄、蓝、白、紫等；多数园艺品种具芳香。花期3—5月。

【生态习性】喜冬季温暖湿润，夏季凉爽稍干燥，阳光充足的环境。喜排水良好、肥沃的沙壤土。

【栽培资源】园艺栽培品种主要分为“荷兰种”和“罗马种”两类。前者绝大多数每株只长1支花葶，体势粗壮，花朵较大。而后者则多是变异的杂种，每株能着生2～3支花葶，体势幼弱，花朵较细，多数消费者喜购荷兰风信子。

【繁殖方法】分球繁殖。

【景观应用】风信子植株低矮整齐，花序端庄，花色丰富，花姿美丽，是早春开花的著名球根花卉之一，也是重要的盆花种类。适于布置花坛、花境和花槽，也可作切花或水养观赏。

3.水鬼蕉 *Hymenocallis littoralis*(*H. americana*)

【别名】蜘蛛兰、蜘蛛百合

【科属】石蒜科 水鬼蕉属

【产地与分布】原产于中南美洲热带，中国多地广泛栽培。

【识别特征】常绿球根花卉。地下鳞茎呈卵形。叶片为长剑形，多直立，柔软肉质，深绿色而有光泽。花葶扁平，伞形花序顶生，花无梗；花筒部长短不一；花被片线状，一般比筒短，略向下翻卷；副冠钟形或阔漏斗形，具齿牙缘；花白色，芳香。花期春末夏初。

【生态习性】喜光。喜温暖、喜湿润。喜富含腐殖质、疏松肥沃、排水良好的沙质壤土。

【栽培资源】同属常见栽培种：

美丽蜘蛛兰 *H. speciosa*　花被片线形，比筒部长；副冠齿状漏斗形；花雪白色，有香气。花期夏秋之间。

【繁殖方法】分球繁殖。

【景观应用】蜘蛛兰花形奇特，花姿潇洒，色彩素雅，又具芳香，是布置庭园和室内装饰的佳品，温暖地区可在林缘、草地边带植、丛植，还可作夜花园配植。

4. 百合类 *Lilium* spp.

【科属】百合科　百合属

【产地与分布】原产于中国南部沿海各地及西南地区，多野生于山坡林缘草地上。

【识别特征】秋植球根花卉。地下鳞茎扁平球形，由多数鳞片抱合而成。地上茎直立，不分枝。单叶互生或轮生，狭线形，无叶柄，具平行脉。花着生于茎秆顶端，呈总状花序，1～4 朵单生或簇生；花冠较大，花筒较长，呈漏斗形或喇叭状或杯状；花色丰富，有乳白色、黄色、粉红等色，花常具芳香。

【生态习性】短日照植物。喜凉爽、湿润的半阴环境。喜肥沃、腐殖质丰富、排水良好的沙质土壤。忌连作。

【栽培资源】

(1)我国园林中著名的主要种：

①天香百合 *L. auratum*　鳞茎扁球形，径 6～7 cm，黄绿色。总状花序着花 4～5 朵或 20 余朵；花大型，白色，具赤褐色斑点；花被片中央有辐射状黄色纵条纹；花期夏秋季，香味浓郁。本种宜作切花，鳞茎可供食用。

②山丹 *L. lancifolium*　鳞茎卵圆形，径 2～2.5 cm，鳞片较少，白色。花 1 至数朵顶生，开花后反卷，花橘红色，内散生紫黑色斑点；花期 6—8 月。主要作食用百合。

③川百合 *L. davidii*　鳞茎扁卵形，较小，径 4 cm。叶多而密集，线形。花 2～20 朵下垂，砖红色或橘红色，带黑点，花被片反卷。其变种兰州百合 var. *unicolor* 花瓣橙色无斑点，鳞茎大，是著名的食用百合。

④麝香百合 *L. longiflorum*　鳞茎扁球形。地上茎高 45～100 cm。叶多数，散生；狭披针形。花单生或 2～3 朵生于短花梗上；平伸或稍下垂，蜡白色，筒长，上部扩张呈喇叭状；具浓香。该种是世界主要切花之一。

⑤卷丹 *L. tigrinum*　鳞茎圆形至扁圆形，径 5～8 cm，白至黄白色。地上茎被网状白色绒毛，叶狭披针形。圆锥状总状花序，花梗粗壮；花朵下垂，花被片披针形，开后反卷；花橘红色，内散生紫黑色斑点；花期 7—8 月。主要作食用百合。

⑥王百合 *L. regale*　鳞茎呈卵形至椭圆形，紫红色，茎 5～12 cm。地上茎为绿色带斑点。叶密生，线形，深绿色，细软而下垂。花数朵横生，喇叭状，白色，内侧基部黄色；花期 6—7 月，极芳香。为混合花境中的优良花卉。

⑦鹿子百合 *L. speciosum*　鳞茎高而大，径 8 cm，紫色或褐色。叶对生，宽而疏，又名大叶百合。花 4～10 朵或多至呈穗状，下垂或斜上开放；花白色，带粉红晕，基部有紫红色突起斑

点；花期 7—8 月，具香气。

(2)切花百合系　百合从功能上分成三大类：食用百合、庭院百合和切花百合。切花百合根据杂交亲本来源不同可分为以下三个杂种系：

①麝香百合杂交系(Longiflorum hybrids)是由麝香百合和台湾百合杂交产生的品种及其杂种系。株型端直，株高可达 1 m。花顶生，数朵至十余朵，喇叭形，花色纯白，有香味。其形状优美，给人以洁白、纯雅之感，又寓有百年好合的吉祥之意。如'雪皇后'('Snow Queen')、'白狐狸'('White Fox')等。

②亚洲百合杂交系(Asiatic hybrids)由卷丹、川百合、大花卷丹、山丹等原产于亚洲的几个百合种及其杂交种群中选育出来。花形反卷或碗形，少有喇叭形，花色丰富，花无芳香气味。如'凤眼'('Pollyanna'，俗称黄百合)、'新中心'('Nove Cento')等。

③东方百合杂交系(Oriental hybrids)百合杂种系里最大最美丽的一个种群，包括所有天香百合、鹿子百合、日本百合衍生的品种以及它们与湖北百合的杂交种。花形为碗形或星状碗形。花色丰富，以红、粉、白为主，花具浓香。如'火百合'('Stargazer')、'西伯利亚'('Sieberia')、'香水'('Casa Blanca')等。

【繁殖方法】分球、分珠芽、扦插鳞片以及播种繁殖。

【景观应用】百合花姿雅致，叶子青翠娟秀，茎干亭亭玉立，花色鲜艳，是盆栽、切花和点缀庭园的名贵花卉。在园林中，适合布置成专类花园。是花境中独特的花枝，可于稀疏林下或空地上片植或丛植。

战国《尔雅》记载："百合小者如蒜，大者如碗，数十片相累，状如白莲花，故名百合，言百片合成也。"历来受全世界人民喜爱，我国认为百合有"百事合心"之意，故民间每逢喜庆日，常以百合相赠和装扮。在法国，百合是古代王室权力的象征，早在 2 世纪，法国人便把百合花作为国徽的图案。

【其他用途】百合鳞茎多可食用，还可入药，为滋补上品。国内外多有专门生产基地，如中国南京、兰州等地对百合的食用栽培已有较好的基础和经验。食用百合主要包含卷丹、川百合、龙芽百合、兰州百合及沙紫百合。花具芳香的百合尚可提制芳香浸膏。

5. *石蒜类 Lycoris* spp.

【科属】石蒜科　石蒜属

【产地与分布】原产于中国，中国多地广泛栽培。

【识别特征】落叶球根花卉。地下具鳞茎，球形。叶线形或带状，基生，花前或花后抽生。伞形花序顶生；花冠漏斗状或上部开张反卷；雌雄蕊长并伸出花冠外；花色有白、粉、红、黄、橙等色。

【生态习性】喜半阴。耐寒力因产地不同而异。喜湿润。喜腐殖质丰富、排水良好的土壤。

【栽培资源】常见栽培种：

①忽地笑 *L. aurea*　又名黄花石蒜。叶阔线形，粉绿色，花后抽生。花葶高 30～50 cm；花大型，花被裂片反卷，花为黄色；花期 7—8 月。

②长筒石蒜 *L. longituba*　原产于江苏、浙江一带。本种花茎最高，花型较大，花冠筒也最长，4～6 cm。花朵纯白色，花被裂片腹面稍有淡红色条纹；花期 7—8 月。

③石蒜 *L. radiata*　又名红花石蒜、龙爪花、蟑螂花。叶线形，深绿色，有白粉，中央具一条淡绿色条纹，花后抽生。花葶高 30～60 cm；花被裂片上部开张并向后反卷，边缘波状而皱缩，

鲜红色；雌雄蕊很长，伸出花冠外并与花冠同色；花期9—10月。

④换锦花 *L. sprengeri* 原产于中国云南和长江流域。本种形似鹿葱，鳞茎较小。叶也较窄。花淡紫红色，花被裂片顶端带蓝色。

⑤鹿葱 *L. squamigera* 叶阔线形。叶枯开花；花葶高60～70 cm；花粉红色具莲青色或水红色晕，芳香；雄蕊与花被片等长或稍短，花柱稍外伸；花期8月。本种极耐寒。

【繁殖方法】分球繁殖。

【景观应用】石蒜夏、秋季鲜花怒放，最宜作林下地被植物，也是花境中的优良材料，可丛植或用于溪边石旁自然式布置，需要注意的是石蒜开花时无叶，露地栽培应注意与植株低矮且枝叶密生的一二年生草花混植。也可盆栽水养或做切花。

6. 水仙类 *Narcissus* spp.

【科属】石蒜科 水仙属

【产地与分布】原产于中国，主要分布于我国东南沿海温暖、湿润地区，现已遍及全国和世界各地。

【识别特征】球根花卉。地下鳞茎肥大，大小因种而异。叶基生，多数互生两列状。花葶直立；花单生或多朵成伞形花序着生于花茎端部，下具膜质总苞；花色多为黄色、白色或晕红色；花被片6，花被中央有高脚碟状或喇叭状的副冠，这是种和品种分类的重要依据。

【生态习性】喜光，喜温暖，以冬无严寒、夏无酷暑、春秋多雨的环境最为适宜。喜疏松肥沃、土层深厚的黏壤土。

【栽培资源】常见栽培种及变种：

①中国水仙 *N. tazetta* var. *chinensis* 又名凌波仙子、雅蒜、雅葱、天葱。地下鳞茎肥大似洋葱，卵圆形，外被棕褐色皮膜。叶基生，带状，多数互生两列状，绿色或灰绿色。花葶中空直立；伞房花序，着花3～11朵；小花花被片6枚，白色，芳香；副冠高脚碟状或喇叭状，较花被短得多。花期12月至翌年3月。

②红口水仙 *N. poeticus* 原产法国、希腊至地中海沿岸。鳞茎较细，卵形。叶4枚，线形。花单生，少数二朵；花被纯白色；副冠浅杯状，黄色或白色，边缘波皱带红色。花期4—5月。耐寒性较强。

③喇叭水仙(西洋水仙) *N. pseudo-narcissus* 原产英国、瑞典、西班牙。鳞茎球形。叶扁平线形，灰绿色。花单生，淡黄色，稍具香气；副冠与花被片等长或稍长，钟形至喇叭形，边缘具不规则齿牙和皱褶。花期2—3月。极耐寒。

【繁殖方法】分球繁殖。

【景观应用】水仙类株丛低矮，花形雅致，花色淡雅，芳香，叶清秀，是早春重要的园林花卉，可用于花坛、花境，尤其适宜片植。适应性强的种类，一经种植，不必每年挖起，可多年开花，是很好的地被花卉。水养持久，可水培置于书房或几案上。还可用作切花。

中国水仙已有1000多年栽培历史，为中国历史传统名花之一，其亭亭玉立水中，故有凌波仙子的雅号。漳州水仙花以其球茎头大，花香馥郁，雕刻造型独特而享誉中外。水仙开花时正值春节期间，以水盘盛之，置于案头窗台，格外高雅，更增添了节日气氛。

7. 郁金香 *Tulipa gesneriana*

【别名】洋荷花、草麝香

【科属】百合科 郁金香属

【产地与分布】原产地中海沿岸和我国西部至中亚细亚、土耳其等地，现世界各地广为栽培。

【识别特征】秋植球根花卉。地下鳞茎为扁锥形，外被淡黄或棕褐色皮膜。茎、叶光滑被白粉。叶 3～5 枚，长椭圆状披针形至卵状披针形，全缘并呈波状。花单生茎顶，直立，大型，形状多样；花型有杯型、碗型、卵型、球型、钟型、漏斗型、百合花型等；花被片 6 枚，离生；花色有白、黄、橙、红等或复色；花期 3—5 月，白天开放，傍晚或阴雨天闭合。

【生态习性】长日照花卉。喜冬季温暖、湿润，夏季凉爽、稍干燥的环境。喜肥沃、腐殖质丰富、排水良好的沙质土壤。忌碱土和连作。

【繁殖方法】分球繁殖。

【栽培资源】郁金香在世界上已有 2000 多年的栽培历史。郁金香属植物有 150 多种，中国产 15 种。现世界各国栽培的郁金香是高度杂交的园艺品种，其花色、花形是春季球根花卉中最丰富的，其株型、花期、花色、花形都有丰富的品种。目前，郁金香品种已达到 8000 多个，国际郁金香新品种登录委员会——荷兰皇家球根生产协会(1981)将郁金香划分为 4 类 15 型：早花类（花期较早，大多适合花坛或盆栽）、中花类（自然花期 4 月中下旬，植株属于中到大型，适合切花生产）、晚花类（自然花期较晚，适合切花生产）、原种及杂种（大多数种类植物矮小，适合作为花坛和盆栽）。

【景观应用】郁金香花形高雅，花色丰富，开花非常整齐，贵为“花中皇后”，是最重要的春季球根花卉。常丛植草坪、林缘、灌木间，作为优秀的花坛或花境用花卉；也是切花的优良材料及早春重要的盆花。

第二次世界大战期间，世界上许多国家惨遭洗劫，当时荷兰也没能幸免于难，荷兰民不聊生，人民几乎无食物充饥。由于荷兰民族种植郁金香的数量巨大，饥饿中的人们开始挖掘郁金香地下部分的种球食用充饥，才使人们渡过难关。第二次世界大战结束后，为了纪念郁金香挽救了整个国家，就将其定为荷兰的国花。伊朗、土耳其等许多国家将其视为胜利和美好的象征并珍为国花。

8.葱莲 *Zephyranthes candida*

【别名】葱兰、白玉莲、白花菖蒲莲

【科属】石蒜科　葱兰属

【产地与分布】原产于墨西哥及南美各国，中国各地广泛栽培。

【识别特征】常绿球根花卉。地下鳞茎圆锥形，具细长颈部。叶基生，狭线形，稍肉质，具纵沟；叶浓，绿色，与花同时抽出。花葶中空，稍高于叶面；花单生，花被片 6 枚，漏斗状，白色；花药黄色，较大；苞片白色或膜质苞片红色。花期 7—10 月。

【生态习性】喜光，也耐半阴；喜温暖，也耐寒；喜湿润，耐低湿。喜排水良好、肥沃的土壤。

【栽培资源】同属常见栽培种：

韭兰 *Z. carinata*　又名韭莲、风雨花、菖蒲莲。地下鳞茎为卵球形。叶基扁平线形，基部具紫红晕，极似韭菜。花葶自叶丛中抽出；花形较葱兰大，漏斗形，呈粉红色或玫瑰红色，苞片粉红色。花期 4—9 月。耐阴性较葱兰差。

【繁殖方法】分球繁殖。

【景观应用】葱兰株丛低矮整齐，终年常绿，花朵繁茂，花期长，性强健，繁茂的白色花朵高出叶端，在丛丛绿叶的烘托下，异常美丽。适用于林下、边缘或半阴处作园林地被植物；也可作花坛、花境的镶边材料或组成缀花草坪；还可盆栽供室内观赏；也可在水族箱中栽种。

**（二）球茎类**

9.唐菖蒲 *Gladiolus hybridus*

【别名】剑兰、十样锦、菖兰、十三太保

【科属】鸢尾科　唐菖蒲属

【产地与分布】原产于南非，现世界各地广泛栽培。

【识别特征】球根花卉。地下球茎扁圆球形，被膜质皮。叶基生，剑形，基部抱茎，草绿色，互生成二列，有数条纵脉及1条明显而突出的中脉。花茎自叶丛中抽出；穗状花序顶生，每穗着花12～24朵；花朵硕大，质薄如绸，花冠漏斗状，花瓣边缘有皱褶或波状等变化。花期夏秋。

【生态习性】喜光；喜冬季温暖、夏季凉爽的气候，不耐寒。喜排水良好、富含有机质的沙壤土。

【繁殖方法】分球繁殖。

【景观应用】唐菖蒲花茎挺拔修长，着花多，花期长，花型变化多，花色艳丽多彩，是花境中优良的竖线条花卉，可栽植于建筑、草坪边缘，也可用作专类园，还是重要的切花。

**（三）块茎类**

10.百子莲 *Agapanthus africanus*

【别名】百子兰、蓝君子兰、非洲百合、紫穗兰

【科属】石蒜科　百子莲属

【产地与分布】原产于南非，中国各地均有栽培。

【识别特征】落叶球根花卉。地下部分具短缩根状茎。叶二列状基生，线状披针形至舌状带形，浓绿色，光滑。花葶自叶丛中抽出，粗壮直立，高出叶丛；伞形花序顶生，着花10～30朵；花序外被两片大型苞片，花开后即落；花被片长圆形(6)，联合呈钟状漏斗形，鲜蓝色。花期7—8月。

【生态习性】喜温暖湿润，不耐寒；稍耐阴。喜排水良好、透性好、富含腐殖质的沙壤土。

【繁殖方法】分球繁殖。

【景观应用】百子莲叶色浓绿光亮，花色明快，花型优雅，花繁密，在炎炎夏季是很受欢迎的花卉。适于盆栽作室内观赏，也可布置花坛、花境，还可做切花。

11.马蹄莲 *Zantedeschia aethiopica*

【别名】水芋、观音芋

【科属】天南星科　马蹄莲属

【产地与分布】原产于非洲南部，现世界各地广为栽培。

【识别特征】常绿球根花卉。地下具块茎，褐色，肥厚肉质。叶基生，箭形或戟形，具平行脉；叶片鲜绿有光泽，全缘。花茎与叶丛等高或稍高于叶丛；佛焰苞乳白色，状若马蹄形；肉穗花序圆柱形，鲜黄色；花序上部着生雄花，下部则为雌花；开花期依气候不同，冬、春季开花，夏季休眠；夏秋开花，冬季休眠；在冬不冷、夏不干热的亚热带地区，全年不休眠；整个花期达6～7个月。

【生态习性】喜冬季光照充足，否则着花少，其他季节可半阴。喜温暖，不耐寒。喜湿润，不耐旱。喜疏松肥沃、腐殖质丰富的黏壤土。

【栽培资源】同属常见栽培种：

①黄花马蹄莲 *Z. elliottiana*　叶戟形，鲜绿色，有半透明的白色斑点，叶柄较长；佛焰苞深黄色，基部没有斑纹，外侧常带黄绿色。

②红花马蹄莲 *Z. rehmannii*　植株较矮，叶片窄戟形；佛焰苞桃红色。

③银星马蹄莲 *Z. albo-maculata*　叶片上有银白斑点，柄短且无毛；佛焰苞乳白色或淡黄色，基部具有紫红色斑。

④黑喉马蹄莲 *Z. tropicalis*　叶箭形，有白色斑点；佛焰苞深黄色，也有淡黄、杏黄、粉色等变化，佛焰苞的喉部有黑色斑块。

【繁殖方法】分球繁殖。

【景观应用】马蹄莲花茎挺拔，叶色翠绿，叶柄修长，佛焰苞洁白硕大，宛如马蹄，形状奇特，给人以纯洁感，是国际市场主要的切花之一，在欧美国家是新娘捧花的常用花。矮生和小花型品种盆栽用于摆放台阶、窗台、阳台、镜前。也可丛植于庭园水池或堆石旁，开花时极为美丽。

**(四)根茎类**

12. 美人蕉类 *Canna* spp.

【科属】美人蕉科　美人蕉属

【产地与分布】原产于美洲、亚洲及非洲热带地区，中国多地均有栽培。

【识别特征】常绿球根花卉。地下具块状根茎。地上茎肉质，不分枝，由叶鞘互相抱合而成假茎。茎叶具白粉，叶互生，宽大，长椭圆状披针形，全缘，有粉绿、亮绿和古铜色，也有黄绿镶嵌或红绿镶嵌的花叶品种。总状花序自茎顶抽出，花瓣直伸，雄蕊瓣化成艳丽的花瓣；花色有乳白、鲜黄、橙黄、橘红、粉红、大红、紫红或复色及带斑点。蒴果球形具刺突起。北方花期为6—10月，南方花期为全年。

【生态习性】喜光。喜温暖，全年温度高于16 ℃的地区可周年开花。对土壤要求不严，但喜土壤深厚、肥沃、排水良好的沙壤土。

【栽培资源】

美人蕉科仅有美人蕉属一属，约51种。美人蕉育种始于1848年，目前园艺上栽培的美人蕉绝大多数为园艺杂交种。它们的主要亲本原种有美人蕉(*C. indica*)、粉美人蕉(*C. glauca*)、黄花美人蕉(*C. flaccida*)、鸢尾美人蕉(*C. iridiflora*)以及紫叶美人蕉(*C. warscewiezii*)。经过100多年的杂交育种，现代美人蕉形成了如下两大系统：①法国美人蕉系统。植株矮生，高60～150 cm。花大，花瓣直立而不反曲，易结实。②意大利美人蕉系统。植株较高大，高1.5～2 m。花比前者大，花瓣向后反曲，不结实。

目前常见栽培的有如下种类：

①蕉藕 *C. edulis*　又名食用美人蕉。原产于西印度和南美洲。植株粗壮高大，2～3 m，茎紫色；叶表面绿色，叶背及叶缘晕紫色。花期8—10月，但在中国大部分地区不开花，作背景花卉。

②大花美人蕉 *C. generalis*　本种是法国美人蕉的统称，主要由原种美人蕉(*C. indica*)杂交改良而来。株高约1.5 m。茎叶均被白粉，叶大，阔椭圆形。总花梗长，小花大，色彩丰富，花萼、花瓣被白粉，瓣化花瓣直立不弯曲。常见品种有：'蓓蕾'美人蕉('Bailey')、'紫叶'美人蕉('America')、'花叶'美人蕉('Striatus')。

③黄花美人蕉 *C. flaccida*　又名柔瓣美人蕉。原产于美国佛罗里达州至南卡罗来纳州。

株高 1.2～1.5 m。茎为绿色。花序单生而疏松，着花小，苞片极小，花大而柔软，向下反曲，下部呈筒状，淡黄色，唇瓣圆形。

④美人蕉 *C. indica* 又名小花美人蕉，是现代美人蕉的原种之一。原种产于美洲热带。株高 1～1.3 m，茎叶绿而光滑。花序总状；小花常 2 朵簇生；形小，瓣化花瓣狭细而直立，鲜红色，唇瓣橙黄色，上有红色斑点。

⑤紫叶美人蕉 *C. warscewiezii* 别名红叶美人蕉。原产于哥斯达黎加、巴西。株高 1 m 左右，茎叶均紫褐色并被白粉。总苞褐色，花萼及花瓣均紫红色，瓣化瓣深紫红色，唇瓣鲜红色。

【繁殖方法】分株繁殖。

【景观应用】美人蕉叶丛高大、浓绿，花色艳丽，适合大片的自然栽植，宜作花境背景或在花坛中心栽植，也可丛植于草坪边缘或绿篱前，展现群体美，还可用于基础栽植，遮挡建筑死角。矮生美人蕉可作斜坡或阳性地被，也可盆栽观赏。

美人蕉能吸收二氧化硫、氯化氢、二氧化碳等有害物质；抗性较好，叶片虽易受害，但在受害后又重新长出新叶，是绿化、美化、净化环境的理想花卉。

**(五)块根类**

13. 大丽花 *Dahlia pinnata*

【别名】大理花、大丽菊、天竺牡丹

【科属】菊科　大丽花属

【产地与分布】原产于墨西哥、危地马拉及哥伦比亚一带，世界各地均有栽培。

【识别特征】落叶球根花卉。地下具纺锤形肉质块根。株高 100～150 cm，茎较粗，多直立，中空，绿色或紫褐色。单叶对生，1～2 回羽状全裂，裂片卵形或椭圆形，边缘具粗钝锯齿。头状花序顶生，具长梗，其大小、色彩及形状因品种不同而不同；舌状花中性或雌性，有单色及复色；管状花黄色，两性。瘦果黑色。花期夏秋季。

【生态习性】短日照花卉。喜凉爽，不耐寒，忌酷暑。喜富含腐殖质和排水良好的沙质壤土。

【栽培资源】大丽花品种丰富，多达万种，是园艺上庞大而重要的花卉。多数国家和地区主要依据植株高度、花径的大小以及花色、花型为主要的品种分类依据进行分类。

目前栽培的为园艺杂种，品种极多，国内常用以下的分类方法：

(1)依植物高度分类：高型(植株粗壮，高约 2 m)、中型(株高 1～1.5 m)、矮型(株高 0.6～0.9 m)、极矮型(0.2～0.4 m)。

(2)依花色分类：红、粉、黄、橙、紫、堇、淡红和白色等单色及复色。

(3)花型分类：单瓣型、领饰型、托桂型、牡丹型、球型、小球型、装饰型、仙人掌型。

【繁殖方法】扦插、分株繁殖。

【景观应用】大丽花植株粗壮，花期长，花色、花型多变，品种丰富，是全世界夏秋季节重要的园林花卉，尤其适宜于花境或庭前种植。其中矮生品种可布置花坛，高型品种可作切花。此外，在植物园、公园还可布置大丽花专类园。

【其他用途】根内含菊糖，在医药上有与葡萄糖同样的功效。

14. 蛇鞭菊 *Liatris spicata*

【别名】猫尾花、舌根草

【科属】菊科 蛇鞭菊属

【产地与分布】原产于北美洲墨西哥湾及附近大西洋沿岸一带，世界各地均有栽培。

【识别特征】球根花卉。地下茎具黑色块根。全株无毛或散生短柔毛。叶互生，线形或披针形，全缘，上部叶片较小。多数小头状花序聚集成密长穗状花序，花穗长 15～30 cm，小花由上而下次第开放，好似响尾蛇那沙沙作响的鞭形尾巴。花期 7—9 月。

【生态习性】喜光，稍耐阴；耐寒亦耐热。喜疏松、肥沃、排水好的土壤。

【栽培资源】同属常见栽培种：

矮蛇鞭菊 *L. spicata* var. *montana* 株高 25～30 cm，叶较原种宽，花穗稍短，头状花序大，花色蓝紫色。

【繁殖方法】分株繁殖。

【景观应用】蛇鞭菊姿态优美，色彩艳丽，花期长，马尾式的穗状有限花序直立向上，颇具特色，适宜布置花境或路旁带状栽植和庭院自然式丛植，也是重要的插花材料，寓意鞭策、鼓舞。

15. 花毛茛 *Ranunculus asiaticus*

【别名】波斯毛茛、陆莲花、芹菜花

【科属】毛茛科 毛茛属

【产地与分布】原产于欧洲东南部及亚洲西南部，中国各地均有栽培。

【识别特征】球根花卉。块根纺锤形，常数个聚生根颈部。茎单生或少数分枝，具毛。基生叶阔卵形或椭圆形或三出状，缘有齿，具长柄；茎生叶羽状细裂，无柄。花单生枝顶或数朵生于长柄上；花常高度瓣化为重瓣型，有丝质光泽，原种为鲜黄色，品种花色丰富，有白、橙、红、大红、紫色及栗色等。花期 4—5 月。

【生态习性】喜半阴；喜凉爽，忌炎热。喜腐殖质多、肥沃而排水良好的沙质或略黏质土壤，pH 以中性或微碱性为宜。

【繁殖方法】分株、播种繁殖。

【景观应用】花毛茛花朵硕大，花瓣重叠，花色丰富，花期较长，是一种荫蔽环境下优良的美化材料。可用于布置花坛及花境，也可用于盆栽观赏，还可用于鲜切花生产，深受消费者喜爱。

# 学习情境 11

# 观赏地被植物识别

## 学习情景描述

在高质量的绿地建设中，地被植物的应用更加强调其覆盖性、多样性、生态性、美化性及对管理要求上的粗放性，尤其是地被植物应用的多样性，这些丰富多样的地被植物将有利于绿地生态系统的稳定及其功能的发挥，有利于景观丰富，形成城市特色。通过调查、识别、整理本地区观赏地被植物资源，了解本地乃至全国相关苗木资源情况，以利于后续植物景观设计、植物养护管理课程学习。

## 学习目标

- ◆ 掌握当地观赏地被植物的识别方法，了解常见观赏地被植物的生长习性、基本形态特征。
- ◆ 掌握当地常见观赏地被植物的主要观赏特性、观赏期及园林用途。
- ◆ 学会用相应的工具和书籍检索、鉴定观赏地被植物，并用形态术语准确描述植物的形态特征。

## 任务书

- ◆ 形态特征观察与地被植物识别

  在校园、道路、居住区、公园等不同环境中，观察绿地中观赏地被植物的观赏特点，并用植物形态术语分别描述本地区常见地被植物的形态特征。
- ◆ 选择几种观赏地被植物，绘出其形态简图，以加深记忆。
- ◆ 持续观察并记录不同季节下，所在城市观赏地被植物的物候信息。

## 学习准备

1. 学习材料

实物标本、腊叶标本，本地区主要园林地被植物 10 种以上。

2. 学习工具与用品

枝剪、解剖刀、解剖针、放大镜、记录本、工具书等。

3. 实训地点

实验室、实训基地。

## 任务实施

# 任务 11-1　木本地被植物识别

**引导问题 11-1：你所居住的地方有哪些常见的木本地被植物？在园林应用中有哪些景观特点？**

______________________________________________

______________________________________________

______________________________________________

**小提示：**

1. 地果 *Ficus tikoua*

【别名】地石榴、地瓜

【科属】桑科　榕属

【产地与分布】产于我国西南各省区。

【识别特征】常绿匍匐木质藤本。茎上生细长不定根，节短，膨大。叶坚纸质，倒卵状椭圆形，先端急尖，基部圆形至浅心形，边缘具疏浅圆锯齿，叶面深绿色，背面浅绿色；表面被短刺毛，背面沿脉有细毛。榕果成对或成簇生于匍匐茎上，常埋于土中，球形至圆卵形，成熟时深红色。花期 5—7 月，果期 7—8 月。

【生态习性】喜光也耐阴，喜温暖湿润，耐瘠薄、耐热、抗寒。

【景观应用】地石榴的叶片翠绿且覆盖地面效果非常好，具有很好的美化、绿化、装饰和遮挡作用；也是优良的水土保持植物。

【其他用途】根、果可入药；果熟时可食。

2. 萼距花 *Cuphea　hookeriana*

【别名】雪茄花

【科属】千屈菜科　萼距花属

【产地与分布】原产于墨西哥至牙买加。

【识别特征】常绿灌木或亚灌木状。仅小枝被柔毛。叶对生，薄革质，披针形或卵状披针形，稀矩圆形，顶部的叶线状披针形。花瓣 6，深紫色，不等大，上方两枚特大，其余 4 枚极小，锥形。

【生态习性】喜光耐半阴；喜高温湿润，生育适温 22～28 ℃。

【栽培资源】同属常见种及品种：

①细叶萼距花 *C. hyssopofolia*　叶为线状披针形；花为紫色。

②白花萼距花 *C. hyssopofolia* ‘Alba’　叶卵状披针形；花为白色。

③火红萼距花 *C. platycentra*　叶片呈披针形或卵状披针形；花单生叶腋；萼筒细长，火焰红色，口部白色；无花瓣。

④披针叶萼距花 *C. lanceolata*　全株密被柔毛；叶片为矩圆形或披针形；花瓣为玫瑰色或紫色，大小不等，上方两枚稍大；花萼较大。

【景观应用】萼距花的用途很广。适合在庭园石块旁作矮绿篱,也可在花丛、花坛边缘种植。若空间开阔的地方还可群植、丛植或带植。绿色丛中,繁星点缀,十分怡人。栽培在乔木下或与常绿灌木及其他花卉配植,都能形成优美的景观。也可作地被栽植,阻挡杂草的蔓延和滋生,作盆栽观赏效果也非常好。

3.西洋杜鹃 *Rhododendron indicum* Group.

【别名】印度杜鹃、比利时杜鹃、四季杜鹃

【科属】杜鹃花科　杜鹃花属

【产地与分布】原产于印度。

【识别特征】常绿灌木。枝、叶表面疏生柔毛,分枝多。叶互生,叶片卵圆形至长椭圆形,叶缘具细圆齿状锯齿,深绿色。总状花序,花顶生,花冠阔漏斗状,雄蕊5;花有单瓣、半重瓣和重瓣,花色有大红、紫红、黑红、洋红、玫瑰花、橘红、桃红、肉红、白、绿以及红白相间的各种复色。花期主要在冬、春季。

【生态习性】喜光亦耐阴;喜冷凉湿润,生育适温15～20 ℃;不耐旱。

【栽培资源】常见品种:

夏鹃'Natusatugi'　夏季开花,花色红艳。

【景观应用】西洋杜鹃植株低矮,四季开花,四季常绿,有黄、红、白、紫四色,作林荫下、树丛、溪边、池畔及草坪边缘的花篱、绿篱美化环境,也可修剪成伞形灌木,增添庭院美景,另外还可作盆栽、盆景观赏。

4.马缨丹 *Lantana camara*

【别名】五色梅、红黄花、臭草

【科属】马鞭草科　马缨丹属

【产地与分布】原产于美洲热带;世界热带地区均有分布。

【识别特征】常绿半藤状灌木,高1～2 m。全株具粗毛,有强烈气味;茎四方形。叶对生,卵形至卵状椭圆形,边缘有齿,叶面略皱。花小,无梗;密集成腋生头状花序,具长总梗。花初开时黄色或粉红色,渐变橙黄或橘红色,最后成深红色。核果肉质,熟时为紫黑色。几乎全年开花,而以夏季花最盛。

【生态习性】喜光;喜暖热湿润,生育适温20～32 ℃,越冬5 ℃以上;耐干旱瘠薄;耐碱性土壤。

【景观应用】马缨丹花色美丽,观花期长,绿树繁花,常年艳丽,可植于公园、庭院中作花篱、花丛,也可于道路两侧、旷野形成绿化覆盖植被;还可作花坛;也可盆栽观赏。

【其他用途】根、茎、叶、花可入药。

## 任务11-2　草本地被植物识别

**引导问题11-2:园林中常见的草本地被植物有哪些?**

______________________________

______________________________

______________________________

1.白车轴草 *Trifolium repens*

【别名】白花三叶草、白三叶

【科属】蝶形花科　车轴草属

【产地与分布】原产于欧洲和北非，世界各地均有栽培。

【识别特征】宿根花卉。植株低矮，分枝多，匍匐枝匍地生长，节间着地即生根，并萌生新芽。掌状三出复叶，小叶倒卵形或倒心形，叶面中心具"V"形的白晕。头状花序，小花蝶形，花较小，白色，具苞片，有花梗。荚果。花期夏秋开花。

【生态习性】喜光耐半阴，喜高温多湿，抗热抗寒性强。在酸性土壤中旺盛生长，也可在沙质土中生长。

【栽培资源】同属常见种：

红车轴草（红花三叶草）*T. pratense*　头状花序，着花30～70朵，红紫色；花序无总花梗，包于顶生叶的托叶之内；无总苞。

【景观应用】三叶草覆盖作用好，景观上作地被草坪，可有效避免雨水对土壤的冲刷和沉积作用，保持土壤结构良好，有利于各种肥料的分解和有害物质的降解，同时可抗旱保墒，稳定空气湿度，降低夏季土壤温度。

【其他用途】本种为优良牧草，含丰富的蛋白质和矿物质，抗寒耐热，在酸性和碱性土壤上均能适应，是本属植物中在我国很有推广前途的种。可作为绿肥、堤岸防护草种、草坪装饰，以及蜜源和药材等用。

2.红花酢浆草 *Oxalis corymbosa*

【科属】酢浆草科　酢浆草属

【产地与分布】原产于南美热带地区，现全国大部分皆有分布。

【识别特征】球根花卉。无地上茎。叶基生，指状复叶，小叶3，扁圆状倒心形，小叶在闭光时闭合下垂。花淡紫色至紫红色。

【生态习性】喜光耐半阴；喜温暖湿润；抗旱能力较强，不耐寒，越冬5℃以上；一般园土均可生长，但以腐殖沙质壤土生长旺盛，夏季有短期的休眠。

【景观应用】酢浆草可作观叶观赏，适宜于庭园林荫下作草坪及地被植物。

【其他用途】全草入药。

3.沿阶草 *Ophiopogon bodinieri*

【科属】百合科　沿阶草属

【产地与分布】产于我国云南、贵州、四川、湖北、河南、陕西（秦岭以南）、甘肃（南部）、西藏和台湾。

【识别特征】宿根草本。根纤细，在近末端或中部常膨大成为纺锤形肉质块根，地下根茎细。茎短，叶基生成丛，禾叶状。花葶较叶短或近等长，总状花序，具几朵至十几朵花；花呈白色或淡紫色，花柱细长，圆柱形，基部不宽阔；花被片在花盛开时多少展开。浆果，近球状，亮蓝色。花期5—8月，果期8—10月。

【生态习性】喜半日照，耐湿耐热，耐阴蔽环境，耐旱，耐寒，耐贫瘠，一般生于海拔2000 m以下的山坡阴湿处、林下或溪旁。

【栽培资源】常见种及变种：

①矮小沿阶草 var. *pygmaeus*　植株矮小，叶、花葶均较沿阶草短；花被为黄色，稍带红色。

②麦冬 O. *japonicus*　花柱一般粗短，基部宽阔，略呈长圆锥形；花被片几不展开；花葶通常比叶短得多，极少例外。

【景观应用】沿阶草长势强健，耐阴性强，植株低矮，根系发达，覆盖效果较快，是良好的地被植物，可成片栽于风景区的阴湿空地和水边湖畔做地被植物；也是室内盆栽观叶植物。

【其他用途】全株可入药。

二维码 11-1
观赏地被植物

知识拓展：

二维码 11-2
其他常见观赏地被植物名录

# 学习情境 12

# 观赏水生花卉识别

## 学习情景描述

观赏水生花卉是一类特殊的群体，不仅满足城市生态需求，还可以提升城市景观文化内涵，展现环境独特魅力。通过调查、识别、整理本地区观赏水生花卉，了解本地乃至全国相关苗木资源情况，以利于后续植物景观设计、植物养护管理课程学习。

## 学习目标

◆ 掌握园林中常见观赏水生植物的识别方法，了解常见水生植物的生长习性、基本形态特征。

◆ 掌握当地常见观赏水生植物的主要观赏特性、观赏期及园林用途。

◆ 学会用相应的工具和书籍检索、鉴定观赏水生植物，并用形态术语准确描述植物的形态特征。

## 任务书

◆ 形态特征观察与植物识别

在校园、道路、居住区、公园等不同绿地中，观察绿地中的观赏水生植物的观赏特点，并用植物形态术语分别描述其形态特征。

◆ 选择当地不同生境条件下的水生植物，绘制生长模式图，加深记忆。

## 学习准备

1.学习材料

实物标本、腊叶标本，本地区主要水生植物 10 种以上。

2.学习工具与用品

枝剪、解剖刀、解剖针、放大镜、记录本、工具书等。

3.实训地点

实验室、实训基地。

4.前期理论知识准备

水生花卉是指生长于水中的草本花卉。主要分为挺水花卉、浮水花卉、漂浮花卉和沉水花卉四类，园林中作为景观的水生花卉主要是挺水和浮水花卉，也使用少量漂浮花卉。沉水植物全株能吸收水分和营养物质，目前多用于水族箱或模拟海底世界的海洋公园景观中，实际在园林中可适当利用沉水花卉改善水质。

任务实施

# 任务 12-1　挺水花卉识别

**引导问题 12-1：什么是挺水花卉？园林中常见的挺水花卉有哪些？**

________________________________________

________________________________________

________________________________________

**小提示：**

挺水花卉：根或根状茎生于水底泥中，植株茎叶高挺出水面，如荷花、香蒲。主要分布在沼泽地及湖、河、塘等近岸的浅水处，是水生植物和陆生植物之间的过渡类型。挺水花卉涵盖了园林水景应用中的挺水、湿生、沼生花卉。

1. 菖蒲 *Acorus calamus*

【别名】臭菖蒲、水菖蒲、白菖蒲

【科属】天南星科　菖蒲属

【产地与分布】原产于中国及日本，广布于世界温带和亚热带地区。

【识别特征】多年生挺水花卉。根状茎横走，粗壮，有香气。叶二列状着生，剑状线形，端尖；叶基部成鞘状，对折抱茎，革质具光泽；中肋明显并在两面隆起。叶状佛焰苞长 20～40 cm，内具圆锥状肉穗花序，黄绿色。花期 6—9 月。

【生态习性】耐寒性差，10 ℃以下停止生长，冬季地上部枯死，以地下茎潜入泥中越冬。喜生于沼泽、池塘、湖泊岸边浅水区。

【栽培资源】同属常见栽培种：

石菖蒲 *A. gramineus*　多年生宿根、挺水植物。原产中国及日本。根茎质硬，气味芳香。分枝丛生。叶基生，细带状，翠绿色，柔软而光滑，无中肋。佛焰苞与花序等长。

【繁殖】分株繁殖。

【景观应用】菖蒲叶丛翠绿，端庄秀丽，具有香气，适宜水景岸边及水体绿化，是水景中主要的观叶植物。常丛植于湖、塘岸边，或点缀于庭园水景和临水假山一隅，有良好的观赏价值，也可盆栽观赏。叶、花序还可以作插花材料。

菖蒲在中国古代是一种代表祥瑞的吉草，端午节时老百姓常将菖蒲、艾叶编结成束，悬挂门上，以期辟邪驱痛。

【其他用途】全株可入药，可提制香料。

2. 荷花 *Nelumbo nucifera*

【别名】莲花、水芙蓉

【科属】莲科　莲属

【产地与分布】原产于中国，分布在中亚、西亚、北美，印度、中国、日本等亚热带和温带地区。

【识别特征】多年生挺水花卉。根茎肥大多节，内有多数纵行通气孔道；节间膨大，节部缢缩，上生黑色鳞叶，下生须状不定根。叶圆形盾状，全缘稍呈波状；叶表面深绿色，被蜡质白粉，背面灰绿色，叶脉明显隆起；幼叶常自两侧向内卷。叶柄粗壮，圆柱形，中空，外面散生小刺。花单生于花梗顶端、高出水面之上，径 10～25 cm，具清香，有单瓣、复瓣、重瓣及重台等花型；花色有白、粉、深红、淡紫、黄色或间色等变化。花托表面具多数散生蜂窝状孔洞，受精后逐渐膨大为莲蓬，每一孔洞内生一小莲子。花期 6—9 月，果期 9—10 月。

【生态习性】长日照植物。喜光，极不耐阴；喜温暖，亦耐寒。喜肥及相对稳定的平静浅水、湖沼、泽地、池塘，不能脱水，水深不超过 1 m 为限。

【栽培资源】荷花品种资源丰富，依用途不同可分为藕莲、子莲和花莲三大系统。藕莲类以生产食用藕为主，植株高大，根茎粗壮，生长势强健，但不开花或开花少。子莲类开花繁密，单瓣花，但根茎细。花莲根茎细而弱，生长势弱，但花的观赏价值高，开花多，花期长。

【繁殖】分株、种子繁殖。

【景观应用】我国栽培荷花具有悠久的历史，也是世界上栽培荷花最普遍的国家之一，除西藏、内蒙古、青海等地外，绝大部分地区均有栽培，荷花是中国历史传统名花。荷花碧叶如盖，花大色艳，是园林水景造景的重要材料。现代风景园林中，常做荷花专类园广植水面，形成“接天莲叶无穷碧，映日荷花别样红”的壮丽景观。还能盆栽或池栽布置庭院。小型品种碗莲可种在碗或缸里，别有情趣。此外，荷花、荷叶、莲藕和莲实等素材都可作为切花。

荷花被誉为“花中君子”，其出淤泥而不染之品格恒为世人称颂。荷花“中通外直，不蔓不枝，出淤泥而不染，濯清涟而不妖”的高尚品格，历来是古往今来诗人墨客歌咏绘画的题材之一。

3.香蒲 *Typha orientalis*

【别名】东方香蒲

【科属】香蒲科　香蒲属

【产地与分布】原产于中国，菲律宾、日本、俄罗斯及大洋洲等地均有分布。

【识别特征】多年生挺水或沼生花卉。地下根状茎粗壮，茎直立，高 1～2 m。根状茎粗壮；叶长带形，二列状着生；叶基部鞘状，抱茎，具白色膜质边缘。穗状花序蜡烛状，浅褐色；雄花序在上，雌花序在下，雌雄花序紧密连接。花果期夏秋。

【生态习性】喜阳光充足。喜温暖。喜湿润、肥沃的池塘边或浅水环境。

【栽培资源】其他常见栽培种：

小香蒲 *T. minima*　植株矮小，叶线形，花序小巧且雌雄花序不连接。

【繁殖】分株繁殖。

【景观应用】香蒲叶丛秀丽潇洒，雌雄花序形似蜡烛，别具风格，适宜水景岸边及水体绿化，丛植或片植于庭园水景和临水假山一隅，可以观花和观叶。蒲棒也是东方式插花的好材料。

4.菰 *Zizania latifolia*

【别名】茭瓜、水笋、茭白

【科属】禾本科　菰属

【产地与分布】原产于中国，中国从东北至华南都有栽培，以太湖流域最多。

【识别特征】多年生挺水花卉。秆高大直立，高 1～2 m，具多数节，基部节上生不定根。叶片扁平宽大，长披针形，先端芒状渐尖，基部微收或渐窄，中脉在背面凸起；叶鞘长于其节间，长而肥厚，自地面向上层层左右互相抱合，形成假茎。圆锥花序大。颖果为圆柱形。花期秋冬。

【生态习性】喜温，生长适温 10～25 ℃，不耐寒和干旱。喜土壤肥沃、富含有机质、保水保肥能力强的黏壤土。

【繁殖】分株繁殖。

【景观应用】茭白细长叶片洒脱飘逸，常用于园林水景边缘种植，可以多株丛植、片植，均具有良好的景观效果。

【其他用途】菰的经济价值大，秆基嫩茎为真菌 *Ustilago edulis* 寄生后，粗大肥嫩，称茭瓜，是美味的蔬菜。颖果称菰米，作饭食用，有营养保健价值。全草为优良的饲料，是鱼类的越冬场所，也是固堤造陆的先锋植物。古代菰生长正常，秋季结实，称雕胡米，为六谷之一，后因黑穗菌寄生成畸形，不能开花结实，成为蔬菜利用。

# 任务 12-2 浮水花卉识别

**引导问题 12-2：什么是浮水花卉？园林中常见的浮水花卉有哪些？**

________________________________________

________________________________________

________________________________________

**小提示：**

浮水花卉是指根或茎生于泥中，叶片通常浮于水面上。如睡莲。浮水花卉分布的区域一般水深 0.5～2.5 m，其中菱科有些种类分布最深，可达 4 m。

1.睡莲类 *Nymphaea* spp.

【科属】睡莲科　睡莲属

【产地与分布】大部分原产于北非和东南亚热带地区，少数产于南非、欧洲和亚洲的温带和寒带地区，中国各地均有栽培。

【识别特征】多年生浮水花卉。根茎生于泥中，有横生或直生。叶丛生浮于水面上。莲座状花单生于细长的花柄顶端，浮在水面或高出水面；花瓣白色、蓝色、黄色或粉红色，多轮。花期夏秋季，单朵花花期 3～4 d，依种类不同而开放时间不同。

【生态习性】喜强光。喜通风良好、富含有机质、洁净的浅水环境。

【栽培资源】根据耐寒性不同可分为热带睡莲和耐寒睡莲：

(1)热带睡莲　又名不耐寒睡莲，分布在热带和亚热带地区。成熟的叶子边缘呈锯齿或波浪状，花梗挺出水面，花白天和晚上均能开放，在叶基部于叶柄之间有时会生产小植株，称“胎生”。

①蓝睡莲 *N. caeruloa*　原产于北非、埃及、墨西哥。叶全缘。花中型，花色浅蓝，白天开放。

②埃及白睡莲 *N. lous*　原产于埃及尼罗河。叶缘具尖齿。花大型，花色白，傍晚开放，午前闭合。

③红睡莲 *N. rubra*　原产于印度、孟加拉国一带。花大型，花色深红，夜间或白天开放。

④黄花睡莲 *N. Mexicana*　原产于北美洲南部墨西哥、美国佛罗里达州。叶面浓绿具密褐色斑，叶缘具浅锯齿。花中型，浮生或稍出水面，花色浅黄，白天开放。

(2)耐寒睡莲　分布广泛，能耐零下温度，叶子全缘，大部分花浮在水面，均属白天开花类型，是园林中栽培应用较多的种类。

①睡莲(子午莲)*N. tetragona*　原产于中国。叶小而圆,背面紫红色。花较香睡莲小,白色,午后至傍晚开放。耐寒性极强,是培育耐寒品种的重要亲本。

②香睡莲 *N. odorata*　叶革质全缘,叶背紫红色。花白色,具浓香,午前开放。有很多杂种,是现代睡莲的重要亲本。

③白睡莲(欧洲白睡莲)*N. alba*　叶圆形,幼时红色。花白色,大花型,是现代睡莲的主要亲本。

【繁殖】分株、播种繁殖。

【景观应用】睡莲飘逸悠闲,花叶俱美,花色丰富,花期长,是现代园林水景造景中最重要的浮水花卉。最适宜丛植于湖、塘岸边,或点缀于庭园水景和临水假山一隅,有良好的观赏价值,也可盆栽装饰居室或庭院,还是优良的切花花材。

在古埃及神话里,睡莲被奉为"神圣之花",成为遍布古埃及寺庙廊柱的图腾。根能吸收水中的铅、汞、苯酚等有毒物质,是优良的水体净化材料。

2. 亚马孙王莲 *Victoria amazonica*

【别名】王莲

【科属】睡莲科　王莲属

【产地与分布】原产于南美洲热带水域,现已引种到世界各地大植物园和公园,我国西双版纳有分布。

【识别特征】多年生大型浮水花卉。根状茎直立;具发达的不定根。叶片是水生有花植物中叶片最大的,初生叶呈针状;成熟叶叶缘上翘呈盘状,直径 1～2.5 m;叶面为绿色略带微红,有皱褶,背面为紫红色;叶脉为放射网状,背面具刺;叶柄粗有刺。花单生,花瓣多数,芳香;每朵花开 2 天,第 1 天白色,第 2 天变为淡红色至深红色,第 3 天闭合并沉入水中。

【生态习性】喜阳光充足。喜高温,生长适温为 25～35 ℃。喜水质清洁、土壤肥沃的环境。

【栽培资源】同属常见栽培种:

克鲁兹王莲 *V. cruziana*　多年生大型浮水植物。叶径小于亚马孙王莲,叶缘直立部分高于前种,叶背也为绿色,花色也淡。

【繁殖】种子繁殖。

【景观应用】亚马孙王莲叶巨大肥厚而别致,漂浮水面,十分壮观,在园林水景中成为水生花卉之王。常与荷花、睡莲等水生植物搭配布置,是现代园林水景中必不可少的观赏水生花卉,形成独特的热带水景。

【其他用途】种子含丰富淀粉,可供食用,有"水中玉米"之称。

## 任务 12-3　漂浮花卉识别

**引导问题 12-3:什么是漂浮花卉?园林中常见的漂浮花卉有哪些?**

**小提示：**

漂浮花卉：根悬浮在水中，植物体漂浮于水面，随水流四处漂泊，可生活在水较深的地方。如：凤眼莲、浮萍。

1.凤眼莲 *Eichhornia crassipes*

【别名】水葫芦、凤眼蓝、水葫芦苗、水浮莲

【科属】雨久花科　凤眼莲属

【产地与分布】原产于南美洲亚马孙河流域，世界各地广泛栽培。

【识别特征】多年生漂浮花卉。须根发达，悬垂水中。单叶丛生于短缩茎的基部，每株6～12叶片；叶呈卵圆形，叶面光滑，深绿色，蜡质；叶柄中下部有膨胀如葫芦状的气囊。穗状花序单生茎顶，淡蓝紫色或粉紫色；上部花被表面具蓝色斑块，中心有一亮黄色斑点形似凤眼。花期7—8月。

【生态习性】喜阳光充足。喜温暖，有一定的耐寒能力。喜生浅水、静水中，在流速不大的水体中也能够生长，随水漂流，繁殖迅速。具对氮、磷、钾、钙等多种无机元素有较强的富集作用，其中对大量元素钾的富集作用尤为突出。

【栽培资源】常见栽培变种：

①大花凤眼莲 var. *major*　花大，粉紫色。

②黄花凤眼莲 var. *aurea*　花为黄色。

【繁殖】分株繁殖。

【景观应用】凤眼莲叶色光亮，花色美丽，叶柄奇特，是重要的水生花卉。可片植或丛植于于公园、湿地的水体绿化，还可栽植于浅水池或作盆栽、缸养，观花观叶总相宜，也可作水族箱的装饰材料，亦可做切花。

凤眼莲具有较强的水质净化作用，故此可以植于水质较差的河流及水池中作净化材料，但在生长适宜区，常由于过度繁殖，阻塞水道，影响交通，也被列入世界百种外来入侵种之一，使用中应注意限定生长范围。

【其他用途】全株可入药，有清热解暑、利尿消肿的作用。叶含有较高的粗蛋白、粗纤维及粗脂肪，可用作饲料。

2.大薸 *Pistia stratiotes*

【别名】水白菜、芙蓉莲

【科属】天南星科　大薸属

【产地与分布】本属仅此1种。原产于中国长江流域，广布于热带、亚热带地区，中国华南和华东地区广泛栽培。

【识别特征】多年生漂浮花卉。具横走茎，须根细长，从叶腋间向四周分出匍匐茎，茎顶端发出新植株。叶基生，莲座状着生，无柄，倒卵形或扇形，两面具白色绒毛，草绿色；叶脉明显，使叶呈折扇状。花序生叶腋间，佛焰苞白色。花期6—7月。

【生态习性】喜光。喜高温，不耐寒，低于5 ℃时则枯萎死亡。喜清水，流动水对其生长不利。

【繁殖】分株繁殖。

【景观应用】大薸株型美丽，质感柔和，叶色翠绿，犹如朵朵绿色莲花漂浮水面，别具风趣，是夏季美化水面的良好材料，还可盆栽观赏。

大薸根系发达，直接从污水中吸收有害物质和过剩营养物质，可净化水体。在应用中和凤眼莲一样，需不断清理控制数量和生长范围，否则其繁殖迅速易对水体造成二次污染。大薸是农业环保的头号天敌，现已被列入我国最危险入侵物种名单。

# 任务 12-4 沉水花卉识别

**引导问题 12-4：什么是沉水花卉？园林中常见的沉水花卉有哪些？**

______________________________________________________________________

______________________________________________________________________

______________________________________________________________________

**小提示：**

沉水花卉：根或根状茎扎生或不扎生水底泥中，植物体沉没于水中，不露出水面，如水苋菜、黑藻等。

狐尾藻 *Myriophyllum verticillatum*

【别名】布拉狐尾、轮叶狐尾藻

【科属】小二仙草科　狐尾藻属

【产地与分布】全球广泛分布，世界各地广泛栽培。

【识别特征】多年生沉水花卉。根状茎发达，节部生根。茎软，细长，圆柱形，多分枝。叶无柄，褐绿色，通常4～5枚轮生；叶羽状全裂，裂片丝状。花雌雄同株或杂性，单生于水上叶腋处，无柄，4枚轮生，略呈十字排列；一般水上叶的上部为雄花，下部为雌花，雌花有小的花瓣，苞片篦齿状分裂。花期夏末秋初。

【生态习性】喜光，喜温暖，不耐寒，入冬后地上部分逐渐枯死。喜微碱性的水湿环境。

【栽培资源】同属常见栽培种：

穗状狐尾藻 *M. spicatum*　穗状花序常生于水面之上的茎顶端或叶腋中；雌花不具花瓣，苞片全缘或有齿。常与狐尾藻混在一起生长。

【繁殖】扦插繁殖。

【景观应用】狐尾藻叶型奇特，观赏性强，可用于布置水景。常丛植于湖、塘岸边，在湖泊生态修复工程中作为净水物种和植被恢复先锋物种。也可用于室内观赏水族箱。

【其他用途】全草可作为饲料。

二维码 12-1
观赏水生花卉

**作业：**

调查所在地观赏水生花卉相关信息，根据植物形态学识别知识描述植物的主要形态识别特征并记录。完成表12-1。

参考资料：

[1]中国植物图像库 http://ppbc.iphant.cn

[2]植物智 http://www.iplant.cn

**表 12-1　常见水生花卉调查**

地点：________________________

| 序号 | 种名 | 拉丁名 | 生活型 | 观赏特点 |
|---|---|---|---|---|
| | | | | |
| | | | | |
| | | | | |
| | | | | |
| | | | | |
| | | | | |
| | | | | |
| | | | | |
| | | | | |
| | | | | |
| | | | | |
| | | | | |
| | | | | |
| | | | | |
| | | | | |
| | | | | |
| | | | | |
| | | | | |
| | | | | |
| | | | | |
| | | | | |
| | | | | |
| | | | | |
| | | | | |
| | | | | |
| | | | | |
| | | | | |

# 学习情境 13

# 观赏植物应用调查

## 学习情景描述

综合前面学习内容及学习成果，结合本地环境，确定典型调查地，展开调查、识别、整理本地区观赏植物资源，梳理调查点中植物景观应用形式，以利于后续植物景观设计、植物养护管理课程学习。

## 学习目标

◆ 在掌握本地常见观赏植物的形态特征、观赏特点、园林用途的基础上，对各类绿地中的园林植物应用进行简单的调查与评价，使学生对植物调查和评价有初步的认识。

◆ 掌握园林植物的应用形式及配植方式，为后续植物景观设计的学习奠定知识基础，掌握不同绿地植物景观应用的特点和基本方法。

## 任务书

◆ 选择适当的调查绿地类型，对植物物种选择、生长状况、应用形式及组合方式、景观效果等进行实地综合调查，并填写相应的调查记录表。

◆ 对所调查绿地园林植物的应用现状进行简单的分析评价。

## 学习准备

1. 学习材料

调查绿地内的观赏植物。

2. 学习工具与用品

卷尺、激光测距仪、枝剪、解剖刀、解剖针、放大镜、记录本、工具书等。

3. 实训地点

当地各类园林绿地。

## 任务实施

# 任务 13　观赏植物调查

**引导问题 13-1：实训内容和具体要求**

调查绿地项目的基本情况，并完成表 13-1，要求教师与学生共同确定调查对象和调查项目，收集相关资料，制定调查方案（分工、时间计划等），明确实训过程中的具体要求。

调查项目名称：________________

调查地点：________________ 调查时间：________________

教　　师：________________

学　　生：________________

组　　长：________________ 安 全 员：________________

**表 13-1　项目调查**

| 调查内容 | | | 备注 |
|---|---|---|---|
| 绿地特征 | 绿地类型 | 1.综合公园 2.社区公园 3.专类公园 4.带状公园 5.街旁绿地 6.居住绿地 7.其他绿地 | |
| | 面积 | | |
| | 整体设计风格 | | |
| 自然环境 | 气候（气温、降雨量、风向、日照等） | | |
| | 地形及水系 | | |
| | 土壤条件 | | |
| 周边环境 | 交通 | | |
| | 建筑设施 | | |
| | 其他 | | |

记录所调查绿地内园林植物的种类、生长状况、主要植物景观应用形式，并完成表 13-2（可附表）。

**表 13-2　植物现状调查**

| 序号 | 植物名称 | 规格 | 数量 | 生境 | 观赏特性 | 应用形式 | 生长状况 |
|---|---|---|---|---|---|---|---|
| | | | | | | | |
| | | | | | | | |
| | | | | | | | |
| | | | | | | | |
| | | | | | | | |
| | | | | | | | |
| | | | | | | | |
| | | | | | | | |
| | | | | | | | |
| | | | | | | | |

**引导问题 13-2:调查结果整理**

填写相关植物应用数据,并对其结果进行初步的分析评价。

__________(调查点)主要运用木本植物__________种,隶属__________科__________属;草本植物__________种,隶属________科。

其中乔木__________种,灌木__________种,乔木:灌木=1:__________;

常绿乔木__________种,落叶乔木__________种,常绿:落叶=1:__________。

________________________________________________________________________

________________________________________________________________________

________________________________________________________________________

**小提示:**

在景观设计中,观赏植物是极其重要的素材,观赏植物本身在大小、形态、色彩、质地等都各不相同,设计师常利用观赏植物与建筑、道路、广场、地形、水体等来组织空间,使得观赏植物在景观中常能成为最富有生机和美感的要素。

1.观赏植物景观设计原则

1)全局原则

观赏植物设计应当贯穿整个景观设计过程,不能与方案设计割裂开。大部分的室外空间都是以观赏植物为主,一个项目的景观效果好不好,观赏植物设计常常起着举足轻重的作用。在竖向设计、空间组织等方面,观赏植物的合理运用能发挥事半功倍的效果,同时场地的设计也应当首先要考虑营造观赏植物生长所适合的环境,切不可使方案设计与观赏植物设计脱节,不可先做完方案再来填充植物。

此外,自然界中植物很少单独存在,总是以群落的形式存在,群落不是植物单体的简单拼凑,而是有规律的组合。一定的环境对应一定的植物群落,任何植物设计都应当统筹在一个大的植物群落里面。

2)符合自然生态规律的原则

(1)满足适地适树　不同观赏植物的生长习性不尽相同,对于光照、水湿条件、温度、土壤酸碱度等要求都各不一样。若观赏植物生长地的条件与其习性相悖,往往会生长不良或死亡。乡土植物作为本地区原有天然分布的植物种群,经过了长期的淘汰和选择,能很好地适应当地的土壤、气候等自然条件,观赏植物设计时应首要考虑选用乡土植物。

(2)保障多样性　植物多样性是营造生物多样性的重要基础,也是提高植物群落相对稳定性以及绿地生态功能的前提。植物种类的丰富以及多层次的植物群落,既提高了单位面积的绿量,又能提升植物在城市绿地净化污染、减弱噪声、改善气候、美化环境等方面的综合效益。

(3)注重时序变化　植物是有生命的设计要素,能随着季节和生长不断变化,其大小、形态、色彩、质地、叶丛疏密等特征在不停地变化。伴随季相的演替,在进行植物景观设计时不可只考虑一季的观赏效果,而忽略了其他季节的变化。同时,在设计时不仅要注意植物的近期效果,还应考虑远期效果,适当配植成年树与幼龄树的比例。速生树与慢生树也要间隔考虑,使用速生树快速成荫,待慢生树长大到一定程度时,疏伐已近衰老的速生树,留下慢生树,以保证长期的绿化效果。

3)符合场地文脉

(1)满足场地功能与风格　不同类型的城市绿地,其风格、功能等各不相同,观赏植物的选择和设计也要与其相适应。例如,休憩广场的观赏植物设计,风格上要与广场的整体风格相一致,或现代简洁,或自然休闲,等等;功能上也要满足广场的交通需要,给游人提供遮阴,并形成景观。儿童活动区域应当忌用有刺、有毒或有刺激性反应的植物,区域周边适宜密植乔灌木与其他区相隔离,以避免互相的干扰,区域内则应当保证视线通透,方便家长照看儿童,只需要适当配植高大乔木供夏季遮阴。同一绿地内,不同区域的设计风貌也可能不同,植物选择及设计手法上也应当有差异。总之观赏植物设计要服从和适应于城市绿地的综合功能和要求,要合理安排,品种选择合宜,空间上宜密则密,当疏则疏,搭配手法灵活变化,与场地设计浑然一体。

(2)体现场地文化特征　自古人们常藉花草树木抒情或言志,观赏植物是蕴含了丰富的文化符号和文人情感的载体。例如,松、竹、梅被喻为"岁寒三友",人们认为这三种植物都具有不畏严寒、坚贞不屈的品格,最能表现中华民族的文化气质。梅兰竹菊"四君子"被认为清华其外、淡泊其中,不作媚世之态,象征了文人高尚的道德情操。周敦颐在《爱莲说》中更把荷花比作君子,形容其"出淤泥而不染,濯清涟而不妖,中通外直,不蔓不枝"。此外,如桂花象征蟾宫折桂,金榜高中;石榴象征多子多孙;玉兰、海棠、迎春、牡丹代表"玉棠春富贵"。凡此种种,不胜枚举,正所谓"一花一草见精神"。

(3)凸显场地地方特色　植物分布受气候带影响,往往形成不同的植物区域划分,而且在同一植物气候带内的植物种类也既有共性又有个性,正因此就形成了不同地方的植物特色。例如杭州地处亚热带中部,气候温暖,雨量充沛,自然群落以常绿阔叶树为主,常绿与落叶阔叶树种混交的基本外貌,同时由于亚热带植物种类丰富,植物景观上可以做到花、叶并重,四季常青,四时花香。此外,市花和市树也是反应地域特色的重要代表,如北京的槐树、南京的雪松、广州的木棉、成都的木芙蓉、昆明的山茶等,设计时加以运用也能突出地方特色。

4)考虑经济原则

经济原则就是在节约成本、方便管理的基础上,以最少的投入获得最大的生态效益和社会效益。在植物选择上,以乡土植物为主,适地适树,多选用寿命长、耐粗放管理的植物,不盲目追求大树、名贵树,合理选择植物种类及规格,做到以最少的投入实现设计目标。在植物配植上,多采用自然生态的种植,避免大量单纯草坪或修剪绿篱等人工式过强的种植方式,以减少后期在人力、物力上的投入。

5)遵循通用美学原则

观赏植物设计同样应遵循相关美学艺术原理和形式美法则,将这些规律应用在设计中,合理组合搭配观赏植物能将其美学特征充分发挥出来以达到设计效果。观赏植物设计中最重要的美学原则归纳起来包括:主与从,对比与调和,统一与变化,均衡与稳定,韵律与节奏,比例与尺度六个方面。

(1)主与从　在园林中通常片植某种观赏植物来突出主题,表现个性,从而构成重点和一般的对比与变化。如北京元大都公园的海棠花溪,杭州西湖灵峰的梅花等等。此外,将一株或几株观赏植物作为主景配植在视觉中心的位置,或是通过周围环境的烘托渲染同样可以达到突出重点的目的。作为主景的观赏植物本身要有足以吸引目光的特性,一般形体高大,姿态优美,或色彩鲜明,造型奇特,能从周围的环境中脱颖而出(图 13-1)。

(2)对比与调和　对比与调和是对两种或多种不同事物的关系而言，反映一对矛盾状态或是处理矛盾的两种方式。观赏植物本身在色彩、外形、体量、质感等方面可形成对比，植物与建筑、构筑物等配植在一起时，在体量、色彩、形式等方面也能形成对比。对比的作用一般是为了突出主题或引人注目，但对比的手法不能使用过多，对比太多会让人无暇反应，则需要一定的调和，此时可以用同一色相、类似色相、相似的质感、体量、形态的植物，来达到调和，以达到柔和、平静、舒适和愉悦的美感(图 13-2、图 13-3)。

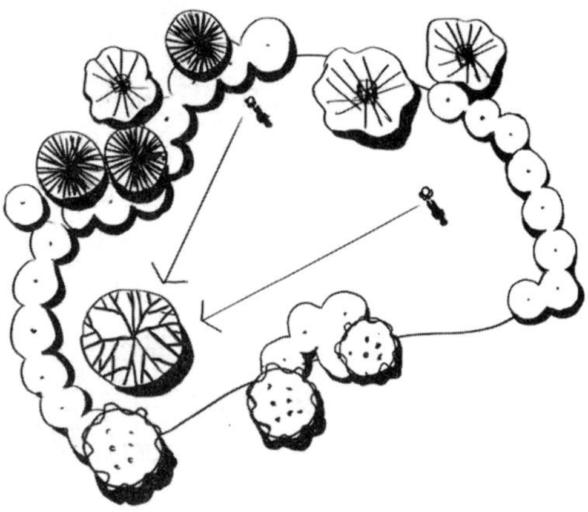

**图 13-1　在开敞的草坪上高大的孤植树作为主景**

**图 13-2　植物形态、大小的不同增强了观赏效果**

**图 13-3　不同形态的常绿植物在色彩上仍能调和**

(3)变化与统一　统一主要是指各种不同植物之间拥有相同的形态、质感、线条或颜色等，变化是指不同植物之间在线条、质感、色彩等方面有着明显的不同。不同观赏植物之间的形态要素越相近，配植在一起时的统一性越高。观赏植物设计时，树形、色彩、线条、质地和比例等需要有一定的差异和变化，但又要保持一定的相似性，给人以统一感。实际设计中要把握好变化与统一的平衡，变化太多容易杂乱无章，过分一致又会单调无趣，因此要求统一中有变化，变化中求统一，达到既生动活泼又和谐统一的效果(图 13-4)。

缺少变化和单调的种植　　变化太多，感觉混乱

**图 13-4　变化与统一可有效增加趣味性**

(4)均衡与稳定　均衡在观赏植物设计中是指部分与部分或与整体之间所取得视觉上的平衡，按照均衡的原则进行观赏植物景观设计，能给人稳定、舒适的感受。观赏植物的质感、色彩、体量大小等都可以影响均衡与稳定。一般色彩浓重、体量大、数量多、质地粗厚、枝叶茂密的植物种类，给人以重的感觉；相反色彩素淡、体量小巧、数量较少、质地细柔、枝叶疏朗的植物种类，则给人以轻盈的感觉。

设计中可分为两种形式：对称均衡和不对称均衡，一般对称均衡出现在规则式配植中，而不对称均衡则出现在自然式配植中。观赏植物的种植位置和形态均以对称均衡的形式布置，最典型的就是西方古典园林中严格对称的配植，整齐划一，井然有序。规则式建筑以及庄严的陵园、皇家园林中也采用这种对称均衡的布置。对称均衡的设计能创造出庄重、肃穆、安定的环境气氛。不对称均衡常用于花园、公园、植物园、风景区等较自然的环境中，常常利用不同观赏植物的体量、质地、色彩差异组合配植，创造生动活泼，丰富自然的植物景观。

(5)韵律与节奏　自然界中许多事物或现象因为有秩序的变化或有规律的重复出现，而激起人们的美感，这种美通常称为韵律节奏美。常见的韵律表现形式有：连续韵律、渐变韵律和起伏韵律等。连续韵律是指树木或树丛的连续等距排列，如路旁的行道树采用一种或两种以上的植物重复出现形成韵律。渐变韵律是指连续重复的部分，有规律的逐级增减变化，如树木排列由密而疏，由高变低或色彩由浓变淡等渐变的形式。起伏韵律主要是由植物的高矮变化形成的，如人工修剪的高低起伏的绿篱，或是模拟自然群落配植而形成的林冠线的变化，此外地形的起伏变化也能造成植物的起伏韵律。观赏植物设计中，韵律节奏也不能有过多变化，以免产生杂乱，造成审美疲劳，这同样服从于变化与统一的原理。韵律与节奏往往互相依存，互为因果，节奏带有一定程度的机械美，而韵律又在节奏变化中产生无穷的情趣。

(6)比例与尺度　比例主要表现为整体或部分之间的长短、高低、宽窄等关系，美学中最经典的比例分配莫过于“黄金分割”。尺度不是指真实尺寸大小，而是给人们感觉上的大小印象同真实大小之间的关系。各种观赏植物在园林中并不是孤立存在的，观赏植物个体之间、个体与群体之间、植物与环境之间、植物与观赏者之间都存在比例与尺度的问题。良好的比例尺度关系本身就是美的原理。

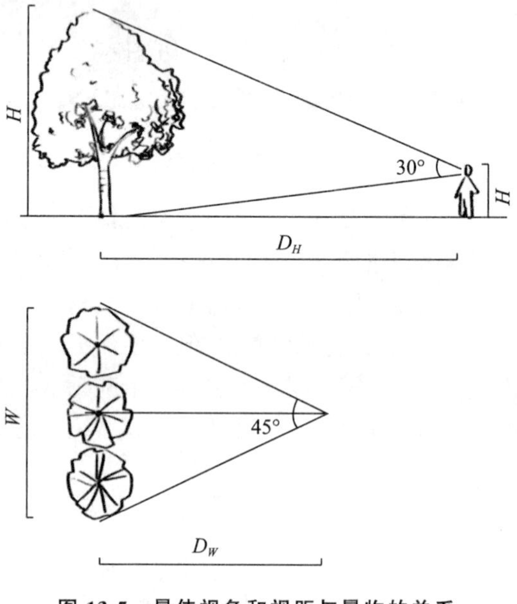


**图 13-5　最佳视角和视距与景物的关系**

园林是供人赏用的空间景物，其尺度应按人的观赏使用要求来确定，其比例关系也应符合人的视物规律。在正常情况下，不转动头部，最舒适的观赏视角在立面上为 26°～30°，在水平面上为 45°，以此推算。对大型景物来说，合适的视距为景物高度的 3.3 倍，小型景物约为 1.7 倍。而对于景物宽度来说，其合适视距则为景物宽度的 1.2 倍(图 13-5)。植物景观设计中，作为主景的孤植树设置在什么位置，其周围草坪的最小宽度应当是多少，就需要按照这一规律来限定。

2.观赏植物景观设计形式

观赏植物景观设计的形式主要是就各类植物的平面关系及构图艺术而言，受园林风格、形式的影响和制约，不同的国家和地区、不同的历史阶段会有显著不同的种植形式，但大体可归结为规则式种植和自然式种植。

1)规则式种植设计

规则式植物设计的平面多采用轴线或风格确定的几何图案来设计种植，植物景观布局规整，注重装饰性，能体现简洁、单纯之美，有利于表达严肃的主题和壮美的场景。

在规则式植物设计中，乔木常以对称或行列式种植为主，有时还刻意修剪成各种几何形体，甚至动物或人的形象；灌木等距直线种植，或修剪成绿篱饰边、或修剪成规整的图案作为大面积的构图；花卉布置成以图案为主题的模纹花坛和花境以表现花卉的色彩美和群体美；草坪修剪平整并被严格控制边界。此外，规则式植物设计中，还常用植物修剪成绿篱、绿墙、绿门、绿柱等来划分和组织空间。刻意追求装饰效果的规则式植物设计往往需要投入大量人力物力来养护、整形和修剪，并不值得提倡。但是在许多人工化、规整的城市空间中，规则式的植物设计若是使用合宜，也是一种不可或缺的设计形式。

(1)对植、列植与网格式种植

①对植是指两株或两丛植物按照一定的轴线关系相互对称或均衡的一种栽植方式。对植多应用在入口、道路及建筑两旁，形成配景或夹景(图 13-6)。

②列植是对植的延伸，是指乔灌木按一定株行距成排成行的栽植。列植多应用于街道、公路两旁，或规则式广场的周围。列植要保持两侧的植物是对称的，一般适合选择树冠形状比较整齐的树种。列植在园林中可作园林景物的背景，种植密度较大的可以起到分割隔离的作用，开成树屏，这种方式使夹道中间形成较为隐秘的空间。

③网格式种植又称为树阵式种植，是在基地上设置一个或多个系列的网格，在每个网格交叉点上布置植物。网格式种植多用于建筑周边环境绿化中的乔木种植，其最大的优点是能与建筑相互呼应协调，并将种植空间用几何方式组织起来转化为功能空间，将建筑空间延伸到周围环境中(图 13-7)。

图 13-6 对植

图 13-7 网格式种植

(2)绿篱、绿墙及树木整形

①绿篱和绿墙是由灌木或小乔木，以相等的株行距，单行或双行排列成行而构成的不透光不透风结构的规则林带，经过修剪整形后枝叶互相衔接形成篱垣。绿篱和绿墙有明确的分隔、引导或衬托的作用，易于用来控制视线或组织划分空间，常用来作为防范的边界，或组织游览路线。在规则式园林中，绿篱常作为花境的边缘或花坛的装饰图案，以及雕塑、装饰小品、喷泉等的背景。此外，还可用于建筑、挡土墙的基础美化。作为绿篱或绿墙的植物一般选择萌蘖性较强生长偏慢的木本植物，如圆柏、侧柏、紫杉、黄杨、冬青、珊瑚树等(图 13-8)。

②树木整形是将一些木本植物(多选用常绿树木)修剪成圆筒形、方形等几何形状，或者动物的造型，甚至人的形象。在城市环境中，为了使具有强烈几何体形的建筑物与周围不规则的自然风景及色彩上取得过渡与统一，适当运用整形树木，能取得意想不到的效果。但若过分人工化，刻意修剪，追求造型，与周围的自然景色很难调合，就不可取了(图 13-9)。

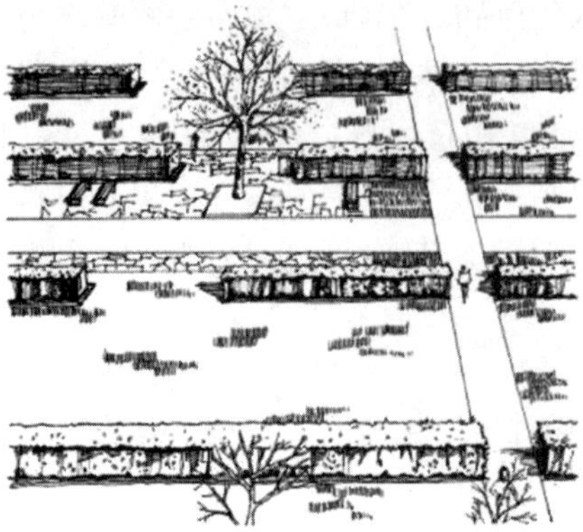

图 13-8　绿篱修剪

图 13-9　树木整形

(3)花坛　花坛是按照设计意图在一定形体范围内栽植观赏植物,以表现群体美的设施。花坛是园林中最主要的花卉布置方式之一。

根据表现主题、规划方式及维持时间长短的不同,花坛有不同的分类方法。按表现主题分类可分为:花丛花坛、模纹花坛、标题式花坛、造型花坛、混合花坛。按布局方式分类可分为:独立花坛、花坛群、连续花坛群。按空间位置分类可分为:平面花坛、斜面花坛、立体花坛。花坛还可以有很多分类方法,如根据花坛所使用的植物材料可以将花坛分为一二年生花卉花坛、常绿灌木花坛以及混合式花坛,根据花坛所用植物观赏期的长短可分为永久花坛、半永久花坛及季节花坛。

在规则式园林中,花坛可以作为主景也可作为配景,常设于广场中央、道路交叉口、大型建筑前、道路两侧等需要重点美化的地段。花坛的设计应在风格、体量、色彩、形式等方面与周围的环境相协调。作为主景来处理的花坛和花坛群,一般是对称的。花坛的平面轮廓也一般与广场的平面相一致,但是细节上会有一定的变化。在交通量很大,或是游人集散量很大的大型公共建筑前的广场上,为了保证交通的畅通以及游人的集散安全,花坛的外形常优先考虑功能的要求,不用与广场一致。花坛的色彩搭配应适当,要遵循色彩搭配的艺术规律,切忌杂乱无章,同时还应注意花坛的整体色彩与周围环境的关系(图 13-10)。

图 13-10　北京植物园某节日花坛

(4)花境　花境是源自欧洲的一种花卉种植形式,是从规则式构图到自然式构图过渡的一种半自然式的带状种植形式。花境是以体现观赏植物个体的自然美以及不同植物之间自然组合的群落美为主题。花境的平面轮廓和平面布置是规则式的,但是花境内部的植物配植,则完全是自然式的。

花境内的观赏植物栽下以后可多年不用更换,多以花期长、色彩鲜明、栽培简易的宿根花卉为主,并适当搭配其他植物。通常还需根据花境的具体位置,考虑花卉对光照、土壤及水分等的适应性。花境要求四季美观,用于花境的观赏植物要求开花期长或花叶兼美,色彩丰富,花期具有连续性和季相变化。种类组合上还需考虑立面与平面的构图相结合,不同观赏植物的株型、株高、花序及质地等观赏性也不相同,合理搭配以形成高低错落有致的景观(图 13-11)。

**图 13-11 北京植物园花境**

2)自然式种植设计

自然式植物设计是模仿自然山林植被,按照自然植被的分布特点进行植物配植,注重观赏植物本身的特性。植物与植物之间,植物与环境之间的关系是生态的、和谐的。自然式植物设计一方面是不同观赏植物之间的搭配,要考虑植物种类的选择、树群的组合、植物层次、色彩的合理运用等;另一方面,还需讲究观赏植物与山、水、建筑等其他景观要素的配合关系,营造自然天成的景观风貌。

在自然式植物设计中,没有行列式布置,乔木配植以孤植、丛植、群植、林植为主;也不用规则修剪的绿篱、绿墙等,以自然的灌丛、林带等来组织划分空间;花卉布置以自然花丛为主,不用模纹花坛。自然式植物设计不仅形式上更加丰富多彩、变化无穷,还体现了现代生态设计的基本思想。

(1)孤植　孤植是指种植单株乔木,以表现树木的独立姿态。孤植树一般作为主景,栽植地点要求比较开阔,四周空旷,便于树冠向四周伸展,并有较适宜的观赏视距和观赏点,常植于空旷的草坪上、林缘、湖畔、路口、桥头等地方,除了能突出树木的个体美,还能作为一个地区的标志。因此所用植物通常是体形高大雄伟或姿态优美,或花、果、叶观赏效果显著的树种。常用的有雪松、南洋杉、银杏、榕树、香樟、槐树、无患子、元宝枫、凤凰木、枫香、玉兰等。有时在尺度合适的环境中,也可选用一些树姿独特或较珍稀的小乔木或花灌木作为孤植树,如梅花、紫薇、罗汉松等(图 13-12)。

(2)丛植　丛植是指由几株到十几株乔木或灌木按一定要求较为紧密地栽植在一起,其树冠彼此相接形成一个整体的外轮廓线。群植体现的是植物的群体效果,有较强的整体感,是一种常用的种植类型。

图 13-12　孤植树

从植树种的选择须符合多样统一的原则，所选树种要相同或相似，但植物的形态、高度、色彩及配植的方式要多变化，可互为衬托或对比。在开阔和封闭的空间中，树丛都可以作为主景，成为视线的焦点或是某些景物的对景。树丛也可作为配景，充当一些硬质景观的背景，使硬质景观在自然柔美的植物衬托下，焕发丰富生机。树丛整体上要密植，局部又要疏密有致，并根据疏密度适当选择树木高度，密则升高，疏则平展，形成起伏变化的林冠线（图 13-13、图 13-14）。

(3)群植　由二三十株以至数百株的乔、灌木成群配植称为群植，形成的群体称为树群，表现植物的群体美。树群可以是多个树丛的组合，也可以是树丛中树木种类或数量的增加膨大，树群的植物量比树丛多几倍，尺度更大，层次感更丰富，一般应用在更大的空间中。树群的植物选择应考虑林冠线的轮廓，有高低起伏变化，要注意植物的色相、四季的季相变化以及不同观赏植物的生态习性等，以保证树群的长期稳定性。通常第一层为乔木，应该是阳性树，第二层为亚乔木可以是半阴性的，种植在乔木庇荫下及北面的灌木可以是半阴性和阴性的，喜暖的植物应该配植在树群的南方和东南方。

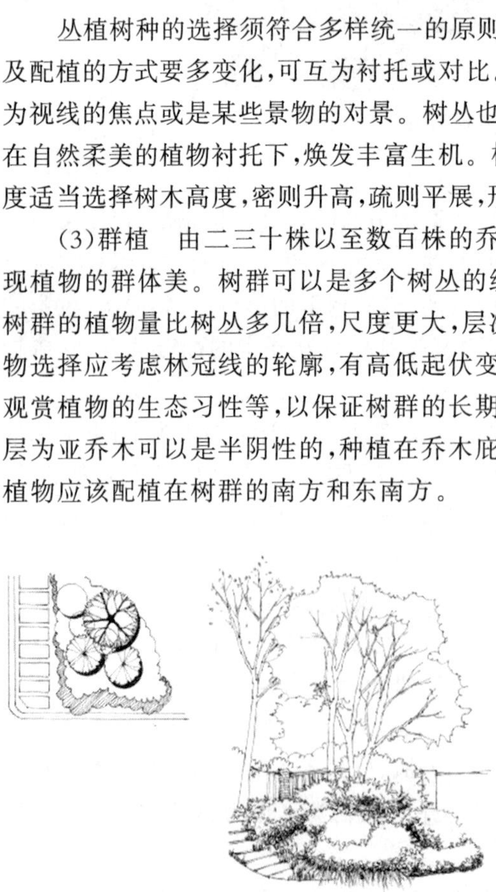

图 13-13　路口的树丛

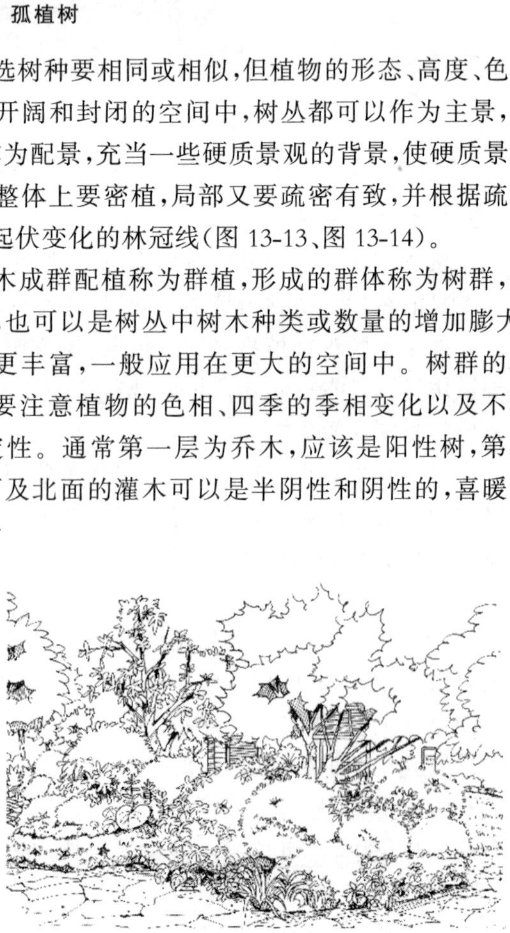

图 13-14　庭院树丛形成美丽的林冠线

群植可由单一的树种组成，也可由数个树种组成，植物数量较多，占地面积较大，一般在小型园林中作为背景或配景，在大型公园或风景区中也可作为主景。树群所表现的主要是观赏植物的群体美，应该置在有足够距离的开阔场地上，如靠近林缘的大草坪上、宽广的林中空地、水中的小岛屿上、宽广水面的水滨、小山的山坡上、土丘上等。在树群主要立面的前方，要有至少在树群高度的 4 倍、树群宽度的 1.5 倍以上的距离，留出空地，以便游人欣赏(图 13-15)。

**图 13-15 群植**

(4)林植 成片、成块大量栽植乔木、灌木，构成林地和森林景观的称为林植，也叫树林。林植多用于大面积公园安静区、风景游览区或休、疗养区及卫生防护林带的建设中。林植要特别注意植物群体的生态关系以及养护上的要求，应当首要选用当地生长稳定的树种，既不会过早更新，又有地方特色；植物选择还需考虑林冠线的变化、林中下木的选择与搭配、群体内及群体与环境间的关系等。林植树木的密度应根据植物本身的情况和当地气候、地形、土壤等环境条件而定，应当有疏林与密林的变化。

# 学习情境 14

# 观赏植物育苗技术

## 学习情境描述

观赏植物繁殖是植物繁衍后代、延续物种的一种自然现象，也是植物生命的基本特征之一，对保存优良种质资源具有重要意义，主要包括种子繁殖、分生繁殖、压条繁殖、扦插繁殖、嫁接繁殖和组织培养等方式。观赏植物种质资源丰富，但是优良品种较少，可以通过种苗繁育的方式进行品种选择和培育，从而获得大量的优质种苗，提高观赏性。

## 学习目标

◆ 掌握播种苗培育的基础知识，包括种子处理以及播种方法等知识，为各类观赏植物良种培育奠定基础。

◆ 掌握营养繁殖苗培育的基础知识，包括分生繁殖、压条繁殖、扦插繁殖、嫁接繁殖和组织培养等培育方式，对加速发展优良品种意义重大。

## 任务书

◆ 学生以小组为单位，选择植物种子进行播种，并观察生长状况，通过动手实践掌握播种繁殖的方法和注意事项。

◆ 学生以小组为单位，在校园里选择植物进行分生繁殖、压条繁殖、扦插繁殖、嫁接繁殖和组织培养实验，并观察生长状况，通过动手实践掌握营养繁殖的方法和注意事项。

## 学习准备

1.学习材料

实物标本、腊叶标本、本地区主要观赏植物 30～50 种。

2.学习工具与用品

枝剪、解剖刀、解剖针、土壤、培养皿、记录本、工具书等。

3.实训地点

实验室、实训基地。

4.前期理论知识准备

1)有性繁殖

有性繁殖是用种子进行繁殖的一种方法，也称为种子繁殖或播种繁殖。种子繁殖的后代细胞中含有来自双方各一半的遗传信息，常会产生新的变异类型，并具有强大的生命力，一次播种可获得大量苗木，种子采集、贮存、运输方便，实生苗生长旺盛，抗逆性强，易驯化。因为种子存在退化现象，所以选择和提纯种子是播种的前提。在采集种子前，首先要做好母株的调查，了解分布地点、品种、数量、树龄、生长状况（包括地理位置、土壤、气候、自然条件是否适应本地区等），以保证采集到优良的种子，保证种子在本地区能正常生长。

2）无性繁殖

无性繁殖相比于有性繁殖的播种育苗能获得大量抗性强的实生苗，观赏植物进行无性繁殖具有独特的优势。无性繁殖又称营养繁殖，是利用植物营养器官（根、茎、叶）的再生能力繁殖新植株的方法。用这种方法繁殖的苗木，称为营养繁殖苗，主要有扦插、嫁接、分生、压条、组织培养等方式。营养繁殖能够保持某些栽培物的优良特征，繁殖速度较快，所以被广泛地应用于观赏植物的苗木培育。

**任务实施**

# 任务 14-1　有性繁殖技术

**引导问题 14-1：北宋诗人王禹偁在《观邻家园中种黍示嘉佑》中描述："播种甚莽卤，苗稼安能起。"描述古人播种时仔细认真，提醒农人播种时不能粗疏、马虎。除此以外，在播种育苗时还有哪些注意事项？**

________________________________________

________________________________________

________________________________________

小提示：

观赏植物在播种时，要注意选择合适的时期，可根据当地的气候条件、植物品种和开花期而定。在播种前，要对植物的种子进行消毒处理，选择发芽率高、饱满充实、无病害的优质种子。观赏植物对于土壤的要求较高，需要选择适合的播种土壤。在播种前，首先要整理土壤，如做好翻耕、松土、平整和去除杂草等准备工作，其次再消毒和施基肥，以保证充分的发芽条件。在播种时，需要根据每种植物的要求，选择直接播种方式或间接播种方式，播种完成后要注意根据种子的大小和要求，在上面覆盖一层薄的培养土，保持水分不流失。另外，由于种子萌发需要充足的水分和最适宜的温度，高于或者低于这个温度，种子萌发都会受到影响，因此植物播种后一定要及时浇适量的水，保持土壤湿润和温度适宜。

**引导问题 14-2：唐代诗人李绅在《悯农》中写道："春种一粒粟，秋收万颗子"，意思是春天只要播下一颗种子，秋天就可以收获很多粮食，那么请同学们思考，播种的基本步骤是什么？播种后如何进行养护管理？**

________________________________________

________________________________________

________________________________________

小提示：

**（一）播种前的准备**

1.种子处理

在播种前，首先要对植物种子进行品质检验，包括测定种子的净度、重量、含水量、发芽力、生活力和种子健康状况等指标，然后根据测定的数据，选择粒大饱满、有光泽、无病虫害和当年采集的种子，且种子的发芽率在90%以上才能播种。种子选好后，要进行消毒，一方面消除种子本身携带的病菌，另一方面消除土壤中的病虫危害。

2. 土壤准备

整地，包括翻耕、地面整理、耕耙平整及除草等内容。整地时要求土壤细碎，床面平整，结合施基肥和墒情进行播前灌溉和镇压。通过整地，可将压实板结的表层土壤连同地表杂草、残茬、虫卵、草籽、绿肥或厩肥等一起埋到沟底，起到松碎土壤，改善耕层结构，促进土壤中的水、肥、气、热相互协调，消灭杂草和病虫，提高土壤肥力的作用，为植物生长发育创造良好的土壤条件。如香石竹，不能连作，通过整地可改善土壤的物理性状，使水分和空气得以流通，提高土壤的保肥和保水能力，从而促进土壤微生物的活动，使土壤可溶性养分增加。翻耕是整地的基本内容，一般在秋冬季进行，深度依照花卉种类以及土壤状况来定，一二年生草本花卉较浅，在20～30 cm，而球根、宿根花卉较深，一般深度在40～50 cm。

土壤消毒。生产上常用药剂进行消毒，如硫酸亚铁，不仅具有杀菌作用，还可以改良碱性土壤，一般在播种前5～7 d，在床面喷洒2%～3%硫酸亚铁水溶液3～4.5 kg/m$^2$，也可以将硫酸亚铁粉末均匀地洒在沟内；消石灰，结合整地同时施入，用量为150 kg/hm$^2$，在酸性土壤上，可适当增加。

杀虫。可通过作业措施对土壤进行处理，如采用深冬深耕，不施未充分腐熟的有机肥料，进行清除落叶等措施消灭地下害虫。也可采用化学药剂进行处理，如西维因、氨甲萘、辛硫酸等。

3. 圃地施基肥

在土壤耕作前，将基肥均匀施到地表，再经过耕、耙使肥料混合在耕作层的土壤中，即全层施肥。基肥的使用量一般为：饼肥1500～2250 kg/hm$^2$，厩肥、堆肥60000～75000 kg/hm$^2$。

4. 苗木密度与播种量

苗木密度是单位面积上种植苗木的数量，苗木密度关系到生产苗木的质量和数量。苗木密度要根据植物的生物学特性、育苗环境和育苗目的来确定。对苗期生长快、占用营养面积大的树种密度要小，土壤水肥好的育苗地，根据育苗目的的不同，选择合适的密度。

播种量是单位面积或单位长度播种沟上播种种子的数量，大粒种子可用粒数来表示，如板栗、七叶树等。

**（二）选择适宜的播种时期**

在全国范围内，一年四季均可播种，但大部分地区观赏植物的播种常以春季和秋季为多。在南方温暖湿润的地区，多数观赏植物在秋天播种，约为8月下旬至9月中旬之间；在北方冬季寒冷的地区，多数种类植物以春天播种为主，为2月下旬至3月下旬之间，但具体的播种时间还应根据当地的土壤条件、气候条件和种子的特性来确定。若选择营养钵育苗，则植物一年四季都可进行播种，不受季节限制。

1. 春播

春季要适时早播，当土壤5 cm深处的地温稳定在10 ℃左右时就可以播种，对晚霜敏感的种类应当晚播。

2. 秋播

种子种皮比较硬且休眠期长、发芽困难的种子可以选择在秋天播种，需要在土壤结冻前或者植物落叶后播完。

3. 夏播

对于夏季成熟易丧失发芽力的种子，如杨、柳、蜡梅等，适宜随采随播。

**(三)播种**

1. 播种

播种前将种子按单位面积用量分开，用手工或播种机播种。撒播时，为使播种均匀，可分数次播种，可以近地面操作，防止种子被风吹走，若种粒很小，可提前用细沙或细土与种子混合后再播；条播或点播时，要先在苗床上拉线开沟或划行，开沟深度根据土壤性质和种子大小而定，开沟后立即播种，以免风吹日晒土壤干燥。

2. 覆土

播种后要立即覆土，覆土厚度视种子大小、土质和气候而定，一般覆土深度为种子直径的2～3倍。

3. 镇压

播种覆土后应及时镇压，将床面压实，使种子与土壤紧密结合，便于种子从土壤中吸收水分而发芽。

**(四)播后管理**

1. 覆盖

播种后一般需要覆盖。覆盖材料可用稻草、麦秆、茅草、苇帘、松针、锯末、谷壳、苔藓等，不要带有杂草种子和病原菌，覆盖厚度以不见地面为度，覆盖材料要固定在苗床上，防止被风吹走、吹散。

2. 遮阳

遮阳在覆盖物撤除后进行，采用苇帘、竹帘或遮阳网，设活动阴棚，其透光度以50%～80%为宜，阴棚高40～50 cm，每天上午9:00到下午4:00～5:00时放帘遮阳，其他时间或阴天可将帘子卷起。有条件也可以采用遮阳网，避免日灼危害苗木。

3. 松土除草

松土宜浅，常在灌溉后1～2 d进行。一般苗木生长前半期每10～15 d进行一次，深度为2～4 cm，后半期每15～30 d进行一次，深度为8～10 cm。松土要求全面松到，深度均匀，不伤苗木。

4. 灌溉

要根据观赏植物的需水量和土壤的湿度情况进行合理灌溉。一般在播种前灌足底水，将圃地浇透，使种子能够吸收足够的水分，促进发芽。

5. 间苗与定苗

适时间苗，留优去劣，分布均匀，合理定苗。间苗一般两次，阔叶树第一次间苗一般在幼苗长出3～4片真叶、相互遮阴时开始，第二次间苗一般在第一次间苗后10～20 d，间苗后应及时灌溉，防止因间苗松动暴露、损伤留床苗根系。

二维码14-1 播种育苗

6. 苗期追肥

土壤追肥。一般采用速效肥或腐熟的人粪尿，施肥次数宜多但每次用量宜少，一般苗木生长期可追肥2～6次。

根外追肥，将液肥喷雾在植物枝叶上。在进行根外追肥时应注意选择适当的浓度，一般微量元素浓度为0.1%～0.2%，化肥为0.2%～0.5%。

7.苗木防寒

在冬季寒冷、春季风大干旱、气候变化剧烈的地区，对苗木特别是对抗寒性弱和木质化程度差的苗木危害很大，为保证其免受霜冻和生理干旱的危害，必须采取有效的防寒措施。

8.病虫害防治

播种后还要加强病虫害防治工作，如清除田间杂草、引入病虫害的天敌、使用化学农药等方式，最后要根据植物的生长状况，适时进行植物修剪，清除弱枝和残枝。

# 任务14-2　无性繁殖技术

**引导问题14-3：老百姓常说：有心栽花花不开，无心插柳柳成荫，这反映了扦插繁殖技术的什么原理呢？**

________________________________________

________________________________________

________________________________________

________________________________________

**小提示：**

扦插繁殖，即从母株上切下一部分营养器官如根、茎、叶，插入基质中，使之生根，成为一个完整植株的方法。扦插是植物无性繁殖的重要手段之一，通常包括茎(枝)插、根插和叶插。扦插是目前观赏植物繁殖时最常用的方法，扦插繁殖的优点是能保持母本的遗传性。

“有心栽花花不开，无心插柳柳成荫”来自周希陶的《增广贤文》，说的是人们常会遇到用心去栽种、管理、养育花朵，花儿却总是不开，甚至是枯萎；反而随意折一柳枝插入土里，不需过多照料也能长成一棵郁郁葱葱的柳树。

扦插时插穗能否生根成活，与植物自身以及插穗条件有很大关系，同时也受外界环境条件影响。“无心插柳柳成荫”是指柳树、月季等植物扦插很容易成活。园林中，不同的植物扦插生根难度不一，对不易生根的植物要采取相应的技术手段(表14-1)。

**表14-1　观赏植物扦插生根难易程度总结**

| 容易生根的植物 | 较易生根的植物 | 不太容易生根的植物 | 生根困难的植物 |
|---|---|---|---|
| 一般技术条件下扦插能获得较高成活率的植物 | 经过一般处理扦插能成活，成活率较高的植物 | 在较高的技术条件和集约经营管理下扦插才能获得较高成活率的植物 | 即使经过特殊处理，扦插成活率也很低 |
| 柳树、水杉、石榴、月季、夹竹桃、扶芳藤 | 泡桐、槐树、枫树、侧柏、扁柏、蔷薇、杜鹃 | 雪松、龙柏、海棠、火棘 | 桃、蜡梅、香樟 |

1.扦插的种类和方法

枝插：用植物的茎、枝作为插条，此扦插方法适用的观赏植物种类较多，又可分为嫩枝扦插和硬枝扦插。嫩枝扦插，一般在观赏植物生长旺盛的夏秋季进行，所以又称生长期扦插，常绿树采用较多。选半木质化带叶健壮枝梢，剪成5～20 cm插穗，须带芽2～4个，叶1～2枚，将插穗的1/3～1/2插入基质，随采随插。硬枝扦插，选用木质化的一二年生枝条作为插穗，多在春秋季进行，又称休眠期扦插。插穗剪成10～20 cm枝段，保留2～3个芽，上切口离顶芽0.5～1 cm处平剪，下切口靠节部平剪或斜剪，直插或斜插。

叶插：分为全叶插和片叶插。全叶插是用完整的叶片扦插。有的种类是平置于扦插基质上，而有的要将叶柄或叶基部浅埋入基质中，叶片直立或倾斜都可以。片叶插是将叶片分切成数段分别扦插。如龙舌兰科的虎尾兰属种类，可将壮实的叶片截成7～10 cm的小段，略干燥后将下端插入基质。另有叶芽插，选带木质部的芽或1～2 cm的枝段，1节附1叶，随采随插，适用于山茶、杜鹃、桂花等(图14-1、图14-2)。

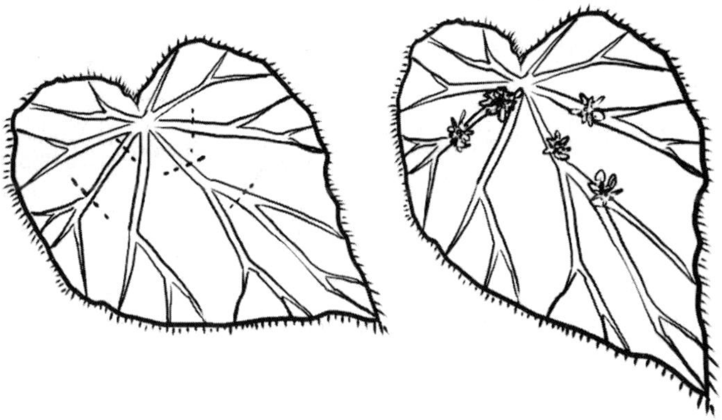

图14-1 全叶插

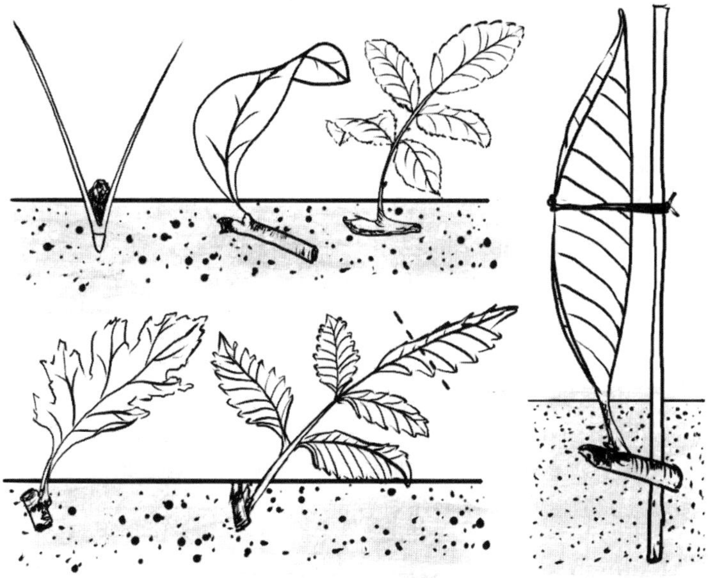

图14-2 叶芽插

根插：一些植物用枝插、叶插等方法扦插不易生根，但是根插却容易生出不定芽而形成植株，如牡丹、合欢、紫藤、凌霄、玫瑰、山楂等。从幼龄树上采 0.5～1.5 cm 粗的根，剪成 6～10 cm 的根段，按合适行距摆放在苗床中，埋土、灌水保湿，插穗即可生根发芽(图 14-3)。

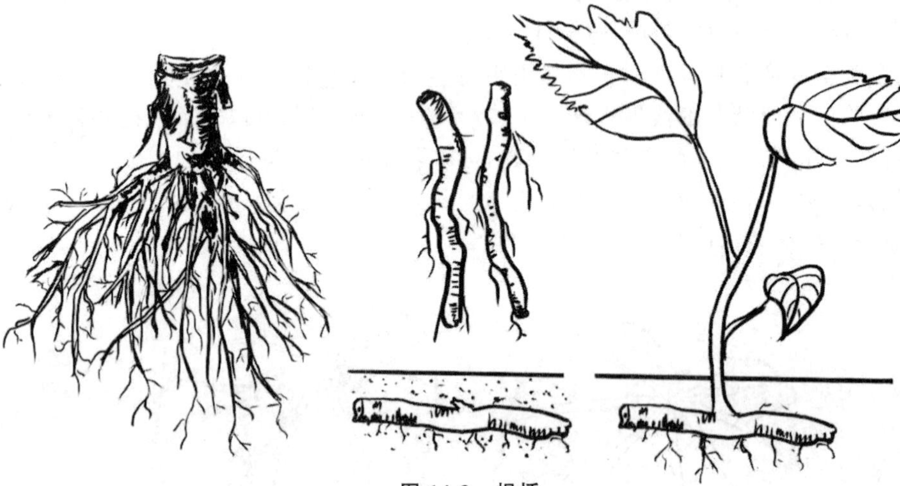

图 14-3　根插

2. 促进插穗生根的措施

(1)损伤处理　用机械的方法对将要作插穗的枝条进行环剥、环割、刻伤等处理，目的是阻碍营养物质向下运输，将营养物质积累在伤口部位，将此部位作插穗的基部，插穗易于生根。

(2)浸泡法　一些植物的插穗难生根，是由于该植物含有的抑制物质起了主导作用，特别是在组织受伤时，产生更多的抑制物质。用水浸泡插穗，可以溶解或稀释抑制物质，使插穗生根。

(3)软化法　软化法又称黄化处理，采穗前 2～3 周，用不透明的纸袋或塑料包裹枝条进行遮光处理，使枝条内营养物质发生变化。根的生长发育需要暗环境，该方法可以促进根原始体的形成。

二维码 14-2
扦插育苗

(4)生长激素　把插穗基部速蘸或浸泡一定浓度的生长激素，可提高成活率。常用的生长激素有 ABT 生根粉、萘乙酸(NAA)、吲哚乙酸(IAA)、吲哚丁酸(IBA)、赤霉素(GA)等。

(5)化学药剂处理　用化学药剂处理插穗，可增强新陈代谢作用，促进插穗生根。常用的化学药剂有蔗糖、高锰酸钾、二氧化锰、磷酸等。蔗糖处理插穗的含量一般在 1%～10%，蔗糖主要为插穗提供营养物质。用 0.05%～0.1%高锰酸钾溶液浸插穗 12 h，既可提高成活率，又可对插穗消毒。

**引导问题 14-4：“移花接木”源自明代《二刻拍案惊奇》，是指古代的植物嫁接技术。《花镜》记载，嫁接后的植物，“花小者可大，瓣单者可重，色红者可紫，实小者可巨，酸苦者可甜，臭恶者可馥”，可谓神奇至极！哪些嫁接的方法可以达到这样神奇的效果？**

**小提示：**

嫁接育苗是把优良母本的枝条或芽接到遗传特性不同的另一植株上，使其愈合生长成为一株苗木的方法。嫁接是砧木与接穗的结合，供嫁接用的枝或芽称为接穗，而承受接穗的植株称为砧木，用嫁接方法繁殖所得的苗木称为嫁接苗。嫁接的方法主要有枝接、芽接、靠接等。

1. 枝接

二维码 14-3
嫁接育苗

枝接是用枝条作接穗进行的嫁接，最常用的方法是切接、劈接。切接多在早春树木开始萌动而尚未发芽前进行，砧木直径 2～3 cm 为宜，在离地面 2～3 cm 或平地处将砧木横切，选皮厚纹理顺的一侧垂直劈下，深 3 cm 左右，取长 5～6 cm 带 2～3 个芽的接穗削成大小两个切面，插入砧木劈口，使接穗和砧木的形成层对准，扎紧后埋土。劈接适用于大部分落叶树种，砧木粗大而接穗细小时，采用劈接法。砧木在距地面 5 cm 处截断，在其横切面上中央垂直下切一刀，切口深 2～3 cm。接穗削成楔形，切口长 2～3 cm，将接穗插于砧木中，插入后使双方形成层密接，接后用嫁接膜或麻绳绑缚（图 14-4、图 14-5）。

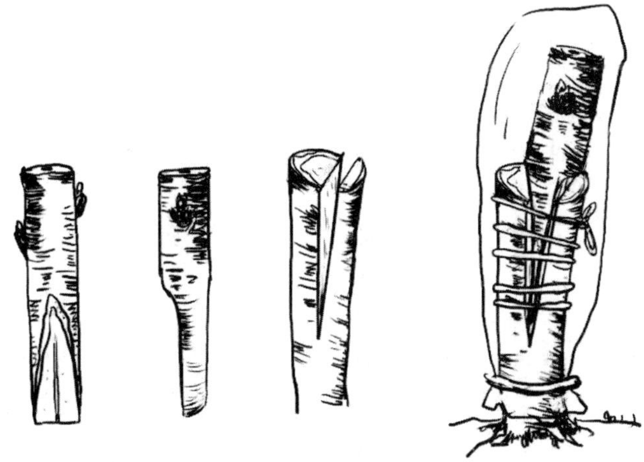

a　b　c　d

a、b. 削好接穗的正面与侧面；c. 切砧木；d. 接合密封

**图 14-4　切接**

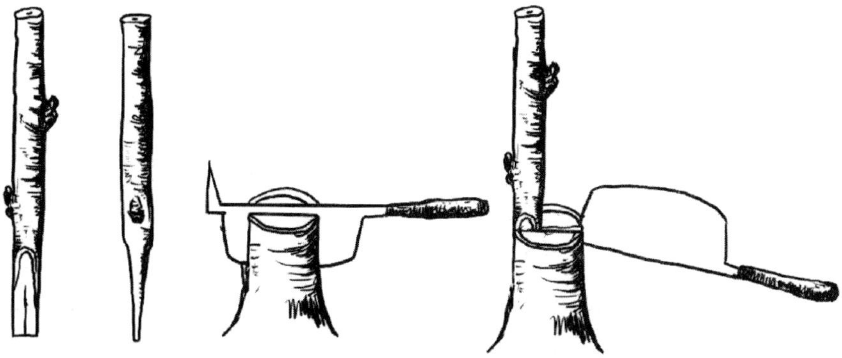

a　b　c

a. 削接穗；b.劈砧木；c.插入接穗

**图 14-5　劈接**

2. 芽接

芽接一般在6—10月进行，选合适的砧木，切一个丁字形口。在选好的穗上取一个芽，将其嫁接于选好的砧木上，插入砧木内，用薄膜绑扎。成活后，嫁接的芽就可萌发形成植株，芽接是目前应用最广的一种方法（图14-6）。

a　　b　　c　　d

a. 削取芽片；b.芽片形状；c.切砧木；d.插入芽片和包扎

**图14-6　丁字形芽接**

3. 靠接

靠接法是将两个枝条预备连接的地方各自削去一块，紧贴，用塑料条绑扎，待嫁接后的植物成活之后，将接穗从母株上截下。此法主要用于其他嫁接方法难以成活的植物（图14-7）。

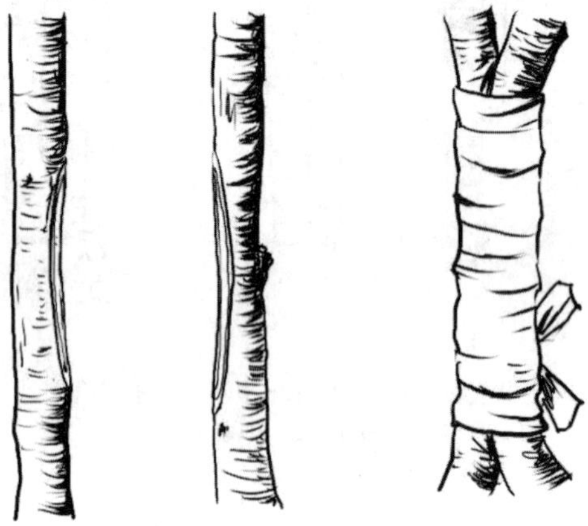

a　　b

a. 砧穗削面；b. 接合后绑严

**图14-7　靠接**

**引导问题14-5：《齐民要术》是最早记录果树分株繁殖方法的农书，而分株繁殖是分生繁殖中的一种形式，那分生繁殖还有哪些方式方法？**

______________________________________________

______________________________________________

______________________________________________

______________________________________________

**小提示：**

分生繁殖是将丛生的植株分离，或将植物营养器官的一部分与母株分离，另行栽植而形成独立新植株的繁殖方法。该方法简便、成苗快、容易成活。但是繁殖率低、苗木一般不整齐。分生繁殖的主要方法如下：

分株：将根际或地下茎上发生的萌蘖切下栽植，使其形成独立植株。适于分株的观赏树种有刺槐、蜡梅、南天竹等；果树有木瓜、枣等；花卉有萱草、玉簪等。禾本科中一些草坪植物也可用该方法繁殖(图 14-8)。

分吸芽：某些植物根际或地上茎的叶腋间自然发生短缩、肥厚呈莲座状的短枝(短匍茎)，其下部可自然生根，可从母株上分离而另行栽植。在根际发生吸芽的有芦荟、景天等；地上茎叶腋间发生吸芽的有菠萝等(图 14-9)。

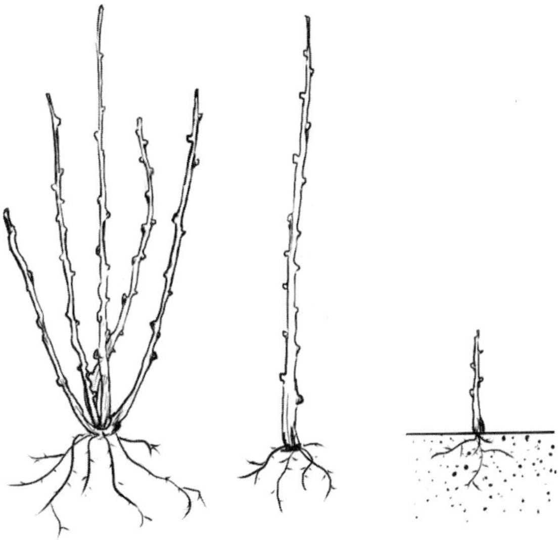

**图 14-8 分株**

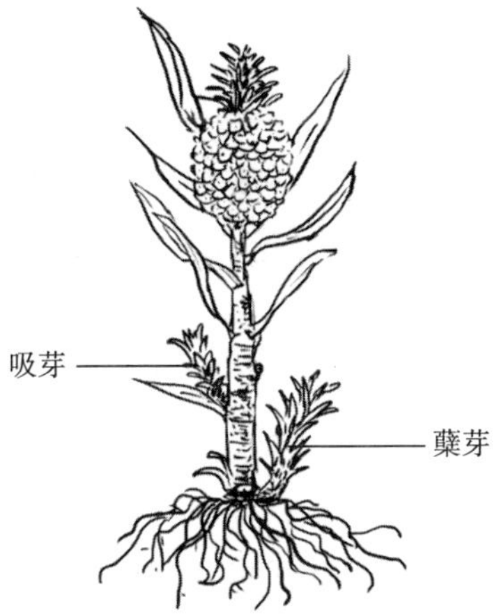


**图 14-9 分吸芽**

分走茎：自叶丛抽出节间较长的茎(长匍茎)，节上着生叶、花和不定根，也能产生幼小植株，分离小植株另行栽植即可形成新株。以走茎繁殖的植物有草莓、虎耳草、吊兰等。匍匐茎与走茎相似，但节间稍短，横走地面并在节处生不定根和芽，多见于禾本科的草坪植物，如狗牙根等(图 14-10)。

分根茎：有些多年生植物的地下茎肥大，呈粗而长的根状。根茎与地上茎在结构上相似，均具有节、节间、退化鳞叶、顶芽和腋芽。用根茎繁殖时，将其切成段，每段具 2～3 个芽，节上可形成不定根，并发生侧芽而分枝，继而形成新的株丛。莲、美人蕉等多用此法繁殖(图 14-11)。

分球茎：有的植物地下变态茎短缩肥厚而呈球状。老球侧芽萌发，基部形成新球，新球旁常生子球。繁殖时可直接用新球茎和子球栽植，也可将较大的新球茎分切成数块(每块具芽)栽植。唐菖蒲和慈姑等可用此法繁殖(图 14-12)。

图 14-10　分走茎

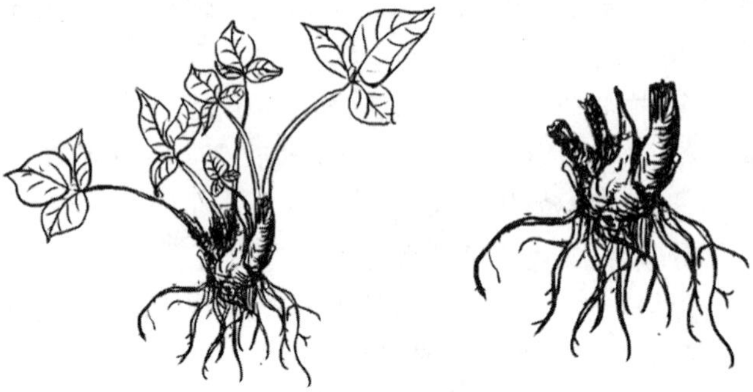

图 14-11　分根茎

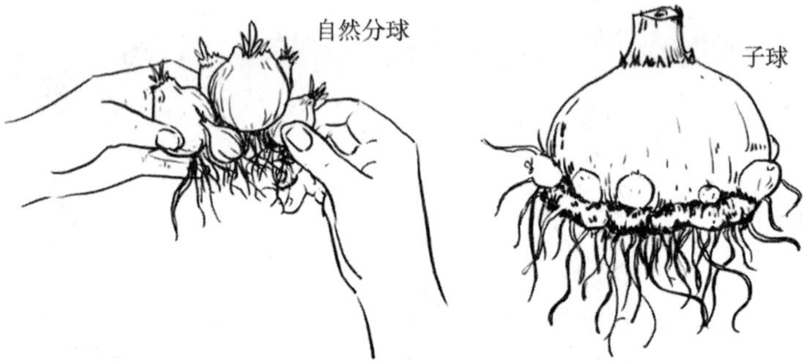


图 14-12　分球茎

分鳞茎:有些植物的变态地下茎有短缩而呈扁盘状的鳞茎盘,上面着生肥厚的鳞叶,鳞叶之间发生腋芽,每年可从腋芽中形成一个或数个子鳞茎并从老鳞茎分出。生产上可将子鳞茎分出栽种而形成新植株,如水仙、郁金香等。为加速繁殖,还可创造一定条件分生鳞叶促其生根,这已在百合的繁殖栽培中广泛应用(图 14-13)。

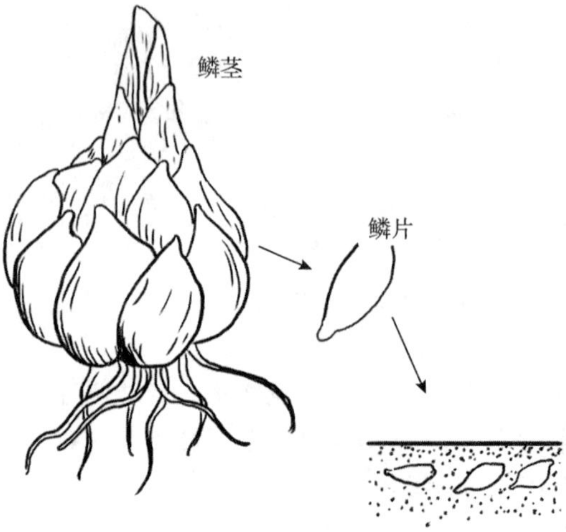


图 14-13　分鳞茎

分块茎:多年生植物有的变态地下茎近于块状。根系自块茎底部发生,块茎顶端通常具几个发芽点,块茎表面也分布一些芽眼,内部着生侧芽,如马铃薯、马蹄莲。这类植物可将块茎直接栽植或分切成块繁殖(图 14-14)。

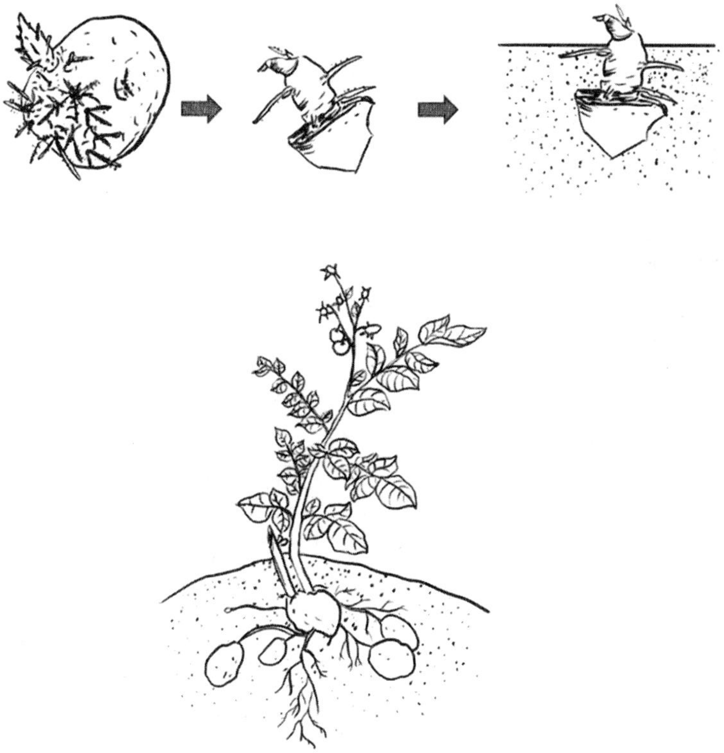

**图 14-14 分块茎**

**引导问题 14-6:中国压条法指的是高空压条法,该方法由中国创造,是我国繁育花木果树最古老的方法之一,约有 3000 年的历史。那压条繁殖还有哪些方法呢?**

______________________________________________________________

______________________________________________________________

______________________________________________________________

______________________________________________________________

**小提示:**

压条繁殖是将未脱离母株的枝条压入土中,待其生根后再把它从母体上切断,使其成为一株独立新植株的方法。压条幼苗所需的水分、养分都由母体供应,而埋入土中部分又有黄化作用,故生根可靠,且成苗快。对插条不易生根的植物,采用该方法育苗效果较好。压条繁殖的基本方法有高压法和低压法。

1. 高压法

高压法为我国繁殖花木果树最古老的方法之一,也称中国压条法,适用于木质坚硬不易弯曲的枝条或树冠较高枝条无法压到地面的树种。高压繁殖最适宜在春季和雨季进行,选用

2～3 年的健壮枝条，在其距基部 5～6 cm 处环状剥皮，然后包裹上苔藓、椰糠等材料，等到它长根后即可剪离母株种植。园林上常用于繁殖一些珍贵花木，如含笑、米兰、杜鹃、山茶、广玉兰、白兰花、红花紫荆等（图 14-15）。

2. 低压法

将离地面近且柔软可弯曲的枝条，在准备生根处进行刻伤或环剥（只剥去一圈韧皮部），然后弯至地面埋入土中压实，待被埋部分生根后，即可使其与母体脱离，成为独立的苗木（图 14-16）。

图 14-15　高压法繁殖

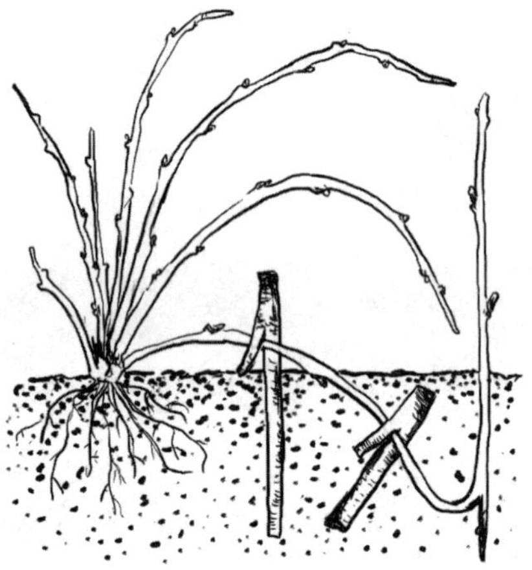

图 14-16　低压法繁殖

知识拓展

二维码 14-4

育苗新技术——植物组织培养技术

**综合训练** 14-1 请根据以上学习内容，完成观赏植物扦插繁殖实训项目（表 14-2）。

**表 14-2 观赏植物扦插繁殖实训训练**

<table>
<tr><td>任务名称</td><td colspan="3">观赏植物扦插繁殖</td><td>完成情况</td></tr>
<tr><td rowspan="2">人员准备</td><td>教师</td><td colspan="2">案例讲解</td><td></td></tr>
<tr><td>学生</td><td colspan="2">分组，________人/组，________________________<br>________________________________________<br>组长：________________ 安全员：________________</td><td></td></tr>
<tr><td>材料、工具准备</td><td colspan="3">基质、育苗盘、花盆、修枝剪、刀、植物材料（蟹爪兰、月季、绣球、绿萝、菊花、多肉植物）等</td><td></td></tr>
<tr><td rowspan="8">任务实施</td><td rowspan="2">扦插前的准备</td><td>方法选择</td><td>根据植物材料特性选择合适的扦插方法（嫩枝扦插、硬枝扦插、芽叶插、全叶插、片叶插、叶柄插、根插）</td><td></td></tr>
<tr><td>基质准备</td><td>根据植物材料和扦插方法选择合适容器，并装入合适的基质</td><td></td></tr>
<tr><td rowspan="2">扦插实施</td><td>扦插</td><td>剪取合适的插穗插入基质</td><td></td></tr>
<tr><td>注意事项</td><td>插穗切口选择、插穗的消毒及晾干、生根剂的使用</td><td></td></tr>
<tr><td rowspan="2">扦插后管理</td><td>管理因素</td><td>温度：不同树种要求的温度不同，一般土温高于气温 3～5 ℃对生根有利，可利用高垄和土面增温剂来提高温度。<br>相对湿度：注意灌水保持插床湿度；更要注意空气湿度，保持在 80%～90%为宜，否则插条枯萎，影响生根。<br>光照：充足光照可提高土温，促生根；带叶插条可进行光合作用，利于生根。光照过强，嫩枝需要遮阳，减少蒸腾。</td><td></td></tr>
<tr><td>注意事项</td><td>扦插后立即浇足第一次水，以后注意保持土壤和相对空气湿度。<br>未生根前地上部已展叶则应摘除部分叶片。<br>新苗长到 15～30 cm 时，选留一个健壮直立的芽，其余的去除。</td><td></td></tr>
<tr><td>现场清理</td><td>要求</td><td>各小组打扫现场的垃圾，整理归还工具，保持课堂环境整洁干净。</td><td></td></tr>
<tr><td>课后要求</td><td colspan="2">小组组织对扦插育苗植物的连续跟踪，开展浇水等插后养护工作，记录观察结果，进行扦插任务完成情况的反思。</td><td></td></tr>
<tr><td>观察与反思</td><td colspan="4"></td></tr>
</table>

# 学习情景15

# 观赏植物栽植技术

**学习情境描述**

育苗后的观赏植物需要从一个地点移动到另一个地点，按照设计意图进行栽植，并且依然能保持其成活，发挥观赏及生态价值，这就是观赏植物栽植的主要过程，包括起苗、运苗和种植3个基本环节。掌握栽植程序流程、作业环节要求以及影响栽植成活的原理及其影响因素对保证观赏植物移栽成活并发挥观赏、生态及经济价值具有重要意义。

**学习目标**

◆ 掌握观赏植物栽植成活原理及栽植季节的影响。

◆ 掌握草本植物栽植技术，能移栽常见的草本植物。

◆ 掌握木本植物栽植技术，能移栽常见的木本植物。

**任务书**

◆ 制定草本植物移栽方案。

◆ 制定木本植物移栽方案。

◆ 以小组为单位进行草本、木本植物的栽植实训。

**学习准备**

1.学习材料

实物标本、本地区主要观赏植物30～50种。

2.学习工具与用品

苗木、铁锹、尺、手锯、修枝剪、支柱、草绳、蒲包片、记录本、工具书等。

3.实训地点

实验室、实训基地。

4.前期理论知识准备

党的十八大以来，中国每年造林面积都在1亿亩以上，中国持续在为世界交出“绿色答卷”。绿色发展已成为全社会的共识和行动自觉，从线上认养种树到线下植树节的栽植活动，形式多种多样，深入人心。

1)栽植的定义

植物栽植是将植物从一个地点移动到另一个地点，并保持其生命活动的过程。栽植包括起苗、运苗和种植3个环节。起苗是将植物从生长地连根挖出；运苗是把起出的植株运送到指定的地点；种植是把运来的苗木按照设计要求栽种在新的种植点。其中，种植可细分为定植、移植和假植3种形式。定植是指将植物按照设计要求栽种在对应的位置后不再移动；如果植物种植成活后还需再次移动，称为移植。有时起苗后，植株来不及运输或来不及栽植，则需要进行假植。假植主要是将植株根系暂时埋入湿润的土壤中，以防止根系失水，保持植株生命活力。一般假植时间较短，为临时性假植，有时受栽植时间影响不能及时栽植，便需长期假植。

2)栽植成活原理

唐代柳宗元所写的《种树郭橐驼传》记载了郭橐驼种的树，“或移徙，无不活，且硕茂，早实以蕃”。别人向他请教种树如此成功的秘诀，他说：“橐驼非能使木寿且孳也，能顺木之天，以致其性焉尔。凡植木之性，其本欲舒，其培欲平，其土欲故，其筑欲密。既然已，勿动勿虑，去不复顾。其莳也若子，其置也若弃，则其天者全而其性得矣”。古人对树木栽植成活已有独到见解，那现代对栽植成活原理怎么理解呢？

对于正常生长的植物来说，其地上与地下部分在一定条件下处于水分为主的代谢平衡状态。地上部的枝叶与地下部的根系都保持相对稳定的比例，即根冠比。根系吸收的水分可以供应枝叶的蒸腾作用而不会出现水分亏缺，维持树木的正常生长。

栽植施工时，苗木起挖过程中其根系(特别是大量的吸收根)损失严重，保留的部分根系也受到了损伤，等待新根发出还需一定的时间，根幅与根总量的突然减小致使根系主动吸水的能力大大降低。而植物的地上部分因气孔调节功能有限仍在继续失水，地上与地下部的水分平衡被打破，如不采取措施，植物极易发生水分亏损，导致死亡。综上可见，植物栽植成活的关键是保持和恢复植物以水分代谢为主的代谢平衡。

一切有利于协调地下根系与地上枝叶之间的平衡、促进根系迅速再生、尽早使根系与土壤建立紧密联系的技术措施都有利于提高观赏植物的栽植成活率。在新种植地，植物地上地下新平衡关系建立的快慢与所栽植植物的习性、移植苗木的树龄、物候条件以及外界因子都有密切的关系，同时也与栽植技术的使用和后期的管理措施密切相关。一般来说，发根能力强、根系再生能力强的植物容易栽植成活；幼年期、青年期的植物以及处在休眠期的植物容易栽活；充分的土壤水分和适宜的气候条件下栽植的植物成活率高。科学有效的栽植技术和栽植人员的细致操作、养护管理也会弥补种植中不利因素的影响，从而大大提高栽植成活率。例如，近些年涌现的树木输液、抗蒸腾剂、生根粉等技术的使用都有效提高了植物栽植效率与成活率。因此，面对各类草本植物、乔灌木的栽植工作，栽植人员需要熟悉植物移栽成活原理和继续生长发育的生物学过程；熟记植物栽植的合理程序；掌握正确栽植方法与科学先进的栽植技术；这都为植物栽植成活奠定了重要基础。

**二维码 15-1**

**树木栽植成活原理与时期**

任务实施

# 任务 15-1　草本植物栽植

**引导问题 15-1：草本植物都有哪些种类？适宜它们的定植方法有哪些呢？**

______________________________________________

______________________________________________

______________________________________________

**小提示：**

草本植物包括一二年生草本植物、多年生草本植物。其栽植方法主要如下：

**(一)一二年生草本植物定植**

1.起苗方法

起苗前要注意观察天气变化，视温湿度情况在起苗前一天或数小时进行充分灌水以保证起苗是在土壤湿润状态下进行，有利于使湿润的土壤附着在根系上。裸根苗起苗时用手铲将苗带土掘起，然后将根系上多余土块轻轻抖落，但要注意不要拉断、拉伤根系，尽量保持根系完整。掘出的苗要注意保湿保鲜，不要在阳光下暴晒或被强风吹，以免细根干缩死亡影响移栽成活。带土球苗起苗先用手铲将苗四周铲开，然后从侧下方将苗掘起并尽量保持完整的土球。起苗后可摘除部分叶片，减少蒸腾作用，有利于植株保持水分平衡。

2.整地松土

可在秋天或者定植前进行。一二年生草本植物生长期短，根系浅，整地深度也较浅(20～30 cm)。整地时使用合适工具将土壤翻起，打碎土块，使其变得更细小，清除其中的石块、垃圾、病残根、杂草、害虫等。与此同时，可施入一定的基肥(堆肥、厩肥等)，也可以根据需要进行土壤改良。

3.定植方法

可分为沟植法、孔植法和穴植法。沟植法是依一定的行距开沟定植；孔植法是依一定的株行距打孔定植；穴植法是依一定的株行距掘穴定植。

裸根苗定植放置根系时要使根系舒展，避免卷曲弯折，然后覆土镇压保证根系与土壤充分接触。镇压时压力应均匀向下，切勿用力按压茎基部，使植物压伤压断。土球苗定植时，在土球四周填土并镇压，不要直接镇压土球，以免土球被压碎损坏根系而影响植物成活。定植深度应与移植前的深度大致相同。定植后使用喷壶灌水，第一次充分浇灌后，在新根未发出之前不要过多灌水，否则易烂根。另外，移栽后应视天气情况进行遮阳防护，以利于其恢复生长。不耐移栽的一二年生草本花卉可直接将种子播种于花钵、花坛或花圃中。播种方法参考本教材有性繁殖育苗技术部分，同时播种后要注意间苗管理。

**(二)多年生草本植物定植**

1.宿根花卉类植物的定植

宿根花卉(如玉簪、芍药等)地下部分形态正常，不发生变态；根系一般较一二年生花卉强大，入土较深；抵抗不良环境的能力强，一次定植后可多年持续开花。宿根花卉定植前应深翻土壤(30～40 cm)，施入足量有机肥料，以维持较长时期良好的土壤理化状态。宿根花卉定植应选择排水良好的土壤，幼苗期间腐殖质丰富的轻松土壤为宜，第二年以后则以黏质土壤为好。宿根花卉定植后管理比较简单，为使花卉生长茂盛、花量大，最好在春季新芽抽出时追施肥料，花前和花后再各追肥一次；秋季叶枯时在植株四周施入腐熟的厩肥或堆肥，保证植株的营养需求。

2.球根花卉类植物的定植

(1)整地松土及施肥　球根花卉对土肥的要求比宿根花卉高，尤其要注意土壤的疏松度、耕作层的厚度。因此，栽植球根花卉的土壤应适当深耕(40～50 cm)。适当施入有机肥可有效改善土壤结构，但需注意有机肥料要充分腐熟，否则容易导致花卉球根腐烂。磷肥对球根的充实和开花都十分重要，钾肥需要中等，氮肥不宜过多。整地后床土适当镇压，防止栽植灌水后下陷严重。

(2)定植　球根较大或数量较少时可进行穴栽，球小而多时可开沟定植。穴或沟底要平整，保证足够空间，防止穴或沟狭窄而使球根底部悬空。若需施底肥，则要加大穴或沟的深度，撒入基肥后覆盖一层园土，然后定植球根。球根定植的深度一般是球高3倍为宜(覆土厚度约为球高的2倍)，具体深度因土质、定植目的及花卉种类的不同而异。黏质土壤定植可浅，疏松土壤可适当加深；为繁殖子球或每年挖起采收者，定植宜浅，若需开花大而多或多年采收，定植宜深。晚香玉及葱兰以覆土至球根顶部为适度，朱顶红需要将球根的1/4～1/3露出土面，百合类中的多数种类要求定植深度为球高的4倍以上。

# 任务15-2　木本植物栽植

**引导问题15-2：我国自古就推崇绿化栽植活动，秦汉、唐朝等均可见种树相关的法令法规。我国首个植树节的设立是中国近代著名林学家、教育家凌道扬先生倡议提出的，当时规定清明节为植树节。而后有人提出清明节植树在我国南方地区为时已晚，应适当提前。1925年3月12日，孙中山先生逝世。孙先生是中国近代最早意识到森林的重要作用和大力倡导植树造林的人，为纪念先生对我国绿化事业的贡献，将先生的逝世日法定为植树节。3月12日时处我国的春季，可谓是栽树的黄金季节，所以法定为植树节后一直沿用至今。那一年四季春夏秋冬，哪个季节栽植最不保险呢？为什么呢？**

________________________________________

________________________________________

**小提示：**

适宜的种植季节取决于移栽树木的种类、生长状况和外界环境条件，还要考虑节约人力物力成本等经济因素。

从植物栽植成活的原理出发，就外界环境条件来说，最适合的栽植季节和时间应该选择有利于植物保湿、防止植物过度失水的季节；就植物自身生长状况来说，应该选择根系容易发根再生，地上部枝叶蒸腾量小、消耗养分少、尽量减少栽植对植物正常生长影响的时期，这将有利于维持树体水分代谢的相对平衡。在一年中，即是植物的休眠期和根茎生长期，大多在早春萌芽前和秋季落叶时。

1.春季栽植

春季栽植指春天土壤化冻后到树木发芽前进行的植树。此时,环境温度逐渐上升,土壤已化冻返浆,水分状态好利于掘苗刨坑;树木处于萌动前的休眠期,蒸发量小,消耗水分少。随着温度上升,树木逐步解除休眠,对应春季树木根系生长的第一个小高峰,先长根后发芽,正好有利于移栽后树体水分代谢平衡的恢复。所以春季栽树适合大部分地区和几乎所有树种,对成活最为有利,是栽树的黄金季节。春季植树早春最佳,宜早不宜迟,但这一阶段持续时间较短,一般为2~4周。清代《知本提纲》写道:“春栽宜早,迟则叶生”,若芽苞开放后起苗,则成活率会降低。

春季各项绿化工作繁忙,劳力紧张。这一时期应根据树种的特性、土壤特点和环境因素等合理安排栽植顺序。先发芽的树种先栽,后发芽的树种后栽;落叶树早栽,常绿树晚栽;沙壤土相较于重壤土先栽;平原较山区先栽;市区较郊区先栽;有建筑物的地方,先栽阳面后栽阴面等。

2.夏季(雨季)栽植

夏季气温高、降水量大,树木生长旺盛,地上部蒸腾作用强,容易缺水,需要根系吸收大量的水分才能保持树体的水分代谢平衡。所以夏季栽树对树木伤害较大,新栽植物容易失水死亡,成活率难以保证。

一般情况下夏季栽树只适合某些地区和树种。比如山区小苗造林,由于海拔高,夏季气温不高,定植成活率较高。在长江流域的梅雨季节,把握夏天阴雨连绵的雨季进行栽植,可提高栽植成活率,但切忌在无雨或者降水量少的时候强栽等雨。

随着城市建设的发展和栽植技术的提高,如养护措施得当也能保证夏季栽树的成活率。夏季栽树时重点注意以下几点:

(1)合理选择树种,重点栽植常绿树。

(2)采取带土球栽植并适当加大土球,最好在休眠期提前做好移栽的准备工作,减少夏季起苗对树体的伤害。

(3)要抓住适宜栽植时机,应在植物第一次生长结束,第二次新梢未发的间隔期内抓紧栽植。栽植应选择阴天或降雨前后立即进行。

(4)栽植后要加强栽后养护,采取树冠喷水降温、树体遮阳等措施以减少蒸腾,提高栽植成活率。

3.秋季栽植

秋季栽植的时期较长,从落叶后至土壤冻结之前都可进行。秋季气温逐渐下降,土壤水分状况稳定;树木地上部逐渐转入休眠状态,此时树体营养从枝叶向主干、根系输送,营养积累量大而消耗量小;而且根系在秋季还有一次生长大高峰,栽后容易发出新根,伤口容易愈合,对树木栽植成活十分有利。

秋季栽植优势很多,一能避开夏季高温干旱季节,树木成活率高;二能避开苗木病虫害高发的春末夏初阶段,防止病虫侵害;三是能避开春季绿化大忙时期,苗木、劳动力充裕,有效节省成本。近年来,很多地方推行秋季带叶栽植,其优点是栽后愈合发根快、第二年萌芽早,但要注意,带叶栽植要在树木大量落叶时开始移植,移栽太早会降低成活率。同时还要注意,对于不耐寒、髓部中空或有伤流的树木不适合秋季栽植。

4.冬季栽植

冬季是树木休眠期，树体生理活动微弱，水分、养分消耗极少，对外界不良环境的抵抗力最强。有些地区的冬季相对温暖、土壤基本不结冻，可以选择冬栽，例如我国的华南、华中和华东长江流域等地区。一般情况下，冬季栽植不宜栽常绿阔叶树，尤其是其中的不耐寒树种；主要适用于落叶树种栽植。冬栽时应加大土球，随挖随栽，栽后灌足冻水，做好缚膜裹干、种植穴盖草等保墒、保温、保湿措施。对于冬季寒冷的华北地区北部、东北大部，土壤冻结深度较深，当地的乡土树种可以采用冻土球法进行栽植。

掌握各个栽植季节的优缺点，就可以根据各地气候条件及绿化要求因地因树制宜，合理安排施工时间和进度，保障绿化工作高质量进行。随着现代栽植技术的快速发展，新开发出的植物生长调节剂、保水剂、新型的保温保湿材料、容器苗技术等可以使栽植全过程的管理更加有效。在根系完整的情况下，一些植物的栽植已经可以做到不受季节的影响和限制，为绿化美化工作提供了巨大的便利，也深刻印证了古人所说的“种树无时，惟勿使树知”。

**引导问题15-3：“植树造林，功在当代，利在千秋”，绿化工程中想把树木栽好，需要注意哪些程序和操作呢？**

________________________________________

________________________________________

________________________________________

**小提示：**

**（一）起苗**

苗木挖掘是栽植的关键步骤之一，起苗质量与土壤情况、起苗工具与方法、包装方法等密切相关。起苗作业前应做好各方面准备工作：

1.挖掘前的准备

（1）工具、材料准备　主要有喷漆、铁锹、修枝剪、手锯、草绳、蒲包等以及根系消毒液、生根粉等。

（2）选苗标记　按工程计划选择合适苗木，使用喷漆等标记中选植株。苗木数量要留有余地以弥补损耗。

（3）枝干绑缚与标北　对于分枝点低、枝条长而柔软或冠径较大的树木，可用草绳将枝条向树干绑缚；再打横箍，分层捆住树冠的枝叶；然后用草绳自下而上连接横箍，收拢枝叶。该法绑缚方便掘苗操作与运输，有效减少树枝损伤。对于分枝点高、树干裸露、树皮薄而光滑的树木，其枝干的南向北向已适应原生长地的光照和温度，若移栽时南北方向改变极易发生日灼和冻害，致使树干开裂，所以挖掘此类苗木应在主干较高处北面用油漆标记“N”，以便定植时按照原方向栽植（图15-1）。

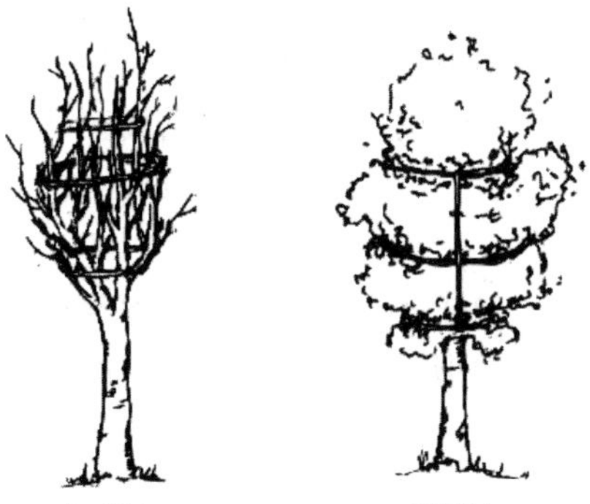


**图15-1　树干绑缚**

2.确定挖掘规格

应综合考虑植物种类、苗木规格、移栽季节等因素，确定苗木起挖时保留的根系或土球的大小。挖掘的具体规格可以参照苗木的胸径和高度确定。落叶乔木土球直径应为胸径的9～

12倍;落叶花灌木土球直径为苗木高度的1/3左右。分枝点高的常绿树土球直径为胸径的7～10倍,分枝点低的常绿树苗木土球直径可取苗高的1/3～1/2,攀缘类苗木的挖掘规格可参照灌木,也可根据苗木根系直径和年龄来确定。土球或根系挖掘的形状还应考虑苗木根系的生长特性,可参照表15-1进行:

**表15-1　苗木根系挖掘的类型**

| 植物根系特点 | 挖掘形状 | 树种 |
|---|---|---|
| 主根较长 | 圆锥形 | 乌桕等 |
| 根系较长 | 径、高几乎相等的球形 | 多数栎类 |
| 根系浅而分布广 | 宽而平的土球 | 榆、柳等 |

3.挖掘

(1)裸根苗挖掘　应用于不带土球栽植就能保证成活的树种。

①小苗挖掘　沿苗行方向,距苗行10～20 cm处挖沟,沟壁下侧挖出斜槽,根据根系要求深度切断苗根,再于行间插入铁锹切断侧根,把苗木推在沟中即可起苗。根系应全部切断后再拣苗,硬拔树苗会损伤侧根、须根,致使后续成活困难(图15-2)。

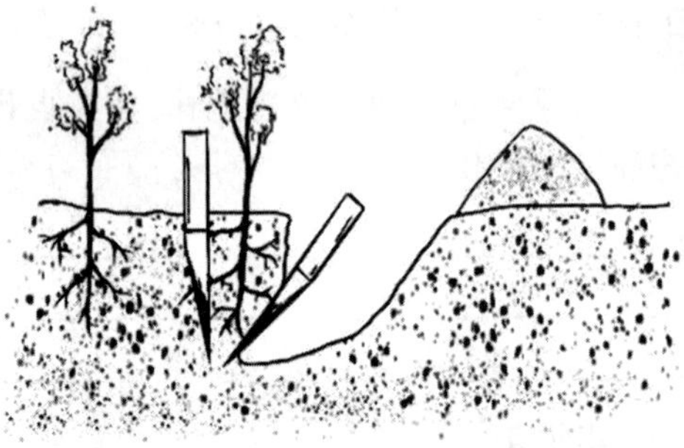

**图15-2　裸根苗(小苗)挖掘示意图**

②大苗挖掘　以树干为圆心,以胸径的4～6倍为半径划圈,从圈线外侧绕树垂直下挖,一定深度后向内掏底。挖掘过程中遇到根系可以切断,但不要砍掘圈内根系;难以切断的粗根,应掏空四周土壤后用手锯锯断。根系全部切断后放倒苗木,适度拍打外围土壤,根系护心土尽量保留不要去除。

(2)土球苗挖掘　应用于常绿树和直径超过8～10 cm的落叶树。

①划线　以树干为圆心按照掘苗的直径规格画圈。

②去表土　铲除圈内表层土壤,以见到表面须根但不伤及根系为准,可以减轻土球重量。

③挖坨　沿地面所画圆圈外缘,向下垂直开沟(沟宽50～80 cm),沟上下基本垂直。边挖边修削土球并切除露出的根系,使之紧贴土球。其中要注意,粗根的切面要消毒防止栽后腐烂。

④修平　挖掘到规定深度后,球底暂不挖通。用圆锹将土球表面轻轻铲平。

⑤掏底　土球四周修整好后,再慢慢由底圈向内掏挖。直径＜50 cm的土球可以直接掏空底土,将土球抱到坑外包装。直径≥50 cm的土球,将底土中心保留一部分,支住土球,方便在坑内包装。

土球包扎:挖掘出的土球应根据其大小、根系分布、土壤质地及运输距离等条件因素来确定是否需要包扎及包扎方法。直径≥50 cm的土球,可采用橘子式、井字式、五角式等方法使用草绳进行包扎。直径＜50 cm的土球,如果土壤黏质、土球紧实、运输距离近,可用稻草、蒲包、草绳等进行简单包扎,如图15-3所示。

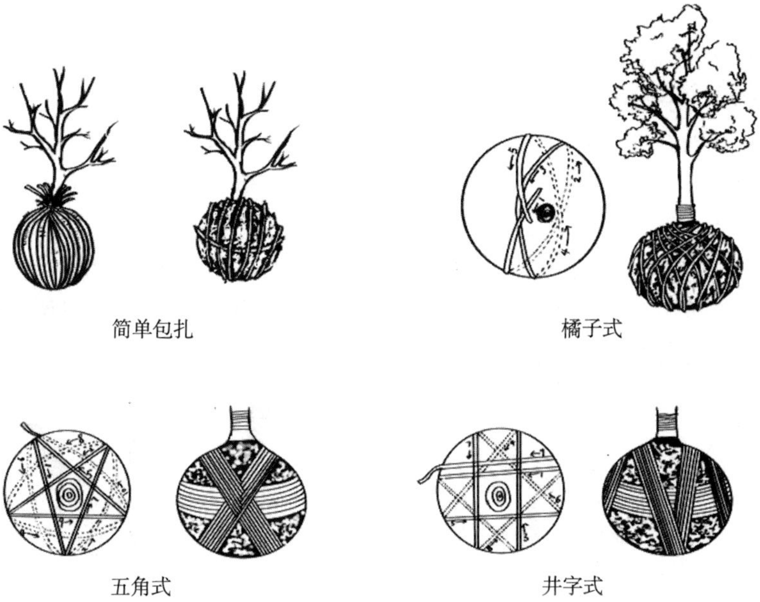


**图 15-3 土球包扎**

### (二)苗木运输

苗木装运前需再次核对苗木信息(种类、数量与规格等),检查苗木质量,附上标签,注明树种、年龄、产地等必要信息。

苗木装车要做到“上不超高,梢不拖地”。苗高不足 2 m 的可竖放;2 m 以上的苗木土球在前,苗梢向后,斜放或者平放。土球直径<50 cm 的可装 2~3 层;土球直径≥50 cm 只装 1 层。短途运苗,中途最好不要停留,直达施工现场。长途运苗,裸露根系易被吹干,要注意洒水保湿,覆盖遮阳材料。中途休息时运苗车应停在阴凉处。

苗木运到栽植地后应及时卸车,卸苗不能从中间和下部抽取,更不能整车推下。小规格土球苗应抱球轻放,不要提树干卸苗。大规格土球苗用长木板斜搭在车厢上,从板上滑动卸下,但不能滚卸,以免散球。

### (三)假植

苗木运达施工现场后,未能及时栽植或未栽完,应视栽植时间采取假植措施。

裸根苗可按照树种或品种分别集中假植。在施工现场附近合适地点挖浅横沟(长 2~3 m,深 0.3~0.5 m),苗梢顺主风方向斜放在沟内;紧靠根系再挖一条横沟,用挖出的土埋住前一行根系。

土球苗若 1~2 d 能够栽完的不需要假植,放至阴凉处或进行覆盖即可;若 2 天内栽不完,应集中放好并四周培土,用绳拢好树冠。存放时间较长时,应注意观察土球间的间隙,如果间隙较大应加细土培好。

假植期间若土壤过干应适量浇水,常绿树应在叶面喷水保湿。

## (四)栽植

1.栽植穴的准备

(1)挖种植穴　挖种植穴要严格按照定点放线位置、工程需要的规格和质量要求进行作业。种植穴应能容纳全部根系,穴的直径与深度要比根的幅度、深度或土球大 20～40 cm,贫瘠土壤中的种植穴应加大加深;栽种绿篱或栽植树木较近时,栽植穴做成长方形状,抽槽整地。种植穴或槽的周壁上下应垂直,而不是"锅底"形或"V"形。

挖穴与抽槽时,肥沃的表层土壤与贫瘠的底层土壤应分开放置,取出石块、垃圾等妨碍植物生长的杂物。如种植穴与地下管线相冲突,应停止操作并对接有关部门协商解决。挖穴或抽槽后要按照要求进行验收,不合格者应该返工(图 15-4)。

**图 15-4　种植穴形状示意图**

(2)土壤排水与改良　一般情况下,土壤改良可用黏土掺沙土、沙土掺黏土并加入适量的腐殖质,达到改良土壤结构增加通透性的作用;如果土质太差应加入优良土壤或全部换土。为加强排水,也可以扩大种植穴,填入沙砾;或者在穴附近挖一个与树坑底部相通而低(深)于种植穴的渗水暗井,加强根区的地下径流排水。在渍水严重的情况下,可用农用瓦管铺设地下排水系统。

2.栽植技术

(1)裸根苗栽植　通常 2 人为一组,一人负责扶树、掌握栽植深度,一人回土。栽植前先检查种植穴的大小是否符合栽植苗木根深和根幅的要求。种植穴合适,即可以按照"三埋二踩一提苗"的种植口诀开展裸根苗栽植:

①先将基肥放在栽植穴下层,后将表土碾碎,平整、均匀地放在肥料上(第一次埋土)。

②将根系舒展的苗木放入栽植穴的正中并扶正,埋土到一半时暂停(第二次埋土),将树苗稍微向上提一下(一提苗),然后将已埋的土向下踩实(第一次踩实)。

③继续埋土至与地面相平(第三次埋土),深度以原土印为准,进行第二次踩实(图 15-5)。

**注意事项:**

①裸根苗如果根系失水过多,应将苗木根系充分吸水后再栽植,有利于植物成活。

②放置苗木时要把握植株的观赏方向,根系放入种植穴时要保证根系舒展,防止窝根。

③"提苗"会使细土粒进入土壤空隙,排除土壤空气,有利于根系与土壤密接。回填土应使用湿润、疏松、肥沃的细碎土壤。切忌用粗干土块挤压,造成伤根或在根系和土壤间留下空洞,影响最终成活。

④"踩实"时不要踩伤根系。如果土壤太黏,不要踩得太紧,否则会通气不良,影响根系的正常呼吸。

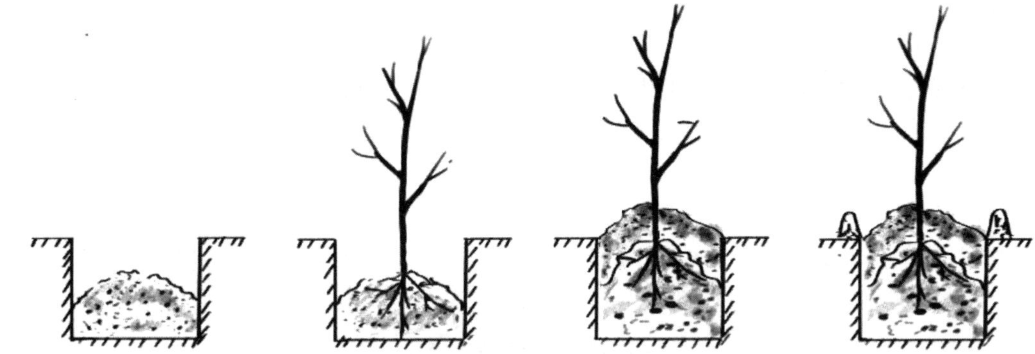


图 15-5　裸根苗栽植示意图

(2)带土球苗栽植　与裸根苗基本相同。种植穴填挖调正,观察苗木观赏面,调整好栽植深度后放入苗木。在土球下部四周垫入少量土,使苗木直立稳定。填土前应尽量拆除包扎物,填土时为防止栽后灌水时土塌使树苗倾斜,填入表土一半时,用木棍将土球四周砸实(图 15-6)。

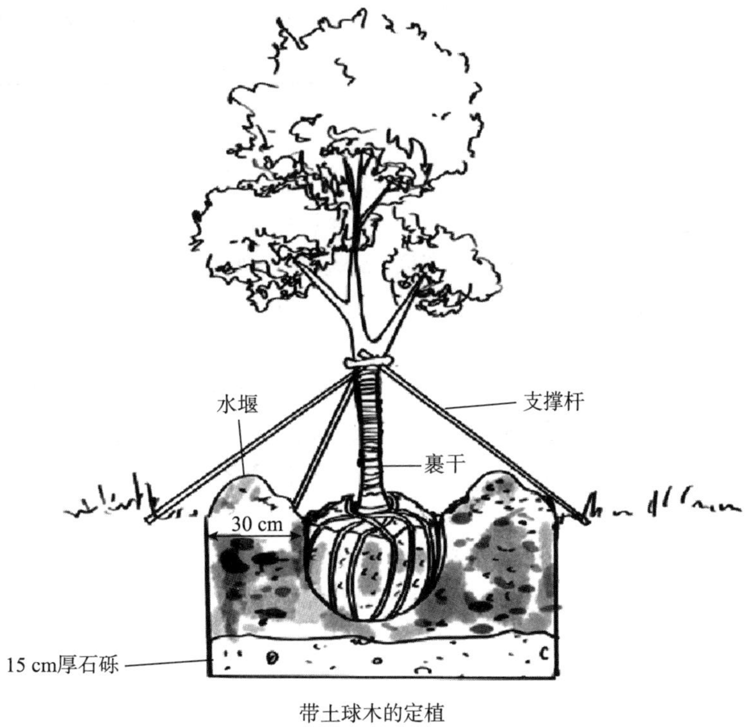


图 15-6　带土球苗栽植示意图

**注意事项:**拆除土球的包装后,不要推动树干或转动土球,否则会使土球粉碎。如果土球破裂,应在填土至栽植穴深度一半时浇水,使土壤进一步沉实排除空气,待水渗完后继续踩实。

**(五)栽植后的养护管理**

栽后的养护主要包含设支架、浇水、修剪、树干包裹、树盘覆盖、清理栽植现场、成活检查与补种等内容。

1.设支架

规格较大的植物栽后第一年都需要设立支架。支柱材料在实用、美观的前提下根据需要和条件灵活运用。立支柱前一般先用草绳或其他材料绑扎树体,以防支柱磨伤树皮。主要有直立式、斜撑式、牵索式等。

2.浇水

支架设置好后应沿树穴外缘开堰(堰埂高 15～20 cm),用脚或工具将埂踩实,以防跑水、漏水。栽后一般浇水三次,浇水要点见表 15-2。

**表 15-2 栽后浇水管理**

| 序号 | 浇水时间 | 操作要点 |
|---|---|---|
| 1 | 栽后 24 h 内 | 水量不宜过大,渗入坑土约 30 cm 即可,通过灌水使土壤缝隙填实,保证树根与土壤密接。 |
| 2 | 第一次浇水后 3～5 d | 应先检查树体有没有歪斜、树堰是否被冲刷,扶正、修复后再浇水;水量以压土填缝为主要衡量标准,浇水后仍应扶直整堰。 |
| 3 | 第二次浇水后 7～10 d | 浇水应浇透,即水分渗透到全穴土壤和穴周围的土壤内,三次浇水完成后封堰。 |

3.修剪

栽后的修剪主要针对栽植作业时损伤的枝条和栽前修剪不够理想的部位进行补充修剪。规格较大的落叶乔木可强修剪,保持中央领导干,保持树形,疏枝到 1/2 以上;常绿乔木可以适当疏枝短截,保留 1～3 级枝;行道树定干高度以下枝条全部疏除。枝条茂密的灌木适当疏枝;攀缘类和藤蔓类苗木可剪除过长部分。

4.树干包裹

新栽植物尤其是树皮薄嫩、光滑的幼树,应包干以防日灼、干燥,以减少蛀虫侵害,防止啮齿类动物啃食。包扎材料可选用粗麻布、粗帆布、草绳等,互相重叠向上裹至第一分枝处。多雨季节栽后裹干,在树干上涂抹杀菌剂,可以避免真菌性溃疡病。

5.树盘覆盖

适当的覆盖可以减少地表蒸发,有效防止树盘土壤温湿变幅过大,提高植物移栽的成活率。常绿树可用稻草、腐叶土或充分腐熟的肥料覆盖树盘。城市街道树池可用沙、陶粒或者其他美观和透水透气材料覆盖。覆盖物的厚度应保证全部覆盖区不见土壤,一般应保留越冬,来年春天揭除或埋入土中。

6.清理栽植现场

栽植工作结束后应彻底清理施工现场,主要内容是整畦和清扫保洁。单株植物三次浇水后将树堰整平,并使树木根基部位略高一些,保证降水能较快排除。如果是大畦灌水,应将畦埂整理整齐,畦内深中耕。全面清扫施工场地,园林废弃物集中收集再利用,清除垃圾、杂物,做到文明施工。

7.成活调查与补种

新栽树木在生长季初期能伸枝展叶,但气温升高,水分亏损,便会出现萎蔫,若不及时救护，就会在高温干旱期间死亡，这种现象被称为假活。新栽树木是否真正成活至少要经过一年高温干旱才能确定，所以树木的成活与生长调查，最好在秋末进行。

二维码 15-2
树木栽植技术

那如何判断移植树木是否成活呢？通常在移植后观察树叶是否变绿恢复正常；树皮颜色是否有变化，水分是否饱满；树木木质部色泽是否新鲜，是否干枯皱缩或变褐坏死。另外，可在接近土球处刨出观察小口，观察根系是坏死还是发出新根。其中，根是判断移栽树木是否成活的根本。

发现移栽树木成活困难时应及时补救并调查和排除不良因素，以免移栽树木大面积死亡，造成工程延误。确定树木死亡后应及时调运苗木进行补种，以保证绿化工程的效果。

**综合训练** 15-1　广东东莞两家公司因树木栽植不成活引发纠纷打起了官司。某绿化公司与施工单位签订了绿化种植合同，完成施工单位交付的种植工作。但是项目完成后种植的行道树香樟大量死亡引发双方的矛盾。施工单位认为，绿化公司要保证所种植的绿化植物成活，香樟树要重新种植，相关费用和损失自理。绿化公司则认为香樟大量死亡不是自身原因造成，经现场勘验，是人行道砖铺设施工使用的水泥砂浆被雨水冲刷流入绿化带导致的，过错方是施工单位，没有重新补种的义务，双方最终闹上法庭。一审法院经审理后查证，人行道施工队与施工单位属于分包关系，香樟树死亡与施工单位无关，所以本案件由绿化单位承担违约责任与相应损失。根据以上案例，说说怎么可以避免此类栽植工作失误发生？绿化栽植前、中、后都要做哪些工作？

## 知识拓展

二维码 15-3
植物栽植工程工序

**综合训练** 15-2　请根据以上内容的学习，完成以下的实训项目，并完成表 15-3。

**表 15-3　树木移植实训**

<table>
<tr><td>任务名称</td><td colspan="4">校园内绿化提升项目或者其他绿化工程中的树木移植</td></tr>
<tr><td rowspan="2">人员准备</td><td>教师</td><td colspan="3">案例讲解</td></tr>
<tr><td>学生</td><td colspan="3">分组，________ 人/组，______________________<br>______________________________<br>组长：____________ 安全员：____________</td></tr>
<tr><td>材料、工具准备</td><td colspan="4">苗木、运输车、铁锹、修枝剪、手锯、支柱、草绳、蒲包等</td></tr>
<tr><td rowspan="2">前期协调</td><td>联系管理部门</td><td>联系校园绿化、施工企业</td><td>目的</td><td>获得绿化场地平面图，了解工程概况，讨论实施计划</td></tr>
<tr><td>工作准备</td><td colspan="3">1.现场勘察<br>2.制定施工方案<br>3.场地整理<br>4.定点放线</td></tr>
<tr><td rowspan="8">任务实施</td><td rowspan="3">起苗操作规范</td><td>裸根苗</td><td colspan="2">1.根部用湿布包裹<br>2.配制泥浆、蘸泥浆等待栽植</td></tr>
<tr><td>带土球苗</td><td colspan="2">根部用蒲团、草绳进行包裹、绑缚</td></tr>
<tr><td>注意事项</td><td colspan="2">苗木标北等</td></tr>
<tr><td>运输工具选择</td><td></td><td colspan="2">汽车( )火车( )船运( )</td></tr>
<tr><td>挖种植穴操作规范</td><td>穴形及尺寸</td><td colspan="2">圆筒形，直径与深度要比根的幅度、深度或土球大 20～40 cm</td></tr>
<tr><td rowspan="3">移植操作规范</td><td rowspan="3">裸根苗</td><td>人员</td><td>两人一组，甲____________<br>乙____________</td></tr>
<tr><td>流程</td><td>1.甲乙共同完成：在种植穴底部填入部分表土堆成小丘状后放入苗木，比试根幅、穴的大小和深浅并调整修理。<br>2.甲：扶正苗木<br>乙：填入拍碎的湿润表土，达到植穴深度的 1/2。<br>3.甲：轻提苗使根部自然向下舒展。<br>乙：用脚踩实，并继续填满土。<br>4.甲乙共同完成：再次踩实一次，最后盖上一层土与地相平，使整体填土与原根颈土痕相平或略高 3～5 cm。</td></tr>
<tr><td>注意事项</td><td>1.苗木栽好后，视树木大小等情况确定是否设支柱。<br>2.苗木栽好后，用剩余底土在种植穴外缘筑一圈灌水堰、浇定根水。<br>3.观察树冠是否有捆缚绳索，并及时解开。</td></tr>
</table>

续表 15-3

| | | | | |
|---|---|---|---|---|
| 任务实施 | 移植操作规范 | 带土球苗 | 人员 | 二人一组，甲＿＿＿＿＿＿<br>乙＿＿＿＿＿＿ |
| | | | 流程 | 1. 甲乙共同完成：比照苗木土球高度与已挖种植穴的深度是否合适，适当填挖调整后放苗入穴。<br>2. 甲：扶正苗木<br>乙：在土球底部四周垫入少量土，使树苗稳定直立，剪除包装材料，将不易腐烂的材料一律取出<br>3. 乙：填土到一半时，用木棒将土球四周捣实，再填到满穴并踩实。<br>4. 甲乙共同完成：修筑灌水堰、浇定根水。 |
| | | | 注意事项 | 1. 苗木栽好后，视树木大小等情况确定是否设支柱。<br>2. 苗木栽好后，用剩余底土在种植穴外缘筑一圈灌水堰。<br>3. 观察树冠是否有捆缚绳索，并及时解开。 |
| | 现场清理 | 要求 | 打扫现场的垃圾，整理归还工具，保持栽植场地清洁美观，做到文明施工。 | |
| | 栽后管理 | 要求 | 小组组织连续跟踪，开展浇水、树盘覆盖等栽后养护工作。 | |
| 劳动反思 | （包括观察时间与结果、移植成功经验与失败原因分析等） | | | |

# 学习情景 16

# 观赏植物养护技术

## 学习情境描述

观赏植物娇艳欲滴，它们的健康成长与美丽绽放离不开日复一日的精心呵护。养护管理工作就是要为观赏植物创造优越的环境条件，使植物正常生长发育、开花结果，保持观赏特性，使植物景观发挥应有作用。掌握观赏植物土肥水管理技术、整形修剪技术和各种逆境管理技术，制定养护管理月历，为合理开展养护管理工作奠定基础，有效提升绿化景观效益。

## 学习目标

◆ 掌握观赏植物土、肥、水管理的基本技术。

◆ 掌握观赏植物整形修剪技术和低温、高温、病虫害防治等逆境因子管理技术。

◆ 熟悉观赏植物养护管理的系统内容，能制定养护管理工作月历。

## 任务书

◆ 调查校园观赏植物土、肥、水管理作业内容，编制相应的养护管理工作月历内容并开展养护工作。

◆ 调查校园常见观赏树木忌枝类型，编制对应的养护管理工作月历内容并开展整形修剪工作。

◆ 调查校园观赏植物受极端高温、低温、病虫害等逆境因子危害的情况，编制对应的养护管理工作月历内容并开展防治养护作业。

## 学习准备

1. 学习材料

本地区主要观赏植物 20～30 种。

2. 学习工具与用品

土壤测试仪、修枝剪、解剖刀、放大镜、水溶肥、杀虫剂、量筒、喷壶、记录本、工具书等。

3. 实训地点

实验室、实训基地。

## 任务实施

## 任务 16-1　土壤管理技术

**引导问题 16-1：对观赏植物来说，什么样的土壤是适宜的？什么样的土壤对植物生长不**

**利呢？可以列表来说说(表16-1)。**

**表16-1　土壤管理练习**

| 适宜观赏植物生长的土壤 | 不适宜观赏植物生长的土壤 |
| --- | --- |
| | |

**小提示：**

清《花镜》说："地有高下，土有肥瘠，粪有不同；若无人力之滋培，各得其宜，安能使草木尽欣欣以向荣哉。"对观赏植物来说，适宜生长的土壤养分要均衡；大量、中量、微量元素齐全，比例适宜；土壤的心土层、底土层养分高；土层疏松、质地较轻；土壤容重在1～1.3 g/cm³。相反，如果土壤板结、容重大、有积水则容易使根通气差，加之土壤养分不均，建筑垃圾过多，则对观赏植物生长十分不利。

土壤是植物生长的基础，植物根系与土壤直接接触，从土中吸收需要的水分和营养元素，所以土壤质量的好坏直接影响植物的生长发育。养护管理的关键是从土壤管理下手，通过松土除草、地面覆盖和土壤改良，采用各种综合措施，改善土壤理化性质，提高土壤肥力，减少水土流失和飞尘，创造植物生长的良好条件，提升植物景观效果。常见的土壤管理内容有：

1.松土除草

松土可以切断土壤表层的毛细管，减少水分蒸发，改善土壤通气，所以生产上有"地湿锄干，地干锄湿"之说。松土也能促进土壤微生物活动，有利于难溶性养分分解，提高土壤肥力。除草可以减少杂草对水、肥、气、热、光的消耗，防止病虫害的滋生蔓延，有助于植物生长，也有利于提升美观性。

松土和除草一般应同时进行，主要在生长季节作业，为经常性的养护工作。作业时要做到不伤树根、不碰破树皮、不折断树枝。松土深度一般为大苗6～9 cm，小苗2～3 cm，过深伤根，过浅达不到松土效果。

2.地面覆盖与地被植物

利用有机物或植物活体覆盖地面，可以减少土壤水分蒸发，降低地表径流，增加土壤有机质，调节土温和抑制杂草生长，为观赏植物生长创造良好的环境条件。

覆盖材料要把握"就地取材、经济适用"的原则，如采用树皮、谷草、豆秸、锯屑、泥炭等材料。覆盖厚度通常以3～6 cm为宜。也可以使用地被植物进行覆盖，不仅起到覆盖作用，还可以避免尘土飞扬、提高景观观赏效果。选用绿肥作物覆盖地面，还能起到施肥改土的作用。常用的草本地被植物有石竹类、二月兰、酢浆草、麦冬类、玉簪类、紫花地丁等。常用的木本地被植物有地锦类、扶芳藤、常春藤类、铺地柏等。

3. 土壤改良

土壤改良是通过物理、化学以及生物的措施改进不良土壤的理化性质，提高肥力，成为适宜生长的肥沃土壤，为观赏植物生长发育创造良好的条件。主要通过土壤耕作改良、客培土改良、化学和生物方法改良来进行。

(1)深挖扩穴，熟化土壤。深翻就是对观赏树木根区范围内的土壤进行深度翻垦。该措施可以改善土壤的含水量和通气状况；加强土壤微生物活动；加速土壤熟化。深挖结合施肥是改良土壤结构和理化性质，促进团粒结构形成，提高肥力的最好方法。在秋末冬初进行，为最好。挖的深度稍深于土球直径；黏重土壤应深挖，沙质土浅挖。黏土：1～2 年进行 1 次；沙壤土：3～4 年 1 次。

(2)中耕通气。中耕指对土壤进行浅层翻倒、疏松表层。这样可以切断土壤毛细管；平衡土壤固液气三相；提高地温；清除杂草。雨后初晴时进行，有利于保墒。一般 1 年开展 2～3 次。注意中耕深度：宜浅不宜深，避免伤害根部和树皮。

(3)客土改良。客土改良是栽植时对栽植地实行局部换土，通常在土壤不适宜植物生长的情况下使用。另外，近些年改进形成的客土喷播技术，在搅拌容器中将草籽与基质、黏合剂等与水混合成胶状的混合浆液，用压力泵将其喷播于待播土地上。现已广泛应用于边坡绿化、荒漠治理、河堤防护等各项绿化工程。

(4)培土改良。培土是在树木生长过程中添加部分土壤基质于树林生长地可增加土层厚度，保护根系，补充营养，改良土壤结构。培土厚度要适宜，过薄起不到压土的作用，过厚对生长不利，沙压黏或黏压沙时要薄一些，厚度一般 5～10 cm。

(5)化学改良。土壤化学性质的改良可以施入有机肥补充营养，改土沃土作用明显，还具有抗重茬、减盐害的作用。对于过酸的土壤可以用石灰改良；过碱的可以用硫黄、硫酸亚铁、石膏进行酸化处理。

二维码 16-1
土壤管理

(6)生物改良。随着人们对土壤生物多样性及其生态作用的深入认识，土壤生物改良越来越受到大家的重视。比如使用具有固氮作用的绿肥植物紫云英，通过翻种、沤制等方式还田可直接提高土壤肥力。而蚯蚓也是改良土壤的功臣，它能促进土壤团粒结构的形成，改善土壤透气性，提高土壤肥力水平。更加微小的真菌细菌也是改良土壤的利器。增施生物菌肥，可提高土壤有益菌含量，维持土壤微生态平衡，最终起到提高土壤肥力的作用。

## 任务 16-2　营养管理技术

**引导问题 16-2：小明采购了一株观赏番茄种在住宅庭院中，既可以观赏又可以吃果，一举两得。可是，眼看番茄结果逐渐成熟等待收获，却发现不少番茄裂果了，这是什么原因呢？**

______________________________________________

______________________________________________

______________________________________________

**小提示：**

观赏植物的营养诊断是指导施肥的重要基础。根据植株营养情况进行施肥才能保证施肥的科学性和规范性，防止肥料施用过量。过度用肥不仅造成经济浪费，还容易毒害土壤，污染环境。

植物营养诊断的方法很多，可以根据诊断需求、样品采集和研究条件进行选择，主要有外观诊断、施肥试验诊断、土壤分析诊断、植物组织分析诊断以及无损测试技术等。诊断方法各有侧重，在实际生产中综合应用有助于得出正确的诊断结果。而其中的外观诊断法是通过观察植物表现出的症状判断植株缺素或者营养过剩的种类以及程度，此法简便易行，快速简单，因此在生产中被广为传用。

植物生长必需的营养元素有16种，分为大量元素、中量元素、微量元素。其中大量元素包括碳、氢、氧、氮、磷、钾；中量元素包括钙、镁、硫；微量元素包括硼、锌、铁、铜、锰、钼、氯。植物生长过程中缺少其中任何一种或者过量，其生长发育就会异常，而且每种元素不能被互相取代，也不能由化学性质相近的元素代替。在长期的种植生产中，人们也发现了营养元素与植物生长的关系，编成了顺口溜："无氮不生长、无磷难成花、无硼难坐果、无钾不上色、缺钙裂果多。"

请根据以下文字描述的症状找到相对应缺乏的元素进行连线：

| | |
|---|---|
| 缺氮 | 沿叶缘的灼伤状，首先从下部的老叶片开始，逐步向上部叶片扩展。植物生长缓慢，根系发育差。茎秆脆弱，常出现倒伏。种子和果实小且干皱。植株对病害的抵抗性降低。 |
| 缺磷 | 生长迟缓、产量降低，花芽分化降低，花芽少，"假花"多，严重影响所结果实的数量和产量。 |
| 缺硼 | 顶芽、侧芽、根尖等分生组织易腐烂死亡，叶尖弯钩状并相互粘连；果实容易裂果、果皮薄不耐储存。 |
| 缺钾 | 生长缓慢，植株矮小，叶片薄而小，叶色缺绿发黄。 |
| 缺钙 | 严重时影响植物叶、花、果、茎的正常生长，同时影响生殖器官形成，出现花而不实，坐果率严重偏低。 |

观赏植物营养不良的原因有很多，有直接原因的影响，比如土壤中某种营养元素缺乏或者过量，导致植物生长不正常。但是还有一些间接因素使植物的营养状态不佳，这些间接因素更加隐蔽，为植物的营养诊断增加了难度。例如，土壤的酸碱度不适宜会影响一些元素的溶解，进而表现出缺素症状。铁、锌、硼等在酸性条件下易溶解，而钼则在土壤pH中性或偏碱性时有效性增加。而某种营养元素过量还会抑制其他元素的吸收和利用，即元素间的拮抗表现，比如磷和锌、钾和镁等，所以施肥时还要注意选择搭配，否则容易造成植物代谢紊乱而表现缺素。

**引导问题16-3：确定了观赏番茄是缺素症，市场上肥料种类繁多，应该购买哪个呢？请你帮小明选一下肥料吧！**

______________________________

______________________________

______________________________

**小提示：**

根据肥料的性质及使用效果，观赏植物用肥主要包括有机肥料、化学肥料及微生物肥料三大类。

1.有机肥料

有机肥料是指含有丰富有机质，既能供给植物多种有机、无机养分又能培肥改土的一类肥料，有完全肥料之称，供肥时间较长，但是含氮量低，肥效来得慢，施用量也较大，一般用作基肥。有机肥料来源广泛、种类繁多，常用的有粪尿肥、堆沤肥、饼肥、泥炭、绿肥、腐殖酸类肥料等。

2.化学肥料

化学肥料是用物理或化学工业方法制成，养分形态为无机盐或化合物，又称为化肥、矿质肥料、无机肥料。大多属于速效性肥料，养分含量高、供肥快，施用量少，但一般无改土作用，养分单一，肥效不够持久，而且易挥发、流失或固定，利用率低；一般用以追肥。化学肥料种类很多，按营养元素种类可分为氮肥（尿素等）、磷肥（过磷酸钙等）、钾肥（氯化钾等）、复合肥料（磷酸二氢钾等）、微量元素肥料、草木灰、农用盐等。

请根据表16-2所描述的植物表现列出可使用的化学肥料种类：

**表16-2 化学肥料选择练习**

| 营养元素 | 植物表现 | 可选化肥 |
|---|---|---|
| 缺氮 | 生长缓慢，植株矮小，叶片薄而小，叶色缺绿发黄。 | |
| 缺磷 | 生长迟缓、产量降低，花芽分化降低，花芽少，“假花”多，严重影响所结果实的数量和产量。 | |
| 缺硼 | 严重时影响植物叶、花、果、茎的正常生长，同时影响生殖器官形成，出现花而不实，坐果率严重偏低。 | |
| 缺钾 | 沿叶缘的灼伤状，先从下部的老叶片开始，逐步向上部叶片扩展。植物生长缓慢，根系发育差。茎秆脆弱，常出现倒伏。种子和果实小且干皱。植株对病害的抵抗性降低。 | |
| 缺钙 | 顶芽、侧芽、根尖等分生组织易腐烂死亡，叶尖弯钩状并相互粘连；果实容易裂果、果皮薄不耐储存。 | |

3.微生物肥料

微生物肥料是利用有益微生物制成的生物性制品，也称生物肥、菌肥。它本身并不含植物需要的营养元素，而是通过大量微生物的生命活动来改善植物的营养条件。根据微生物种类可将微生物肥料分为细菌肥料、真菌肥料、放线菌肥料、藻类肥料等。其优势在于可以利用施入的有益微生物改善种植物根际微生物群落，促进植物生长的同时甚至能抑制有害微生物活动。但是环境条件容易抑制微生物肥发挥效果，施用时要避免强光照射、高温、接触农药等，一般不宜单施，要与化学肥料、有机肥料配合施用。

**引导问题16-4：小明已经购买到了合适的肥料，可是怎么施进去，施多少又难住了他？请你指导小明合理施入肥料。**

______

______

______

**小提示：**

1.施肥方法

根据植物对肥料的吸收部位，主要的施肥方法分为土壤施肥和根外施肥。

(1)土壤施肥　为观赏植物主要的施肥方法。施肥位置应根据植物根系的分布状况与吸收功能确定，以保证施入的肥料有利于根系吸收。对于观赏树木来说，施肥的水平位置一般在树冠投影轮廓线附近，垂直深度一般在40～60 cm。

土壤施肥注意事项：一是不要靠近枝干基部；二是不要太浅，避免简单地面喷撒；三是不要太深(一般不超过60 cm)。

具体有以下几种施肥方法：

①地表施肥　适用于小灌木及草本植物。松土除草后将肥料撒施到土中，结合松土、浇水使肥料进入土层。

②沟状施肥　该法可将肥料施在根系附近，肥料施入沟中后覆土填平。多用于中壮龄以上的乔木、大灌木施肥。其可分为环状沟施、放射状沟施等方法，如图16-1所示。

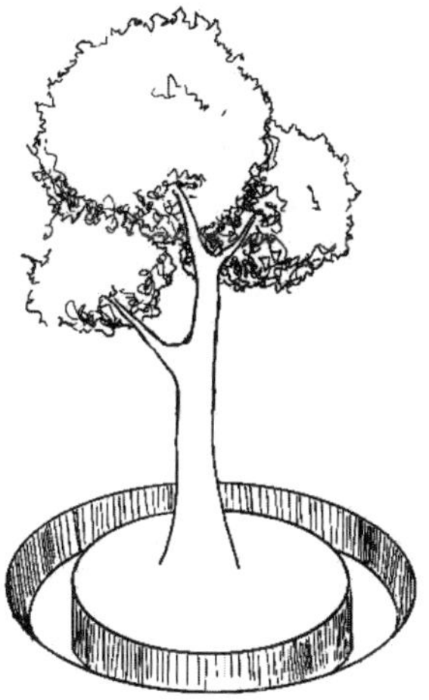

a. 环状沟施

b. 放射状沟施

**图16-1　环状沟施与放射状沟施**

③穴状施肥　在树冠投影半径的1/2以外至投影外1 m以内环状施肥区内挖穴，施入肥料后盖土填平踩紧。适用于中壮龄以上的乔木、大灌木施肥。

④打孔施肥　由穴状施肥变化而来，在施肥区用钢钎、电钻、气压钻等工具打孔，将肥料均匀施入各个孔，用表土、泥炭藓等堵塞孔洞后踩紧。此法适用于大树及草坪上树木。

⑤淋施　化肥用水溶解后，结合淋水、喷灌、滴灌进行。此法供肥迅速、肥效均匀、省时省力，多用于小型植物或草坪植物。

(2)根外追肥　是通过对植株叶片、枝条、枝干等地上器官进行喷、涂或注射，使营养直接渗入植株体内的施肥方法，也被称作地上器官施肥。

①叶面施肥　将化肥稀释后，喷雾于叶片上，多用于追肥。施用时应注意掌握肥液浓度，喷洒量以肥液开始从叶片大量滴下为准，应在晨时进行。

②树木注射　将营养液盛装在专用容器里，固定在树上，针管插入树木木质部，慢慢吊注直至营养液吸收。现已在生产上应用广泛，也可用于注射内吸性农药来防治病虫害。

2. 施肥量

确定具体施肥量时，应综合考虑植物种类与树龄、施肥目的、土壤肥力、气候条件等因素。理论上施肥量可以通过公式进行计算：

施肥量=(树木吸收肥料的元素量－土壤可供应的元素量)/肥料元素的利用率

目前生产中已经开始应用先进的计算机技术、营养诊断等技术手段对土壤成分、树木需肥规律进行综合分析，从而达到科学高效施肥的目的。但是该项技术较为复杂，而根据多年积累的施肥经验确定施肥量则简单、易掌握。一般观赏树木可按每厘米胸径 180～1400 g 的化肥施用量。

3. 施肥注意事项

(1)植物的需肥特性　春季和夏初需肥量大，因为此时土壤微生物活动弱，土壤可供吸收的养分较少。新梢生长期其需氮量是从生长初期到生长盛期逐渐提高的，新梢生长结束，植物需氮量急剧下降。开花、坐果和果实发育期，植物对各种营养元素的需要都特别迫切，钾肥可加强植物的生长和促进花芽分化。树木生长后期对氮和水的需要一般很少，但此时土壤中氮和水分含量都很高，所以要控制灌水和施肥。

(2)土壤条件　沙质土壤质地疏松，通气性好，保水保肥能力差，土温变幅大，有“热性土”之称。宜施牛粪、猪粪等冷性肥料，施肥宜深不宜浅。化肥施用量宜小，应分多次追施。

黏土质地紧密，通气性较差，土温变幅小，称为“冷性土”，保水保肥能力好，宜选用马粪、羊粪等热性肥料。施肥深度宜浅不宜深，施肥量可适当加大，有机肥料必须充分腐熟。

(3)降水等气候条件　在寒冷、干旱的条件下，肥料分解慢，植物吸收弱，施肥应选择易分解的热性肥料，且要充分腐熟后再施；高温、多雨时，肥料分解快，吸收强，且养分容易淋失，施肥时选择分解慢的冷性肥料。另外，大雨前不宜施肥，以防肥料流失浪费；大雨后土壤中硝态氮大量淋失，此时追施速效氮肥，效果较好。

二维码 16-2
营养管理

# 任务 16-3　水分管理技术

**引导问题 16-5:“养花浇水三年功”，一般怎么判断观赏植物需要浇水了呢？浇多少水合适呢？**

小提示：

植物的一切生命活动都是与水有极其密切的联系。树木吸收的水分 95%以上都消耗于蒸腾作用。蒸腾量越大，根系吸收的水分越多，随水流进入树体的矿质元素也越丰富，树木生长就越旺盛。但是，“水少是命，水多是病”。水分过多，会使土壤缺乏氧气、通气差，致使根系腐烂，严重可导致植物死亡。所以，水分过多过少都会对植物的正常生长产生不利影响，只有通过灌溉与排水措施合理调节水分，才能满足观赏植物生长发育需要。

**(一)灌溉时期**

灌溉时期可根据观赏植物的生长发育需求、气候条件、土壤特点等进行综合考虑，用植株外部形态观测、测定土壤含水量等方法来确定具体的灌溉时间。

1.根据观赏植物的需水特点把握灌溉时期

不同植物对水分的需求差异很大，俗话说“旱不死的蜡梅，淹不死的柑橘”。观花、观果树种，特别是花灌木，灌水需求一般较大；樟子松等旱生植物，则对水分要求不严格。

从植物的年生长周期看，应保证前半周期的水分供应充足，后半周期则应控制水分，以利于树木休眠，做好越冬准备。生长期灌水可分为花前灌水、花后灌水和花芽分化期灌水。花前灌水促进植物萌芽、新梢生长和开花；花后灌水促进新梢和叶片生长，增强同化作用，为后期花芽分化打好基础；花芽分化期也是果实速生期，此时植物所需水分、养分较多，水分不足则影响果实生长和花芽分化。休眠期灌水一般在秋冬和早春进行，称为“封冻水”“灌冻水”。冬季水冻结可以释放潜热，早春灌水利于新梢和叶片生长。

2.通过观赏植物的外部形态观测灌溉时间

通过目测观察植物的外部形态变化可以确定其是否需要浇水：早晨观察树叶是上翘还是下垂；中午查看叶片是否萎蔫其及萎蔫程度；傍晚看萎蔫后恢复的快慢，都可以判断出植物是否缺水。另外，还可以观察植物叶片叶色是否浓郁、叶片大小与厚度、树木是否徒长还是新梢极短、是否有不正常落叶等情况。此观测方法不需要借助仪器设备，简便易行。

3.通过测定土壤含水量确定灌溉时间

随着技术发展，利用科学仪器准确指示含水量来确定灌溉时间已经十分常见。土壤能保持的最大水量称为土壤的持水量。一般认为当土壤含水量达到最大持水量的60%～80%时，土壤中的水分、空气状况最符合植物生长发育需要；低于最大持水量的50%就需要及时补充水分。安装土壤张力计则更加方便掌握根部不同土层的水分情况。张力计测得的土壤水张力就是土壤对水的吸力，土壤越湿，对水的吸力就越小；反之则大。张力计可以迅速反映土壤的墒情状况，为指导灌溉时期提供准确依据。

**(二)灌水量**

适宜的灌水量应在一次灌溉中使根系分布所在的土壤湿度都达到适宜状态，达到最大持水量的70%左右，可以利用灌水定额(一次灌水单位面积的用水量)公式进行计算。目前，大多根据土壤田间持水量来计算灌水定额。其计算公式为：

$$m = rsh(P_1 - P_2)\ /\eta$$

式中，$m$ 为设计灌水定额(g)；$r$ 为土壤容重(g/cm$^3$)；$h$ 为植物主要根系活动层深度，树木一般取40～60 cm；$s$ 为灌水面积(cm$^2$)；$P_1$ 为适宜的土壤含水率上限(%)，可取田间持水量的80%～100%；$P_2$ 为适宜的土壤含水率下限(%)，可取田间持水量的60%～70%；$\eta$ 为喷灌水的利用系数，一般为0.7～0.9。

根据公式计算得到的灌水量还可以根据灌溉植物种类、发育时期以及气候条件等酌情调整以使灌水量更符合实际生产需要。

**(三)灌溉水水质要求**

灌溉的水源可以选择雨水、河水、地表径流水、自来水、井水及泉水等。观赏植物灌溉用水以软水为宜，不能含过多对植物生长有毒有害的无机盐类及有毒化合物，一般有毒可溶性盐类含量不能超过1.8 g/L。同时还要注意，灌溉水水温最好要与气温或地温接近，以免巨大温差损害植物生长。

**引导问题 16-6:给植物灌溉有直接给水和喷雾的方式,通常如何选择呢? 为什么?**

**小提示:**

灌溉方法可根据观赏植物种类、栽植规模与方式、灌溉条件等来选择,以简便易行、灌水效率高、节约资源为好。主要有以下几种方法:

1.漫灌

分区筑埂,围埂内放水灌溉,水渗透完全后,挖平土埂,松土保墒。适合于地势平坦地块群植、片植的树木以及草地、花坛。漫灌耗水多,易造成土壤板结,应尽量避免使用。

2.单株灌溉

在观赏树木的树冠投影内,扒开表土做土堰,灌水后让水逐渐向下渗透。适用于株行距大的观赏树木,例如行道树灌溉。实际灌水又将其分为盘灌和穴灌。

(1)盘灌　即围堰灌水,以树干基部为圆心,树冠投影内筑埂围堰,形似圆盘,盘内灌水。灌水前盘内松土,以便水分渗透;待灌水渗透完全后,铲平围堰,松土保墒。该方法用水经济,但灌溉范围有限。

(2)穴灌　树冠投影外侧挖穴,水在穴中灌满,灌后将土还原。穴的数量一般 8～12 个,穴深不要伤及粗根。先进的穴灌技术是在树木栽植时埋设 2～4 个 PVC 管或瓦管等永久性穴灌设施,此法在有地面铺装的行道树等灌水场景中适宜应用。

3.沟灌

每隔一定距离开一条长沟,沟内灌水,灌溉完毕,填平长沟。此法适合成片栽植的观赏植物,灌水较为均匀、经济。

4.喷灌

在灌溉区安装固定喷头和管道,进行人工控制的灌水方式。此法不产生深层渗透和地表径流,不破坏土壤结构,并且在高温、干热等极端环境防控中发挥重要作用,省水、省工、效率高,适用于大面积绿地的灌溉,如草坪、花坛、树丛等,但是灌溉设施的建设和养护资金投入较多,可结合需要选择使用。

**引导问题 16-7:雨季降水过大或者浇水过多容易沤根烂根,严重时可能导致植物死亡,怎么把多余的水排除呢?**

**小提示:**

长期阴雨、地势低洼、浇水过多等情况会使土壤排水不良,缺乏空气,迫使植物根系进行无氧呼吸,积累乙醇造成蛋白质凝固,引起根系生长衰弱、腐烂,枝叶萎蔫;另外,也会造成嫌气微生物活动,发生反硝化作用,从而降低土壤肥力,危害观赏植物的生长发育。

排水方法主要有以下四种:

(1)明沟排水　地面上挖掘明沟,排除径流。通常由小排水沟、支排水沟以及主排水沟等构成,地势最低处设置总排水沟。此种排水系统的布局多与道路走向一致。

（2）暗沟排水 地下埋设管道形成排水系统，将地下水降到要求的深度，由干管、支管和排水管构成暗沟排水系统。其管道多使用塑料管、混凝土管或瓦管。

（3）地面排水 目前应用最广泛、最经济的一种排水方法。通过道路、广场等地面汇聚雨水，然后集中到排水沟，从而避免观赏植物遭受水淹。但是，地面排水需要经过精心设计安排才能达到理想的排水效果。

（4）滤水层排水 此法适用于低洼积水地、透水性差立地上栽种的树木，或是极不耐水湿的植物在栽植初采取的排水措施。在栽植的土壤下层填埋一定深度的煤渣、碎石等材料，形成滤水层，在周围设置排水孔，遇积水就能及时排除。此法起到局部排水的作用，一般只在小范围内应用。

二维码 16-3
水分管理

# 任务 16-4 整形修剪技术

**引导问题 16-8：大家经常说“整形修剪”，整形和修剪是一回事吗？整形修剪的目的是什么呢？**

**小提示：**

整形修剪是观赏植物养护中非常重要且技术性较强的工作内容之一，广泛应用于树木、花草、盆景的艺术造型和养护。修剪是指对植物的某些器官进行剪截删除等具体操作。整形是指通过人工手段使植物形成一定形式的形状与姿态。修剪是整形的手段，整形是修剪的目的，二者密切相关。

养花人常说“月季不剪枝，来年花朵稀”，可见整形修剪在植物养护中发挥重要作用。它可以调节植物的生长发育，创造和保持合理的植株形态，构成具有一定特色的园林景观。通过剪截、整枝等技术措施可以调节植物生长、开花、结果，促进新枝叶抽生，使老树复壮更新；也可以抑制植物的旺盛生长，延缓衰老。通过培养良好的树形，可以创造通风透光的树体结构，也可以创造出具有特色的观赏造型，发挥绿化美化效果。在城市中，当电线、管道与植物生长形成矛盾时，也可以通过修剪整形进行有效的处理。

**引导问题 16-9：整形修剪要把握哪些原则呢？**

**小提示：**

整形修剪的原则主要包括：

（1）根据观赏植物的园林用途整形修剪。园林用途不同，修剪要求则不同。例如，同样的日本珊瑚树用作绿篱和孤植树，修剪内容就完全不一样。

（2）根据观赏植物生物学特性整形修剪。干性强的树种应留主干；干性弱则应修剪成圆球或半圆形。对于萌芽发枝能力强的树种，应多疏剪，少短截，防止树冠郁闭，如悬铃木、桃等树种；而成枝力弱的植物不耐修剪，则应适当短截，促发成枝，防止光秃，如玉兰。

(3)调节主枝与侧枝生长关系时要把握“主从分明,平衡树势”的原则。主枝要强于侧枝、下层枝要强于上层枝。同级枝条要注意平衡树势:强主枝和弱主枝同时存在时,即主枝不平衡,此时需要抑强扶弱,“强主枝强剪,弱主枝弱剪”,以此调节生长。调节侧枝长势的修剪原则是“强侧枝弱剪,弱侧枝强剪”。

(4)树龄不同的植物修剪方法也不同。幼树修剪以轻剪短截为主,促营养生长,培养良好冠形;成年树整形修剪则要保持植株健壮完美,使开花结实长期繁茂,防止衰老;老年树的生长量小于死亡量,修剪时以强剪为主,刺激抽生强壮更新枝,恢复树势。

二维码 16-4
修剪整形的
作用与原则

(5)根据观赏植物生长地环境条件整形修剪。生长在盐碱地、土壤瘠薄、地下水位高的树木,以及屋顶花园和风大等处的树木通常主干留的较低,树冠也较小,防止树体倾倒。

(6)注意把握整形修剪时期。一般分为休眠期修剪和生长期修剪,休眠期修剪主要是在秋冬至早春植物休眠期进行,此时植株体内贮藏的养分充足,修剪后枝条减少,有利于利用养分。生长期修剪主要是在春季萌芽后和秋季落叶前进行,此期间新梢生长旺盛,消耗大量营养,所以修剪宜从轻。

**引导问题 16-10:开展整形修剪工作要对树体结构了如指掌,请在图 16-2 中填写具体的树体结构及其定义。**

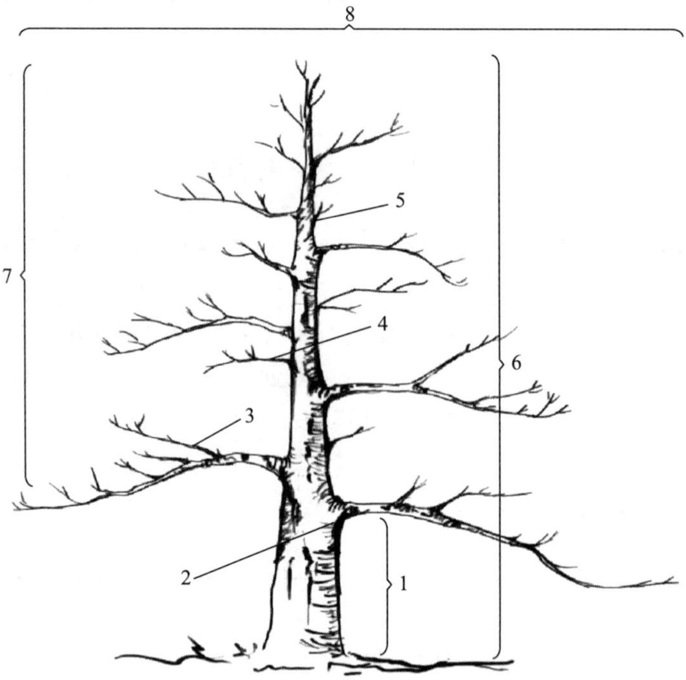


1.
2.
3.
4.
5.
6.
7.
8.

图 16-2 树体结构练习

**小提示:**

树体结构主要由以下部分组成:从地面起至第一主枝间的树干称为主干,它的高度称为干高。中央领导干是主干的延伸。主干或中心干上的永久性大枝是主枝。侧枝是着生在主枝上的固定性骨干枝。辅养枝是着生在中心干的层间和主枝上侧枝之间的大枝。

我们通常说的树冠，是由中心干、主枝、侧枝以及其他各级分枝构成，枝上的叶和芽属于树冠的组成部分。其中，冠高是指第一主枝的最低点至树冠最高点的距离。冠幅是树冠垂直投影的平均直径。从地面起沿主干延长线至树木最高点的距离则是树高。

**引导问题 16-11：主枝是树体结构中重要的组成部分，整形修剪时配置主枝有哪些方式呢？**

**小提示：**

观赏植物整形修剪中正确地配置主枝，对树木生长、调整树形及提高观赏和综合效益都有裨益。主枝配置的基本原则是树体结构牢固，枝叶分布均匀，通风透光良好，树液流动顺畅。

目前常见的配置方式主要有邻接三主枝和邻近三主枝两种形式。邻接三主枝配置时枝与枝距离较近，各主枝生长均衡，但与主干结合不牢固，极易劈裂，有时还会出现着生点以上的中央领导干转弱的情况，俗称"掐脖"。邻近三主枝一般分 2 年配齐，通常在第一年修剪时，选留有一定间隔的主枝二个，第二年再隔一定距离选留第三个主枝。三大主枝间距可保持 20 cm 左右。此种方式树体结构牢固，但主枝间生长势多不均衡，一般下强上弱。观赏植物整形修剪时可根据需要选择主枝的配置方式（图 16-3）。

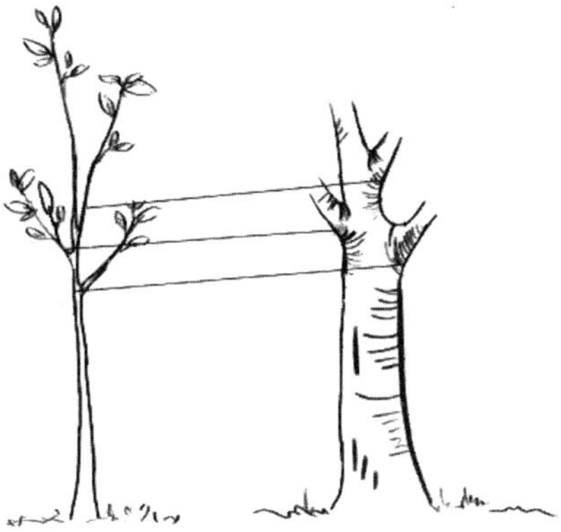

邻接三主枝

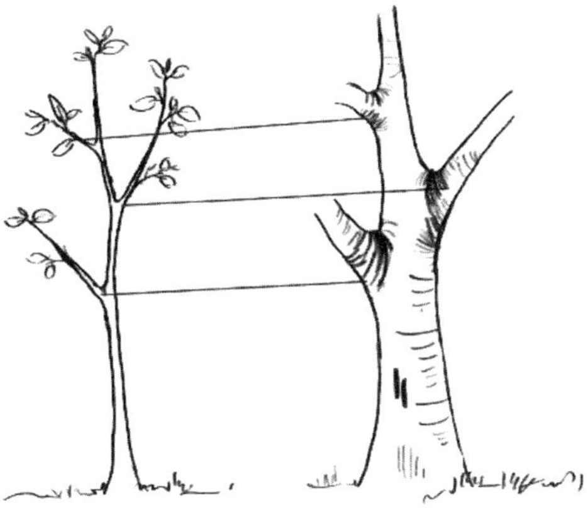

邻近三主枝

**图 16-3　主枝的常见配置方式**

配置主枝时还要注意分枝角度。对于高大的乔木，分枝角度太小，容易受强风、雪压、冰挂、结果过多等压力的影响而发生劈裂。分枝角度较大时，生长空间充分，两枝间的组织联系较牢固，不易劈裂，修剪时应留取这类枝条。

**二维码 16-5**
**树体结构、枝条类型与修剪配置**

**引导问题 16-12：请在图 16-4 适当的位置写出相应枝条的名称，并思考此类枝条如何进行整形修剪？**

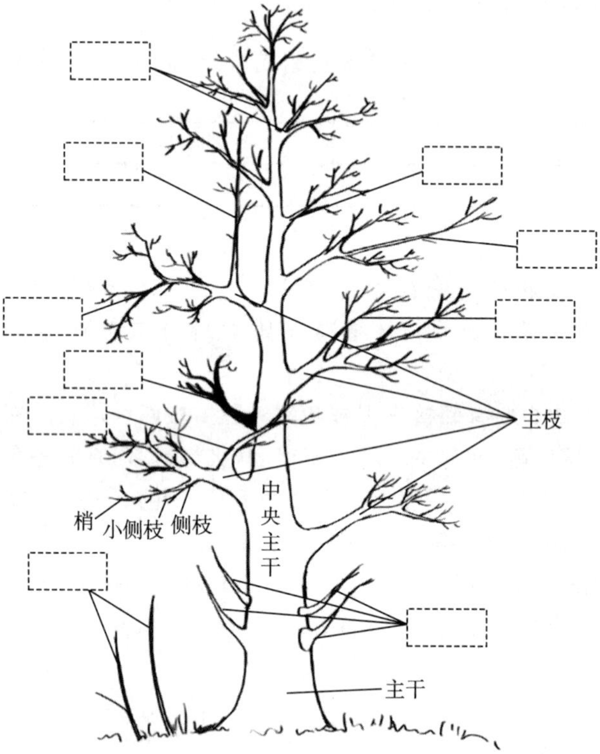


图 16-4 枝条类型练习

**小提示：**

按照枝条的年龄进行划分，可将枝条分为新梢、一年生枝条、二年生枝条和多年生枝条。新梢是当年抽生的新枝条。一年生枝条是当年形成的新梢停止生长至下一年萌芽前的枝条。一年生枝条萌芽以后再生长一年的枝条则是二年生枝条。生长 2 年以上的枝条则称为多年生枝条。

按照形态或枝条之间的相互关系则可将枝条分为轮生枝、重叠枝、交叉枝、平行枝等。其中多余的、老弱的及一些扰乱树形的枝条要及时疏除，以保证树体健壮，外形饱满匀称：

徒长枝：指直立生长旺盛，节间长，芽瘦弱，叶大而薄的枝条。

重叠枝：2 个处在同一垂直平面上、上下重叠伸展的枝条，称为重叠枝。此类无用枝，不仅消耗树体大量的水分和养分，也影响通风透光。

轮生枝：在树干或主枝同一部位朝不同方向呈辐射状生长的枝条，一般 3 枝以上的称轮生枝。根据需要，轮生枝一般留长短各一枝，或只留一枝，其余枝条都予以剪除。

平行枝：上下距离相近而向同一方向平行生长的枝条，根据需要可保留一枝剪除一枝。去除平行枝可减少水分、养分的消耗，改善冠内的通透性。

并生枝：从枝条的一个节或一个芽处，同时长出 2 个以上的枝条，称为并生枝，此类枝条也属于无用枝。

直立枝：凡与水平线成垂直姿势、直立生长的枝条称直立枝，应从枝条的基部剪除。

横生枝：与水平线平行生长的枝条称横生枝。

斜生枝：与水平线有一定角度向上斜生的枝条称斜生枝。

下垂枝：是指除自然垂枝形树种外，枝条向下延伸生长的枝条。多因枝条开张角度过大或修剪时剪口留芽不当造成，大枝下垂也是树木表现出的衰老症状之一。回缩修剪下垂枝可保证路人和车辆的通行安全，有利于大树更新复壮。

交叉枝：是指 2 个或多个相互交叉生长的枝条，常会造成冠内枝条生长紊乱，影响树体美观和通风透光。

内向枝：向树中心伸展的枝条，一般情况下应予剪掉。

枯死枝：因冻害、枝条过于拥挤、通透性差等原因而造成干枯死亡的枝条。

病虫枝：被病虫危害，如害虫钻蛀，或者出现病斑、萎蔫、坏死、腐烂、丛生等病状的枝条。如不及时清除会使病虫继续蔓延影响植物健康。

萌生枝：生长在分枝点以下树干上的萌蘖枝。

萌蘖枝：根际萌蘖枝是指自树干根际萌发出来的枝条，根蘖枝截留了单干苗木树冠的水分和养分，削弱了生长势。剪口萌蘖枝，多因修剪刺激潜伏芽萌发而成。此类枝条生长势强，消耗树体养分，影响通风透光。无用的萌蘖枝必须及时疏除。

延长枝：主枝、侧枝等骨干枝先端继续延长和扩大树冠的一年生枝条。

竞争枝：延长枝顶端优势减弱，由下部一个或数个侧生壮芽萌发，形成与顶端枝条生长势相近的竞争势态的枝条。

一年生竞争枝的处理主要分四种情况：当竞争枝未超过延长枝时，看下邻枝，若其较弱小，可齐竞争枝基部一次疏除。如果下邻枝较强壮，可分两年剪除竞争枝。当竞争枝长势超过原延长枝时，如果下邻枝较弱小时，可一次剪去较弱的原延长枝，俗称换头。如果下邻枝很强，则应分两年剪除原延长枝，使竞争枝逐步代替原延长枝，称为转头，即第一年对原延长枝重短截，第二年再予以疏除(图 16-5)。

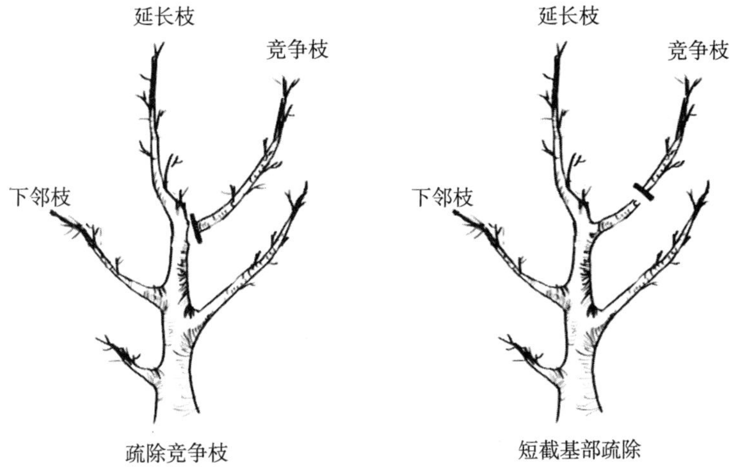


**图 16-5　一年生竞争枝的四种处理方式**

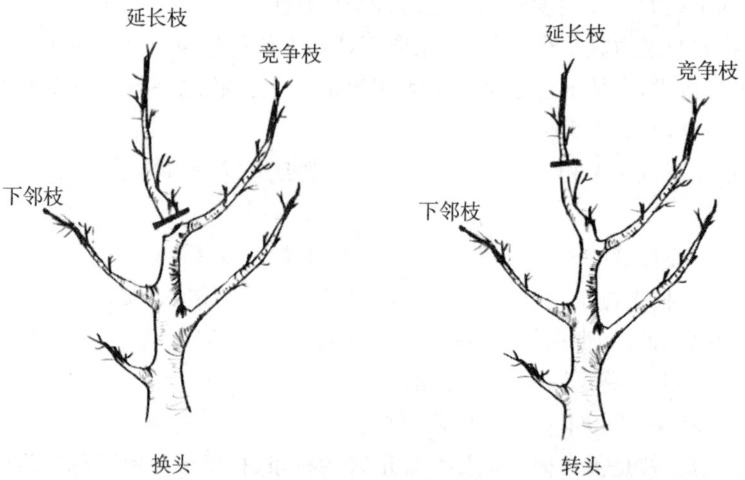


续图 16-5

**引导问题 16-13：认识了树体结构和各类枝条，那整形修剪时主要采用哪些方法呢？请看表 16-3 中的示意图来填一填吧！**

表 16-3 整形修剪方法种类练习

| 示意图 | 修剪方法 |
|---|---|
|  | |
|  | |
|  | |
|  | |

续表 16-3

| 示意图 | 修剪方法 |
| --- | --- |
|  | |
|  | |
|  | |
|  | |

**小提示：**

整形修剪的基本方法主要包含截、疏、回缩、伤、放、变六种，可以根据整形修剪的目的灵活运用。

(1)截　又称短截，即把一年生枝条的一部分剪去，根据剪去部分的多少可为轻短截、中短截、重短截和极重短截。操作要点见表 16-4。

**二维码 16-6**
**整形修剪的方法**

**表 16-4　短截**

| 短截程度 | 操作要点 | 剪后反应 | 示意图 |
| --- | --- | --- | --- |
| 轻短截 | 只剪去一年生枝条的 1/5～1/4，留弱芽。 | 剪口下发生几个不太强的中长枝，缓和了枝条的生长势，易形成花芽。 | 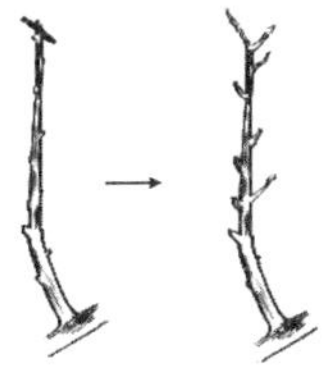 |
| 中短截 | 枝条饱满芽处剪截枝条的 1/3～1/2。 | 由于剪口芽强健壮实，能刺激多发营养枝。 |  |

续表 16-4

| 短截程度 | 操作要点 | 剪后反应 | 示意图 |
|---|---|---|---|
| 重短截 | 剪去枝条全长 2/3～3/4，留半饱满芽。 | 剪后成枝力低，生长势强。 | 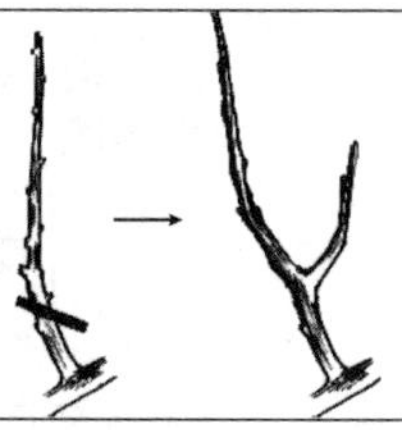 |
| 极重短截 | 只在枝条基部留 1～2 个瘪芽，其余剪去。 | 剪后萌 1～3 个较弱的枝条，会促进花芽分化。 |  |

（2）疏　又称疏剪或疏删，是将枝条自分生处剪去。主要用于疏花、竞争枝、大枝、病虫枝、无用枝等，从而减少树冠内部枝条，改善通风透光，利于花芽分化。按疏剪强度可分为轻疏、中疏、重疏。疏删强度根据植物种类、生长势和年龄而定，枝条过密时应逐年进行（图 16-6）。

**图 16-6　疏**

（3）回缩　又称缩剪，是指在多年生枝条上只留一个侧枝而将其余枝条截除。此法修剪量大，有更新复壮的作用。缩剪时注意剪口位置与立枝姿态，如剪口留强枝、直立枝、伤口小可促进生长，反之抑制生长（图 16-7）。

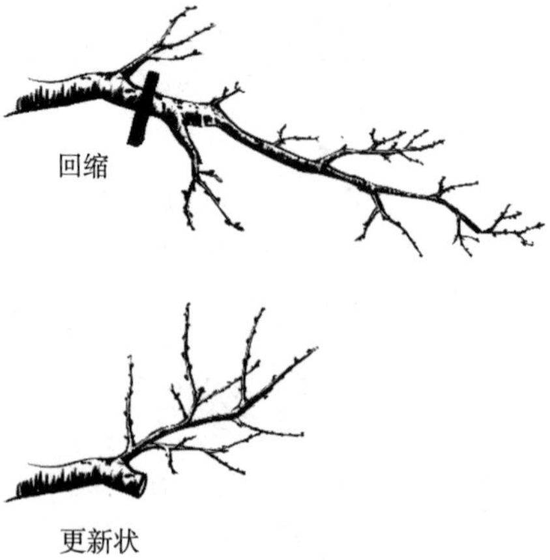


**图 16-7　回缩**

(4)伤　是指用各种方法损伤枝条从而达到缓和树势、削弱受伤枝条生长势的目的。主要有以下几种形式(表 16-5)。

**表 16-5　伤**

| 伤的类型 | 操作要点 | 作用 | 示意图 |
|---|---|---|---|
| 环状剥皮 | 剥去枝或干上的一圈或部分树皮。伤口深度要达到韧皮部,宽度约为枝粗的 1/10。 | 对处于发育盛期不开花结果的枝条,在植物生长初期或停止生长期进行。可阻止碳水化合物向下输送,利于上方枝条营养物质积累和花芽形成。 |  |
| 刻伤 | 用刀在芽或枝的上方进行刻伤,深达木质部。 | 阻止养分运输,使刻伤口处的芽获得较多养分,利于芽萌发和抽新枝。 | 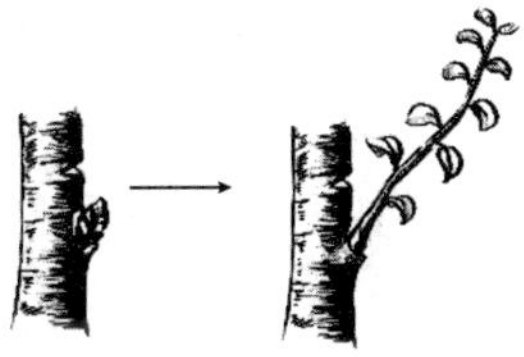 |
| 折梢 | 将新梢折伤而不断,伤骨不伤皮。 | 多用于生长期内生长过旺的枝条。可以部分损伤传导组织以阻碍水分、养分向生长点输送,削弱枝条长势有利于短花枝形成。 |  |

(5)放　是指对一年生枝条不做任何修剪,有利于营养物质积累,促进花芽形成,使幼旺树提早开花结果(图 16-8)。

(6)变　是指改变枝条生长方向和角度,缓和枝条生长势和辅助造型的措施,如曲枝、拉枝、抬枝、压垂等,可以使顶端优势转位、加强或削弱(图 16-9)。

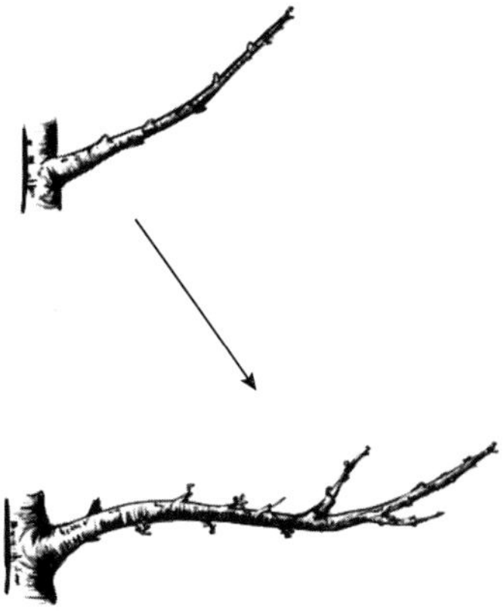

**图 16-8　放**

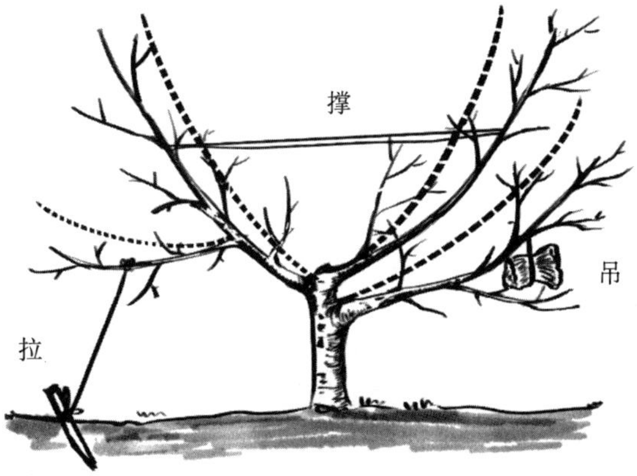


**图 16-9　变**

**引导问题 16-14:小明已经掌握了整形修剪的方法,在真正开展修剪工作前还要做好哪些准备工作呢?**

________________________________________________

________________________________________________

________________________________________________

**小提示:**

**(一)修剪工具的准备**

为了更好地开展整形修剪工作,人们已经不满足于传统的、劳动强度大的手工修剪工具,例如常见的修枝剪、手锯等。利用电动式手锯、气动高枝剪、绿篱修剪机等机械可以大大提高修剪效率,省工省力。而化学试剂的使用,如矮壮素等,也可以有效抑制枝梢生长,达到化学修剪的效果,已经在一些园林场景中得到了应用(图 16-10)。

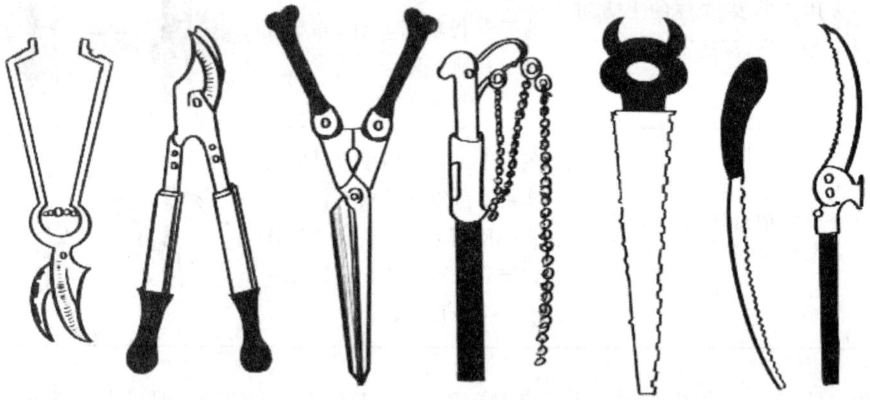

**图 16-10 常见修剪工具**

**(二)修剪的安全规范**

安全在于心细,事故出自大意,修剪作业,安全第一。在修剪作业的全过程中我们都要时刻注意操作安全。

作业现场要确定安全作业范围,设立安全警示牌,专人维护现场,行道树修剪时要防止锯落的大枝砸伤过往行人和车辆。作业开始前应检查修剪工具、梯子、安全绳等,不使用有安全隐患的工具。高处作业应系好安全带,戴安全帽,手锯剪刀扣好安全绳,防止掉落,五级以上大风不宜上树。修剪时精神应高度集中,不可嬉戏打闹。在高压线附近作业时应与供电部门配合,特别注意安全,避免触电。

**引导问题 16-15:小明准备好修剪工具,并认真学习安全规范,接下来开始整形修剪需按照怎样的程序和顺序开始工作呢?**

________________________________________________

________________________________________________

________________________________________________

**小提示：**

**（一）修剪的程序**

经过园林工人的总结，修剪作业的程序可以概括为“一知二看三截四拿五处理”。

一知：知道操作规程、技术规范及特殊要求；

二看：绕树进行仔细观察，对修剪操作做到心中有数；

三截：因地制宜、因树、因枝进行剪截；

四拿：修剪后挂在树上的断落枝应及时拿下；

五处理：剪后大伤口应修整、涂漆；剪落物及时清理与集运。

**（二）修剪的顺序**

正确的修剪顺序应该是从树木的上部开始，按照由基到梢、由内及外、由粗到细的修剪顺序，逐渐向下，避免差错。剪后还应仔细检查是否有漏剪，如果有则及时进行补充修剪。

二维码 16-7
整形修剪的程序要求和工具

# 任务 16-5　逆境管理技术

**引导问题 16-16：观赏植物种养在室内外，接受着阳光雨露、风吹雨打，它们都会遇到哪些逆境呢？怎么帮助它们渡过难关呢？**

______________________________________________

______________________________________________

______________________________________________

**小提示：**

逆境是指对植物生长发育和生存不利的各种环境因素的总和，也称为胁迫。逆境包括生物胁迫（biotic stress）和非生物胁迫（abiotic stress），其中非生物胁迫又可以分为物理胁迫和化学胁迫，而这些胁迫因素又可以互相影响（表 16-6）。

**表 16-6　逆境胁迫的类型**

| 非生物胁迫 | | 生物胁迫 |
|---|---|---|
| 物理胁迫 | 化学胁迫 | |
| 水分（旱害、涝害） | 气体污染物（$SO_2$、氯气、光化学烟雾等） | 竞争 |
| 温度 低温（冷害、冻害） | 有机化学药品（除草剂、化肥、杀虫剂等） | 化感作用 |
| 高温（热害） | 无机化学药品（重金属污染等） | 共生现象的缺乏 |
| 辐射 红外线、紫外线 | 盐碱土 | 人类活动 |
| 强、弱可见光 | 毒素 | 病害（微生物） |
| 离子辐射（$\alpha$、$\beta$、$\gamma$、X 线） | 土壤溶液 pH | 虫害（昆虫） |
| 机械、声、磁、电等 | | 草害（杂草） |

在观赏植物的日常养护中，我们经常遇到的逆境主要有高温、干旱、低温、洪涝、盐碱以及各类的病虫害等。其中，水分过多或过少、温度过高或过低以及各类化学污染都不会在植物间

传染，这些逆境因子一旦移除，植物就会恢复正常生长。但是，植物的病虫害因为有病原物（真菌、细菌、病毒等）的存在，一旦发生，就会在植物间传播传染。因此，各类逆境因子要结合各自特点进行防治管理，为观赏植物打造适宜的生长环境。

（1）旱害与涝害　植物水分亏缺或过大都会影响正常的生长发育。短期干旱会造成植物萎蔫、叶片小、叶色过深；长期干旱会加速植物衰老，缩短植物寿命，严重时可造成植物缺水死亡。春季萌发生长关键期干旱会导致萌芽、开花延迟，严重时会发生抽条、落叶、新稍停止生长，甚至落花落果，直接影响绿化植物的观赏效果。为防止旱害发生可采取以下措施：①适地适树，易发生旱害地区选用抗干旱节水树种；②日常养护管理中采取中耕、培土、遮盖、树盘覆盖等有利于保持水分的管护措施；③合理安排灌溉资源，修建灌溉系统，合理利用雨水及径流水等，提高水资源利用率。夏季降水过多或者人工浇水过多则会使植物排水不良形成涝害，如果种植地地势低，土壤排水不良，则涝害加重。植物的主要表现是沤根、烂根；叶片发黄、落叶落果。应及时挖沟排水，扶正歪斜树木，对裸露根系进行培土，有助于植物恢复树势。

（2）低温伤害　低温或是突然性的寒潮温差会直接伤害植物的组织和器官。不同树种、同一树种的不同器官抵抗低温的能力不同，枝条成熟度越高、休眠程度越深，抗低温的能力越强。根据低温对植物伤害的机理可以分为冻害、冻旱和寒害等类型：①冻害，是气温在 0 ℃以下，因树木组织内部结冰所引起的伤害。随着温度降低，冰晶逐渐扩大，细胞失水，细胞液浓缩，原生质脱水，蛋白质沉淀。受冻害的枝干通常树皮局部冻伤，稍变色下陷，所以不易察觉。用刀剖开树皮，可见内部变褐，而后干枯死亡，树皮裂开脱落。②冻旱，是因为土壤冻结而发生的生理性干旱。此时，即使土壤中有足够的水分，但是因为低温土壤冻结，树木不能从土壤中吸收水分，而地上部分仍在散失水分，持续一段时间后植株因水分平衡被破坏而死亡。③寒害，是指 0 ℃以上低温对植物造成的伤害。寒害主要是细胞内核酸和蛋白质代谢受到干扰，而不是结冰的伤害，常见于喜温树木北移，热带树种在 0～5 ℃时呼吸代谢就会受阻。

预防低温伤害可以采取：①贯彻适地适树原则，选择抗寒能力强的树种；②加强抗寒栽培管理，例如生长后期控水、增施钾肥等，促进枝干的木质化；③利用物理、化学、生物方法改善植物生长的小气候。例如，树干绑缚防寒裹树布，秸秆生烟进行熏烟防霜，种植防护林等。

（3）高温伤害　在异常高温下植物生长下降，严重时植株受到伤害，其本质是太阳的强烈照射产生的热害。高温对植物的伤害一方面在于对植株的直接伤害——日灼病；另一方面则是因为高温下呼吸加速和水分失调导致的间接伤害——代谢干扰。高温伤害常见于夏季和初秋。日灼是因为气温高、水分不足造成枝干的皮层或其他器官表面的局部温度过高，致使蛋白质失活或变性，进而皮层组织或器官干枯干裂，最终导致局部组织死亡。代谢干扰则是植物在达到临界高温以后，光合作用迅速降低，呼吸作用继续增加，消耗了本来可以用于生长的大量碳水化合物，使生长下降。当叶子、嫩梢干化到临界水平时，则会使叶片、新梢枯死或植物全株死亡。

为管理高温伤害，绿化景观在前期设计时应根据立地环境，易受害地块要选择耐高温的植物和品种；移栽前进行抗性锻炼；树干涂白、涂泥、缚草等防止日灼发生；合理修剪枝叶，避免枝干光秃，形成自我遮荫；加强综合管理，避免叶片损伤，需要时喷水降温，喷施抗蒸腾剂等；对于已经干枯的枝叶及时修剪，增施钾肥，促进植物恢复。

**引导问题16-17：初夏的扬州，小明走在小区的复羽叶栾树下感觉好像在“下雨”，脚下面包砖踩上去却是黏黏的。仔细查看树体后，小明发现幼嫩的枝条上密密麻麻全是小小的虫子，你知道是怎么回事吗？**

______________________________________________

______________________________________________

______________________________________________

**小提示：**

园林绿化景观为了达到理想的观赏效果，人们经常在小范围地块中就使用多种乔木、灌木以及各种草本植物，这使各种病原菌、植物害虫有了更多的栖身之所，为病原物的生存、繁殖、传播提供了有利条件。观赏植物的品种更新快，进出口引种和跨区域调运频繁、流动性大，导致一些检疫性病虫害更容易发生和蔓延。例如，随进口而被传入我国境内的红火蚁、松材线虫、美国白蛾等，都对我国的观赏植物造成了严重侵害，损失惨重。与此同时，由于绿化景观结构的层次性和植物种类的多样化，景观中的小生态各不相同，病虫害发生的种类更加多样、复杂，需要有针对性地制订防治方案。而且，观赏植物与人的接触距离较近，所以防治时不能使用高毒或者刺激性气味的药剂。因此，观赏植物的病虫害防治更加复杂，要求防治方法更加科学环保。

为害观赏植物的害虫，常见种类主要有食叶类害虫，包括卷叶蛾类、舟蛾类、刺蛾类、袋蛾类、灯蛾类、尺蛾类、叶甲类、叶蜂类等；为害茎秆类的害虫，在树干内钻蛀，对树体造成破坏，包括天牛类、木蠹蛾类、小蠹类等；为害枝梢，吸食植物枝叶的害虫，主要有蚜虫类、蚧虫类、粉虱类、叶蝉类、蝽类；为害植物根部的害虫，有蝼蛄类、蛴螬类、金针虫类、白蚁类等。有些害虫不仅为害观赏植物，还会对周围环境和人们的生活造成影响。春夏交接时栾树的嫩枝叶常有蚜虫为害，严重时在树下经过会感觉好像在“下雨”。嫩枝叶上可以看到透明的“水滴”，树下还有黏糊糊的物质。这些都是蚜虫分泌出的含有糖分的分泌物，称作“蜜露”。这些分泌物虽然对人体无害，但是掉落在地上、树下停留的汽车表面等很难清洗，经常对城市管理造成困扰，影响市民的生活。

为害观赏植物的还有各类病害，常见的五大病原物包括真菌、细菌、病毒、线虫、寄生性种子植物。其中，以真菌类病害最为常见。例如，观赏植物各组织、器官容易感染白粉病、锈病、灰霉病、炭疽病等；病原细菌容易导致腐烂病、溃疡病等；病毒通常会使植物花叶、畸形，影响观赏效果；线虫大多在根部进行为害，隐蔽性较高，不易被发现，例如牡丹根结线虫病；寄生性种子植物，常见列当、菟丝子、槲寄生等，掠夺寄主植物的营养而生存，导致观赏植物生长势衰弱。

观赏植物病虫害的防治应该根据病原物的特点进行防治，秉承“预防为主，综合防治”的方针进行综合防治，可以采取的主要措施有：

1. 植物检疫

植物检疫由国家或者地方政府依法设立专门机构对调运、邮寄的种苗进行检验检疫。如在植物材料中发现检疫性的病虫草害，应依法进行处理，避免检疫性病原物传播。

2. 园林技术措施

选育对各种病虫害具有抗性的观赏植物品种是预防各类病虫害发生的有效措施。除利用植物的自身抗性外，还可以通过及时清理病残体以减少病原物传播，增施有机肥、微生物肥改善土壤环境，培育健壮植物，增加自身抗性。

3. 物理防治

人工捕杀害虫；利用灯光、食物、色板进行诱杀；利用纱网、障碍沟等对害虫进行阻隔，均是行之有效的物理防治方法。

4. 生物防治

生物防治是指利用生物及其代谢物防治病虫害的方法，具有环保无污染、对人和动物安全、资源丰富等优势。但是，一般情况下，生物防治见效较慢，在病虫害发生严重时使用具有一定的局限性。常见的生物防治措施主要有以虫治虫，利用害虫天敌治理虫害，例如：释放草蛉、食蚜蝇等捕食性天敌昆虫防治蚜虫；以菌治虫，利用白僵菌感染鳞翅目、直翅目害虫，使其死亡；以菌治病，枯草芽孢杆菌等细菌菌株已被证实在防治根结线虫等病害中发挥重要作用。

5. 化学防治

化学防治是指利用化学农药防治病虫草害等有害生物的方法，其优势是见效快、防效高、使用方法简单易操作，便于机械化，在及时控制观赏植物病虫灾害中发挥重要作用；但是也具有污染环境、易产生抗药性、易伤害有益天敌生物等问题。

综上可以发现，各种防治措施均具有自身的优势和局限性。面对不同的观赏植物病虫害应进行科学、系统管理，不能仅依赖某种防治方法，应充分利用环境条件和景观生态系统，因地制宜、综合应用各种防治方法控制病虫害的发生，以获得最佳的经济效益、社会效益和生态效益。

**综合训练** 16-1　园林景观中观赏植物的养护管理具有相应的质量标准，而我国幅员辽阔，各地气候相差悬殊、季节性明显，所以各省市地区会出台本地区的园林植物养护管理标准。这就要求我们顺应观赏植物的生长规律、生物学特性以及当地气候环境特点制定园林植物养护管理工作月历，将全年的土肥水管理、整形修剪、病虫害防治等工作合理安排到 12 个月份中，方便养护工作开展和管理。

请学习调研我国行业标准《园林绿化养护标准》(CJJT 287—2018)和本地区的养护管理标准与养护管理工作月历后，制定所在地区校园的植物养护管理工作月历(表 16-7)。

参考资料：住房城乡建设部发布行业标准《园林绿化养护标准》——住房城乡建设部关于发布行业标准《园林绿化养护标准》的公告 (mohurd. gov. cn)。

**表 16-7 (____________)植物养护管理工作月历**

制定人:(____________)

| 月份 | 工作内容 |
| --- | --- |
| 1 月份<br>(小寒、大寒) | |
| 2 月份<br>(立春、雨水) | |
| 3 月份<br>(惊蛰、春分) | |
| 4 月份<br>(清明、谷雨) | |
| 5 月份<br>(立夏、小满) | |
| 6 月份<br>(芒种、夏至) | |
| 7 月份<br>(小暑、大暑) | |
| 8 月份<br>(立秋、处暑) | |
| 9 月份<br>(白露、秋分) | |
| 10 月份<br>(寒霜、霜降) | |
| 11 月份<br>(立冬、小雪) | |
| 12 月份<br>(大雪、冬至) | |

# 附　　录

## 附录1　学习评价表

附录表1

<table>
<tr><th colspan="2" rowspan="2">检测内容</th><th colspan="2">完成情况</th><th rowspan="2">标准分</th><th rowspan="2">评分</th></tr>
<tr><th>完成</th><th>未完成</th></tr>
<tr><td>知识自测</td><td>(1)观赏植物形态术语包含哪些方面?(10分)<br>(2)区分叶序、叶形、单复叶以及叶的各部分形态认识。(10分)<br>(3)区分花的结构,不同花型,花序。(10分)<br>(4)区分干果、肉果、聚合果、聚花果的形态。(10分)</td><td></td><td></td><td>40</td><td></td></tr>
<tr><td rowspan="2">作业评价</td><td>植物叶标本制作</td><td></td><td></td><td>30</td><td></td></tr>
<tr><td>植物果标本制作</td><td></td><td></td><td>30</td><td></td></tr>
<tr><td>同学互评记录</td><td></td><td></td><td></td><td></td><td></td></tr>
<tr><td>教师点评记录</td><td></td><td></td><td></td><td></td><td></td></tr>
</table>

续附录表1

| 检测内容 | | 完成情况 | | 标准分 | 评分 |
|---|---|---|---|---|---|
| | | 完成 | 未完成 | | |
| 知识自测 | (1)哪些气候因子影响观赏植物的生长发育，如何影响？(10分)<br>(2)哪些土壤因子影响观赏植物的生长发育，列举酸性土植物、中性土植物和碱性土植物有哪些？(10分)<br>(3)哪些空气因子影响观赏植物的生长发育，如何影响？(10分)<br>(4)哪些生物因子影响观赏植物的生长发育？(10分) | | | 40 | |
| 作业评价 | 完成局部的气候与土壤调查 | | | 30 | |
| | 调查城市环境对观赏植物生长发育的影响 | | | 30 | |
| 同学互评记录 | | | | | |
| 教师点评记录 | | | | | |

续附录表 1

| 检测内容 | | 完成情况 | | 标准分 | 评分 |
|---|---|---|---|---|---|
| | | 完成 | 未完成 | | |
| 知识自测 | (1)观花树木的观赏特性是什么?(10 分)<br>(2)木兰科植物的主要识别特征是什么?如何区分鹅掌楸属、木兰属、木莲属和含笑属?(20 分)<br>(3)你所在城市常见夏季观花树木有哪些?(10 分)<br>(4)你所在城市常见秋冬季观花树木有哪些?(10 分) | | | 50 | |
| 作业评价 | (1)设计你所在地春季观花树木群落植物名录表,确保植物观赏期符合当地物候变化。(30 分)<br>(2)设计你所在地冬季观花树木群落植物名录表,确保植物观赏期符合当地物候变化。(20 分) | | | 50 | |
| 同学互评记录 | | | | | |
| 教师点评记录 | | | | | |

续附录表 1

| 检测内容 | | 完成情况 | | 标准分 | 评分 |
|---|---|---|---|---|---|
| | | 完成 | 未完成 | | |
| 知识自测 | (1)什么是观叶植物?(5分)<br>(2)秋色叶植物的变色原因是什么?(5分)<br>(3)你所在城市常见秋色叶树木有哪些?(20分)<br>(4)你所在城市常见春色叶树木有哪些?(10分)<br>(5)你所在城市常见常色叶树木有哪些?(10分) | | | 50 | |
| 作业评价 | 完成你所在城市常见秋色叶植物物候观察表。(50分) | | | 50 | |
| 同学互评记录 | | | | | |
| 教师点评记录 | | | | | |

续附录表 1

| 检测内容 | | 完成情况 | | 标准分 | 评分 |
| --- | --- | --- | --- | --- | --- |
| | | 完成 | 未完成 | | |
| 知识自测 | (1)什么是观果树木？(10 分)<br>(2)观果树木的观赏特点是什么？(10 分)<br>(3)你所在城市常见观果树木有哪些？(50 分) | | | 70 | |
| 作业评价 | 设计你所在地的秋冬季观果树木植物名录表，确保植物观赏期符合当地物候变化。(30 分) | | | 30 | |
| 同学互评记录 | | | | | |
| 教师点评记录 | | | | | |

续附录表 1

| 检测内容 | | 完成情况 | | 标准分 | 评分 |
|---|---|---|---|---|---|
| | | 完成 | 未完成 | | |
| 知识自测 | (1)什么是观姿观干树木？(10 分)<br>(2)观姿观干树木的观赏特点是什么？(10 分)<br>(3)你所在城市常见观姿观干树木有哪些？(30 分) | | | 50 | |
| 作业评价 | 设计 3～5 组你所在地区观姿观干树与其他植物组合群落结构表。(50 分) | | | 50 | |
| 同学互评记录 | | | | | |
| 教师点评记录 | | | | | |

续附录表1

| 检测内容 | | 完成情况 | | 标准分 | 评分 |
|---|---|---|---|---|---|
| | | 完成 | 未完成 | | |
| 知识自测 | (1)庭荫树的观赏特点是什么？(10分)<br>(2)庭荫树的主要园林用途是什么？(10分)<br>(3)你所在城市常见观赏庭荫树有哪些？(20分) | | | 40 | |
| 作业评价 | (1)调查你所在地区的庭荫树，并制作树种名录。(30分) | | | 30 | |
| | (2)设计你所在地区的行道树名录。(30分) | | | 30 | |
| 同学互评记录 | | | | | |
| 教师点评记录 | | | | | |

续附录表 1

<table>
<tr><th colspan="2" rowspan="2">检测内容</th><th colspan="2">完成情况</th><th>标准分</th><th>评分</th></tr>
<tr><th>完成</th><th>未完成</th><th></th><th></th></tr>
<tr><td>知识自测</td><td>(1)什么是针叶树？(10 分)<br>(2)我国针叶植物的资源特点是什么？(10 分)<br>(3)针叶植物的进化关系是什么？(10 分)<br>(4)针叶植物的观赏特点是什么？(20 分)</td><td></td><td></td><td>50</td><td></td></tr>
<tr><td>作业评价</td><td>调查你所在地区的观赏针叶植物，并制作植物名录。(50 分)</td><td></td><td></td><td>50</td><td></td></tr>
<tr><td>同学互评记录</td><td></td><td></td><td></td><td></td><td></td></tr>
<tr><td>教师点评记录</td><td></td><td></td><td></td><td></td><td></td></tr>
</table>

续附录表 1

<table>
<tr><th colspan="2" rowspan="2">检测内容</th><th colspan="2">完成情况</th><th>标准分</th><th>评分</th></tr>
<tr><th>完成</th><th>未完成</th><th></th><th></th></tr>
<tr><td>知识自测</td><td>(1)观赏藤本植物有哪些观赏特点?(10 分)<br>(2)藤本植物在园林应用中有哪些应用形式?(10 分)<br>(3)你所在城市常见观赏藤本植物有哪些?(20 分)</td><td></td><td></td><td>40</td><td></td></tr>
<tr><td rowspan="2">作业评价</td><td>(1)列举你的所在地区 3～5 组藤本植物配植模式。(30 分)</td><td></td><td></td><td>30</td><td></td></tr>
<tr><td>(2)调查你所在城市的藤本植物资源,并形成藤本植物名录表。(30 分)</td><td></td><td></td><td>30</td><td></td></tr>
<tr><td>同学互评记录</td><td></td><td></td><td></td><td></td><td></td></tr>
<tr><td>教师点评记录</td><td></td><td></td><td></td><td></td><td></td></tr>
</table>

续附录表 1

| 检测内容 | | 完成情况 | | 标准分 | 评分 |
|---|---|---|---|---|---|
| | | 完成 | 未完成 | | |
| 知识自测 | (1)草本花卉的观赏特点是什么？(10 分)<br>(2)在园林中应用，草本花卉如何分类？(10 分)<br>(3)一二年生花卉与宿根花卉在园林中的应用方式有哪些？(10 分) | | | 30 | |
| 作业评价 | (1)调查你所在地区常见的草本花卉资源，并制作植物名录表。(40 分) | | | 40 | |
| | (2)根据你所在地区常见的一二年生花卉资源，设计国庆花坛用花名录。(30 分) | | | 30 | |
| 同学互评记录 | | | | | |
| 教师点评记录 | | | | | |

续附录表 1

| 检测内容 | | 完成情况 | | 标准分 | 评分 |
|---|---|---|---|---|---|
| | | 完成 | 未完成 | | |
| 知识自测 | (1)什么是地被植物?(10 分)<br>(2)地被植物在园林中的作用是什么?(10 分)<br>(3)园林中的地被植物有哪些分类方式?(10 分)<br>(4)你所在地区,有哪些常用的地被植物?(20 分) | | | 50 | |
| 作业评价 | 调查你所在的地区的地被植物资源,制作地被植物名录表。(50 分) | | | 50 | |
| 同学互评记录 | | | | | |
| 教师点评记录 | | | | | |

续附录表 1

| 检测内容 | | 完成情况 | | 标准分 | 评分 |
| --- | --- | --- | --- | --- | --- |
| | | 完成 | 未完成 | | |
| 知识自测 | (1)园林中的水生花卉有哪些类型?(20 分)<br>(2)水生花卉的生态习性是什么?(20 分) | | | 40 | |
| 作业评价 | (1)调查你所在地区水生植物资源,并制作植物名录表。(30 分) | | | 30 | |
| | (2)绘制你所在地区常用水生植物与水体关系示意图。(30 分) | | | 30 | |
| 同学互评记录 | | | | | |
| 教师点评记录 | | | | | |

续附录表1

<table>
<tr><td colspan="2" rowspan="2">检测内容</td><td colspan="2">完成情况</td><td>标准分</td><td>评分</td></tr>
<tr><td>完成</td><td>未完成</td><td></td><td></td></tr>
<tr><td>知识自测</td><td>(1)观赏植物资源调查方案的制定方法是什么？(10分)<br>(2)植物景观应用形式有哪些？(10分)</td><td></td><td></td><td>20</td><td></td></tr>
<tr><td rowspan="2">作业评价</td><td>1.根据你所在地区调查园林中的观赏植物，制作植物资源调查名录表。(40分)</td><td></td><td></td><td>40</td><td></td></tr>
<tr><td>2.根据你所在地区调查园林中的观赏植物，制作植物应用调查统计表。(40分)</td><td></td><td></td><td>40</td><td></td></tr>
<tr><td>同学互评记录</td><td></td><td></td><td></td><td></td><td></td></tr>
<tr><td>教师点评记录</td><td></td><td></td><td></td><td></td><td></td></tr>
</table>

续附录表 1

| 检测内容 | | 完成情况 | | 标准分 | 评分 |
|---|---|---|---|---|---|
| | | 完成 | 未完成 | | |
| 知识自测 | (1)观赏植物有性繁殖、无性繁殖的方法有哪些？(10 分)<br>(2)播种繁殖工序有哪些？(10 分)<br>(3)扦插方法有哪些？(10 分)<br>(4)嫁接方法有哪些，技术要点是什么？(10 分)<br>(5)分生繁殖有哪些形式？分别适合哪种观赏植物？(10 分) | | | 50 | |
| 作业评价 | (1)完成播种育苗实践。(25 分) | | | 25 | |
| | (2)完成扦插/嫁接/分生育苗实践。(25 分) | | | 25 | |
| 同学互评记录 | | | | | |
| 教师点评记录 | | | | | |

续附录表 1

| 检测内容 | | 完成情况 | | 标准分 | 评分 |
|---|---|---|---|---|---|
| | | 完成 | 未完成 | | |
| 知识自测 | (1)观赏植物栽植成活原理是什么?(10 分)<br>(2)树木栽植时期怎么选择?(10 分)<br>(3)栽后养护包括哪些内容?(10 分)<br>(4)树木栽植工序有哪些?(10 分) | | | 40 | |
| 作业评价 | (1)完成树木栽植实践。(30 分) | | | 30 | |
| | (2)完成树木栽后跟踪养护。(30 分) | | | 30 | |
| 同学互评记录 | | | | | |
| 教师点评记录 | | | | | |

续附录表 1

| 检测内容 | | 完成情况 | | 标准分 | 评分 |
|---|---|---|---|---|---|
| | | 完成 | 未完成 | | |
| 知识自测 | (1)观赏植物土肥水管理包括哪些内容?(10分)<br>(2)观赏植物修剪整形的方法有哪些,把握怎样的原则?(10分)<br>(3)修剪整形的程序和顺序是什么?(10分)<br>(4)观赏植物逆境管理包括哪些内容?(10分) | | | 40 | |
| 作业评价 | (1)调研校园观赏树木忌枝类型。(30分) | | | 30 | |
| | (2)制定校园植物养护管理工作月历。(30分) | | | 30 | |
| 同学互评记录 | | | | | |
| 教师点评记录 | | | | | |

# 附录2 物候观测方法

在观赏植物应用中，对植物的物候进行相应的调查与数据整理并深入研究，将植物的物候特征（萌芽、展叶、开花、果熟、叶秋季变色、落叶）应用到植物育苗、引种驯化、植物景观设计、植物栽培管理养护具有重要的意义。特别是在植物景观设计中，利用植物伴随季节变化的观赏特性进行设计，可以更好地彰显植物景观的时序之美。

在进行植物的物候观察，要求：

(1)确定观测地点，在同一地点取数株同种植物作为观测对象；

(2)观测记录植物的萌芽、展叶、开花、结果、长叶、落叶等物候情况和花果颜色、果实模式及生长情况。

(3)完成记录表填写，观花植物如按照开花时间分为春季开花、秋季开花、夏季开花、冬季开花，如按照花叶顺序可分为先叶后花、花叶同放、先花后叶；观叶植物可分为落叶与常绿，其中又可以分出彩叶植物，包括春叶显著、秋叶显著等；观果植物可根据果实颜色不同及结果时间不同划分。

物候观测按“中国物候观测方法”要求，选择生长良好，无病虫害的健壮植株，采用目测的方法，进行固定专业人员定期观测，对物候变化较快的季节每天观测1次。

物候观测特征说明：

(1)开花始期　在选定观测的同种数株树上，见到一半以上植株，有5%（只有一株也按此标准）花瓣完全展开时为开花始期。

(2)开花盛期（或盛花期）　在观测树上见有一半以上的花蕾都展开花瓣或一半以上的葇荑花序松散下垂或散粉时，为开花盛期。

(3)开花末期　在观测树上残留约5%的花时，为开花末期。

春色叶植物、秋色叶植物、观花植物、观果植物物候观测记录卡见附录表2至附录表5。

**附录表 2　春色叶植物物候观测记录卡**

| | | | | | | | |
|---|---|---|---|---|---|---|---|
| 植物名称 | | 编号 | | 观测人 | | 天气状况 | |
| 拉丁名 | | | | 栽植地点 | | 生境 | |
| 时间 | 项目 | | | | | | |
| | 叶芽膨大开始期 | 叶芽开放期 | 展叶开始期 | 展叶盛期 | 春色叶呈现期 | 春色叶变绿期 | 备注 |
| | | | | | | | |

**附录表 3　秋色叶植物物候观测记录卡**

| | | | | | | | |
|---|---|---|---|---|---|---|---|
| 植物名称 | | 编号 | | 观测人 | | 天气状况 | |
| 拉丁名 | | | | 栽植地点 | | 生境 | |
| 时间 | 项目 | | | | | | |
| | 秋叶开始变色期 | 秋叶全部变色期 | 落叶盛期 | 落叶末期 | 可供观秋色叶期 | 最佳秋色叶期 | 备注 |
| | | | | | | | |

**附录表 4　观花植物物候观测记录卡**

| | | | | | | | | | |
|---|---|---|---|---|---|---|---|---|---|
| 植物名称 | | 编号 | | | 观测人 | | 天气状况 | | |
| 拉丁名 | | | | | 栽植地点 | | 生境 | | |
| 时间 | 项目 | | | | | | | | |
| | 花芽膨大开始期 | 花芽开放期 | 开花始期 | 开花盛期 | 开花末期 | 最佳观花起止日 | 再度开花期 | 二次梢开花期 | 三次梢开花期 |
| | | | | | | | | | |

**附录表 5　观果植物物候观测记录卡**

| | | | | | | | |
|---|---|---|---|---|---|---|---|
| 植物名称 | | 编号 | | 观测人 | | 天气状况 | |
| 拉丁名 | | | | 栽植地点 | | 生境 | |
| 时间 | 项目 | | | | | | |
| | 幼果出现期 | 生理落果期 | 果实成熟期 | 果实开始脱落期 | 果实脱落末期 | 可供观果起止日 | 备注 |
| | | | | | | | |

# 附录3　植物检索表使用方法

植物分类检索表是鉴定植物种类的重要工具之一，通过查阅检索表可以帮助我们确定植物的科、属、种名。植物志、植物手册等书籍中均有植物的分科，分属及分种检索表。

编制植物检索表是采用对比的方法，将特征不同的植物逐步排列、分类，直到得出植物的科、属或种的学名。

使用检索表时，首先应全面观察植物，然后才进行查阅，当查阅到某一分类等级名称时，必须将标本特征与该分类等级的特征进行全面的核对，若两者相符合，则表示所查阅的结果是正确的。

常见的植物分类检索表有定距式、平行式两种。

◆ 定距式(级次式)检索表：定距式(级次式)检索表：把相对立的特征用同一编码表示，排列对齐，其下隶属的特征用下一级编码表示，排列上较上一级编码退后一格，这样逐层向下排列，直到区别检索对象。编码数的确定 $X=N-1$(其中 $X$ 为编码数，$N$ 为检索项目数)。如：

**木兰科植物分属检索表(部分)**

1. 叶不分裂；聚合蓇葖果
  2. 花顶生
    3. 每心皮具4～14胚珠，聚合果常球形 ……………………… 1. 木莲属 *Manglietia*
    3. 每心皮具2胚珠，聚合果常长圆柱形 ……………………… 2. 木兰属 *Magnolia*
  2. 花腋生 ………………………………………………………… 3. 含笑属 *Michelia*
1. 叶常4～6裂；聚合翅果 ……………………………………… 4. 鹅掌楸属 *Liriodendron*

◆ 平行式检索表：把每一相对立的特征编以同样的编码，并紧接并列，在每一行的末尾，根据特征描述的情况，可以是下一级的编码，也可以是学名，若是编码则还需再进一步列出相对立的特征，直到检索表中植物能全部分开。平行式检索表中，每一级编码书写不退格。如：

**木兰科植物分属检索表(部分)**

1. 叶不分裂；聚合蓇葖果 ………………………………………………… 2
1. 叶常4～6裂；聚合小坚果具翅 ……………………… 鹅掌楸属 *Liriodendron*
2. 花顶生 ……………………………………………………………… 3
2. 花腋生 ………………………………………………… 含笑属 *Michelia*
3. 每心皮具4～14胚珠，聚合果常球形 ……………… 木莲属 *Manglietia*
3. 每心皮具2胚珠，聚合果常长圆柱形 ……………… 木兰属 *Magnolia*

# 附录4　中国名花种类一览

中国名花是指中国原产或特产，在中国传统文化中有一定的影响，在中国园林中有一定的栽培区域或具有较大的经济或科学价值的观赏植物。已故中国工程院院士、著名园林植物学家陈俊愉教授曾多次强调，弘扬中国名花文化对我国乃至世界园林园艺事业的发展有着重大的意义。让中国名花走向世界，让世界了解中国花文化的博大精深，这既有鲜明的时代特色，又体现了中国名花的悠久性、独特性与多样性。依据北京林业大学张启翔教授主编《中国名花》一书中，将中国名花分为历史传统名花、常见传统名花和近代栽培名花三个层次，现计种类86种。

## 一、历史传统名花

历史传统名花具有千年或更长的栽培历史，文化积淀深厚；原产中国，有的是以中国为世界分布中心，在国际上具有较高的知名度；观赏性强，适应面广，能体现一定的民族文化传统和民族精神；在历史上形成的品种较多；在园林建设中占有重要位置，为国内群众及本行业学术界熟知并认可的观花植物。如梅、牡丹、菊等19种类（附录表6）。

**附录表6　历史传统名花**

| 编号 | 中名 | 拉丁名 | 科 | 属 |
|---|---|---|---|---|
| 1 | 梅 | *Armeniaca mume* | 蔷薇科 | 杏属 |
| 2 | 牡丹 | *Paeonia suffruticosa* | 芍药科 | 芍药属 |
| 3 | 菊 | *Dendranthema morifolium* | 菊科 | 菊属 |
| 4 | 兰花 | *Cymbidium* spp. | 兰科 | 兰属 |
| 5 | 月季 | *Rosa* spp. | 蔷薇科 | 蔷薇属 |
| 6 | 杜鹃 | *Rhododendron* spp.& cv. | 杜鹃花科 | 杜鹃花属 |
| 7 | 山茶 | *Camellia japonica* | 山茶科 | 山茶属 |
| 8 | 荷花 | *Nelumbo nucifera* | 睡莲科 | 莲属 |
| 9 | 桂花 | *Osmanthus fragrans* | 木樨科 | 木樨属 |
| 10 | 中国水仙 | *Narcissus tazetta* var. *chinensis* | 石蒜科 | 水仙属 |
| 11 | 蜡梅 | *Chimonanthus praecox* | 蜡梅科 | 蜡梅属 |
| 12 | 紫薇 | *Lagerstroemia indica* | 千屈菜科 | 紫薇属 |
| 13 | 百合 | *Lilium* spp. | 百合科 | 百合属 |
| 14 | 玉兰 | *Magnolia denudata* | 木兰科 | 木兰属 |
| 15 | 海棠 | *Malus* spp.& cv. | 蔷薇科 | 苹果属 |
| 16 | 芍药 | *Paeonia lactiflora* | 毛茛科 | 芍药属 |
| 17 | 桃花 | *Amygdalus persica* | 绣球花科 | 绣球花属 |
| 18 | 玫瑰 | *Rosa rugosa* | 蔷薇科 | 蔷薇属 |
| 19 | 丁香 | *Syringa* spp. | 木樨科 | 丁香属 |

## 二、常见传统名花

常见传统名花栽培历史长，并在中国有一定影响的重要名花，在园林中应用较广，但栽培品种或类型相对较少。如蜀葵、虞美人、凤仙花等28种类(附录表7)。

**附录表7 常见传统名花**

| 编号 | 中名 | 拉丁名 | 科 | 属 |
|---|---|---|---|---|
| 1 | 合欢 | *Albizia julibrissin* | 含羞草科 | 合欢属 |
| 2 | 蜀葵 | *Althaea rosea* | 锦葵科 | 蜀葵属 |
| 3 | 木棉 | *Boombax ceiba* | 木棉科 | 木棉属 |
| 4 | 凌霄 | *Campsis grandiflora* | 紫葳科 | 凌霄属 |
| 5 | 紫荆 | *Cercis chinensis* | 苏木科 | 紫荆属 |
| 6 | 石竹 | *Dianthus chinensis* | 石竹科 | 石竹属 |
| 7 | 荷包牡丹 | *Dicentra spectabilis* | 荷包牡丹科 | 荷包牡丹属 |
| 8 | 刺桐 | *Erythrina variegata* | 蝶形花科 | 刺桐属 |
| 9 | 栀子花 | *Gardennia jasminoides* | 茜草科 | 栀子属 |
| 10 | 木芙蓉 | *Hibiscus mutabilis* | 锦葵科 | 木槿属 |
| 11 | 扶桑 | *Hibiscus rosa-sinensis* | 锦葵科 | 木槿属 |
| 12 | 木槿 | *Hibscus syriacus* | 锦葵科 | 木槿属 |
| 13 | 绣球花 | *Hydrangea macrophylla* | 八仙花科 | 绣球花属 |
| 14 | 凤仙花 | *Impatiens balsamina* | 凤仙花科 | 凤仙花属 |
| 15 | 迎春 | *Jasminum nudiflorum* | 木樨科 | 茉莉属 |
| 16 | 茉莉 | *Jasminum sambac* | 木樨科 | 茉莉属 |
| 17 | 棣棠 | *Kerria japonica* | 蔷薇科 | 棣棠属 |
| 18 | 含笑 | *Michelia figo* | 木兰科 | 含笑属 |
| 19 | 南天竹 | *Nandina domestica* | 小檗科 | 南天竹属 |
| 20 | 虞美人 | *Papaver rhoeas* | 罂粟科 | 罂粟属 |
| 21 | 报春 | *Primula malacoides* | 报春花科 | 报春花属 |
| 22 | 杏 | *Armeniaca vulgaris* | 蔷薇科 | 杏属 |
| 23 | 郁李 | *Prunus japonica* | 蔷薇科 | 梅属 |
| 24 | 榆叶梅 | *Amygdalus triloba* | 蔷薇科 | 桃属 |
| 25 | 石榴 | *Punica granatum* | 石榴科 | 石榴属 |
| 26 | 木香 | *Rosa banksiae* | 蔷薇科 | 蔷薇属 |
| 27 | 锦带花 | *Weigela florida* | 忍冬科 | 锦带花属 |
| 28 | 紫藤 | *Wisteria sinensis* | 蝶形花科 | 紫藤属 |

## 三、近代栽培名花

近代栽培名花是中国原产或特产的种类，多数种和品种在我国栽培有 20 年以上的历史，少数是刚开始引种栽培，但是具有较为重要的科学价值和研究意义，有很大的发展前途。如连翘、桔梗、鸢尾等 39 种类（附录表 8）。

**附录表 8　近代栽培名花**

| 编号 | 中名 | 拉丁名 | 科 | 属 |
|---|---|---|---|---|
| 1 | 乌头 | *Aconitum* spp. | 毛茛科 | 乌头属 |
| 2 | 落新妇 | *Astilbe chinensis* | 虎耳草科 | 落新妇属 |
| 3 | 羊蹄甲 | *Bauhinia* spp. | 苏木科 | 羊蹄甲属 |
| 4 | 翠菊 | *Callistephus chinensis* | 菊科 | 翠菊属 |
| 5 | 金花茶 | *Camellia nitidissima* | 山茶科 | 山茶属 |
| 6 | 贴梗海棠 | *Chaenomeles speciosa* | 蔷薇科 | 木瓜属 |
| 7 | 流苏 | *Chionanths retusus* | 木樨科 | 流苏树属 |
| 8 | 铁线莲 | *Clematis* spp. | 毛茛科 | 铁线莲属 |
| 9 | 蜡瓣花 | *Corylopsis sinensis* | 金缕梅科 | 蜡瓣花属 |
| 10 | 栒子 | *Cotoneaster* spp. | 蔷薇科 | 栒子属 |
| 11 | 珙桐 | *Davidia involucrata* | 蓝果树科 | 珙桐属 |
| 12 | 翠雀 | *Delphinium grandiflorum* | 毛茛科 | 翠雀属 |
| 13 | 溲疏 | *Deutzia scabra* | 绣球科 | 溲疏属 |
| 14 | 结香 | *Edgeworhia chrysantha* | 瑞香科 | 结香属 |
| 15 | 连翘 | *Forsythia suspensa* | 木樨科 | 连翘属 |
| 16 | 龙胆 | *Gentiana scabra* | 龙胆科 | 龙胆属 |
| 17 | 萱草 | *Hemerocallis* spp. | 百合科 | 萱草属 |
| 18 | 金丝桃 | *Hypericum monogynum* | 藤黄科 | 金丝桃属 |
| 19 | 鸢尾 | *Iris tectorum* | 鸢尾科 | 鸢尾属 |
| 20 | 猬实 | *Kolkwitzia amabilis* | 忍冬科 | 猬实属 |
| 21 | 金银花 | *Lonicera japonica* | 忍冬科 | 忍冬属 |
| 22 | 金银木 | *Lonicera maackii* | 忍冬科 | 忍冬属 |
| 23 | 红花檵木 | *Lorpetalum chinense* var. *rubrum* | 金缕梅科 | 檵木属 |
| 24 | 石蒜 | *Lycoris* spp. | 石蒜科 | 石蒜属 |
| 25 | 十大功劳 | *Mahoniafortunei* | 小檗科 | 十大功劳属 |
| 26 | 绿绒蒿 | *Meconopsis* spp. | 罂粟科 | 绿绒蒿属 |
| 27 | 大花黄牡丹 | *Paeonia ludlowii* | 毛茛科 | 芍药属 |
| 28 | 太平花 | *Philadelphus pekinensis* | 八仙花科 | 山梅花属 |
| 29 | 桔梗 | *Platycodon grandiflorum* | 桔梗科 | 桔梗属 |
| 30 | 金露梅 | *Potentilla fruiticosa* | 蔷薇科 | 委陵菜属 |

续附录表 8

| 编号 | 中名 | 拉丁名 | 科 | 属 |
|---|---|---|---|---|
| 31 | 麦李 | *Prunus glandulosa* | 蔷薇科 | 梅属 |
| 32 | 樱花 | *Cerasus serrulata* | 蔷薇科 | 樱属 |
| 33 | 火棘 | *Pyracantha fortuneana* | 蔷薇科 | 火棘属 |
| 34 | 野蔷薇 | *Rosa multiflora* | 蔷薇科 | 蔷薇属 |
| 35 | 黄刺玫 | *Rosa xanthina* | 蔷薇科 | 蔷薇属 |
| 36 | 珍珠梅 | *Sorbaria sorbifolia* | 蔷薇科 | 珍珠梅属 |
| 37 | 绣线菊 | *Spinaea* spp. | 蔷薇科 | 绣线菊属 |
| 38 | 金莲花 | *Trollius chinensis* | 毛茛科 | 金梅草属 |
| 39 | 琼花 | *Viburnum macrocephalum* f. *keleeri* | 忍冬科 | 荚蒾属 |

# 参考文献


北京大学，兰州大学，南京大学，等．1980．植物地理学[M]．北京：人民教育出版社．

北京林业大学园林系花卉教研组．1995．花卉识别与栽培图册[M]．合肥：安徽科学技术出版社．

北京林业大学园林系花卉教研组．1988．花卉学[M]．北京：中国林业出版社．

北京林业大学园林系花卉教研组．1999．中国常见花卉图鉴[M]．郑州：河南科学技术出版社．

曹慧娟．1992．植物学[M]．2版．北京：中国林业出版社．

陈俊愉，刘师汉．1980．园林花卉[M]．上海：上海科学技术出版社．

陈俊愉．2001．中国花卉品种分类学 [M]．北京：中国林业出版社．

陈心启，刘仲健，罗毅波，等．2009．中国兰科植物鉴别手册 [M]．北京：中国林业出版社．

陈有民．2003．园林树木学[M]．北京：中国林业出版社．

辞海编辑委员会．1981．辞海(生物分册)[M]．上海：上海辞书出版社．

戴志棠．1994．室内观叶植物级装饰[M]．北京：中国林业出版社．

董文珂．2013．园林植物汉拉英名称速查手册 [M]．北京：中国水利水电出版社．

甘泳红，刘光华．2012．海芋挥发性化学成分研究[J]．广东农业科学，24(2)：38-39．

韩伟，马丽霞．2013．红掌组织培养技术研究进展[J]．现代农业科技，2(3)：172，183．

贺锋，陈辉蓉，吴振斌．1999．植物间的相生相克效应[J]．植物学通报，16(1)：19-27．

胡永红，赵玉婷．2003．建筑环境绿化的功能和意义[J]．上海建设科技，(5)：39-41．

黄金凤，李玉舒．2011．园林植物[M]．北京：中国水利水电出版社．

贾平，王广生，黄泽飞，等．2009．观赏型保健植物在园林设计中的应用[J]．中国农学通报，25(12)：177-180．

居阅时．2005．苏州古典园林植物文化涵义实例分析[J]．广东园林，28(2)：14-19．

昆明市政协文史学习委员会．1999．昆明花卉史话 [M]．昆明：云南美术出版社．

赖尔聪．2004．木本观花[M]．北京：中国建筑工业出版社．

赖尔聪．2005．观赏树木 [M]．北京：中国建筑工业出版社．

赖尔聪．2016．观赏植物百科[M]．北京：中国建筑工业出版社．

李端成．2002．植物空间构成与景观设计[J]．规划师，18(5)：83-86．

李嘉乐．2004．园林绿化小百科 [M]．北京：中国建筑工业出版社．

李进宇，赵爽，王茂良，等．2021．紫荆属(*Cercis* L.)种质资源情况及研究进展[J]．西北林学院学报，36(6)：145-152．

李树华．2009．园林种植设计学·理论篇[M]．北京：中国农业出版社．

李文敏．2011．园林植物与应用[M]．北京：中国建筑工业出版社．

李修清．2008．药用观赏植物在园林中的应用研究[J]．长沙：中南林业科技大学，(6)：

215-216.
刘敏.2016.观赏植物学[M].北京:中国农业大学出版社.
刘敏.2019.观赏植物种名文化[M].北京:中国林业出版社.
刘建斌.2014.观赏树木栽培与养护[M].北京:化学工业出版社.
刘仁林.2003.园林植物学[M].北京:中国科学技术大学出版社.
刘燕.2008.园林花卉学[M].2版.北京:中国林业出版社.
卢圣.2011.图解园林植物造景与实例[M].北京:化学工业出版社.
卢思聪,卢炜,朱崇胜,等.2001.室内观赏植物装饰养护欣赏[M].北京:中国林业出版社.
鲁涤非.2003.花卉学[M].北京:中国农业出版社.
罗镪,秦琴.2016.园林植物栽培与养护[M].4版.重庆:重庆大学出版社.
聂影,曹灿景.2011.景观园林植物与应用[M].北京:中国水利水电出版社.
聂影,曹灿景.2010.园林景观植物与应用[M].北京:中国水利水电出版社.
诺曼 K.布思.1989.风景园林设计要素.[M].北京:中国林业出版社.
潘洪杰,刘焱,迟晓琴,等.2007.园林绿化设计与植物间的相生相克.内蒙古农业科技(7):261-263.
任全进,于金平,任建灵.2009.江苏药用保健地被植物及其在园林绿地中的应用[J].中国园林(7):24-27.
佘远国.2021.园林植物栽培与养护管理[M].第2版.北京:机械工业出版社.
沈显圣.2005.植物学拉丁文[M].北京:中国科学技术大学出版社.
史军义,易同培,马丽莎,等.2012.中国观赏竹[M].北京: 科学出版社.
苏雪痕.2012.植物景观规划设计[M].北京:中国林业出版社.
孙会兵,邱新民等.2017.园林植物栽培与养护[M].北京:化学工业出版社.
孙卫邦.2005.观赏藤木及地被植物[M].北京:中国建筑工业出版社.
孙筱祥.2011.园林艺术及园林设计[M].北京:中国建筑工业出版社.
王铖,贺坤,等.2022.园林植物识别与应用[M].上海:上海科学技术出版社.
王莲英,秦魁杰.2011.花卉学 [M].2版.北京:中国林业出版社.
吴棣飞,叶德平,陈亮俊.2014.常见兰花400种识别图鉴[M].重庆:重庆大学出版社.
吴晓华.2010.植物化感作用机理及其在园林植物配置中的应用[J].山东林业科技(3):125-129.
吴亚玲,鲍齐齐,万开元,等.2023.华东地区水湿生木本植物综合评价与筛选[J].中国园林,39(4):109－114.
西南林学院,云南省林业厅.1988.云南树木志[M].昆明:云南科技出版社.
邢福武.2009.中国景观植物[M].武汉:华中科技大学出版社.
薛聪贤.2002.景观植物实用图鉴(第3辑):蔓性植物、椰子类182种[M].郑州:河南科学技术出版社.
余树勋,吴应祥.1993.花卉词典 [M]北京:农业出版社.
俞仲辂,张海珍,章银柯,等.2023.杭州外来树种引种与评估[M].北京:中国林业出版社.
张碧媛,阮琳,李智琦,等.2024.广州市常用园林植物调查及应用特点分析[J].中国园林,40(6):110-116.

张春英.2002.杜鹃花主要品种类群及培育历史[J].中国花卉园艺,496(4):52-57.

张佳平,丁彦芬.2012.中国野生观赏植物资源调查、评价及园林应用研究进展[J].中国野生植物资源,31(6):18-23,31.

张天麟.2009.园林树木1600种[M].北京:中国建筑工业出版社.

张长芹,李奋勇,等.2011.杜鹃花欣赏栽培150问[M].北京:中国农业出版社.

张志翔,张钢民,赵良成,等.2014.中国北方常见树木快速识别[M].北京:中国林业出版社.

章俊华,刘玮.2009.园艺疗法[J].中国园林(7):19-23.

郑万钧.1983—2004.中国树木志[M].北京:中国林业出版社.

中国科学院中国植物志编辑委员会.2010.中国植物志[M].北京:科学出版社.

周道瑛.2008.园林种植设计[M].北京:中国林业出版社.

祝遵凌.2015.园林树木栽培学[M].2版.南京:东南大学出版社.